V 2144.
2.

19335

L'ARITHMÉTIQUE

RAISONNÉE ET DÉMONTRÉE,

ŒUVRES POSTHUMES

DE

LÉONARD EULER,

TRADUITE EN FRANÇOIS

PAR

BERNOULLI,

Directeur de l'Observatoire de Berlin, &c. &c.

BERLIN,

CHEZ VOSS & Fils,
ET DECKER & Fils.

1792.

AVERTISSEMENT
DE L'ÉDITEUR.

L'ARITHMÉTIQUE raiſonnée & démontrée que je donne au Public, eſt le premier des Ouvrages d'Euler. Son vaſte génie pour les Mathématiques, lui avoit fait mettre dans l'oubli ; mais le fameux Bernoulli, Traducteur de l'Algebre de ce Savant, a cru rendre ſervice au Public, en traduiſant un Ouvrage dont la clarté, la préciſion, & la facilité qu'il offre aux Commerçants, méritent de le faire connoître ; d'ailleurs, il ſert naturellement d'introduction à fon Algebre. Ces principes font plus fimples que ceux de Bezout, moins obfcurs que ceux de la Caille, & plus courts même que ceux de Boffut, fans y rien perdre de la profondeur.

ARITH-

L'ARITHMÉTIQUE

DÉMONTRÉE,

OPÉRÉE ET EXPLIQUÉE.

Définition de l'Arithmétique.

Par le moyen de l'Arithmétique, on apprend à faire toute forte de calculs, & à repréfenter en écrit tout nombre propofé par augmentation ou par diminution.

L'Arithmétique s'entend de deux manieres, l'une est théorique & l'autre est pratique.

Par la théorique, on confidére la propriété des nombres, en tant qu'ils font compofés de plufieurs unités.

L'Arithmétique pratique est celle qui met en ufage la connoiffance qu'elle a de la propriété des nombres, & qui en fait l'application à toute forte de fujets.

Par l'Arithmétique, on confidére le nombre qui est un affemblage de plufieurs unités.

A

L'unité est ce que l'on conçoit une chose seule, comme, une aune, une livre, &c.

Le nombre est ou entier, ou en fraction. L'entier représente la quantité des choses dans leur étendue, sans en considérer les parties, comme un, deux, trois, quatre, cinq, six, sept, huit, neuf, hommes, livres, aunes ou toises, &c.

Les nombres de cette nature s'expriment par une ou plusieurs figures Arithmétiques mises de suite comme ci-après, dont on voit sous ces figures le nom de ce qu'elles signifient.

1, 2, 3, 4, 5, 6, 7, 8, 9, 0.
un, deux, trois, quatre, cinq, six, sept, huit, neuf, zéro.

Le nombre en fraction, qui est appellé par plusieurs, nombre rompu, représente une ou plusieurs parties de quelque entier, comme une moitié, ci 1/2, un tiers, ci 1/3, un quart, ci 1/4, deux tiers, ci 2/3, trois quarts, ci 3/4, d'une aune, d'une toise, &c.

Pour exprimer la quantité des parties d'un certain tout, on se sert de deux nombres, comme on voit ci-dessus, & comme on va l'expliquer ci-après.

On met le premier au côté gauche d'une ligne oblique, faite en cette sorte /, & sert à nombrer la quantité des parties que l'on doit prendre dans le nombre entier; c'est pourquoi on l'appelle numérateur.

Le deuxieme de ces nombres qui se pose au côté droit de la ligne oblique, nomme & détermine toutes les parties dans lesquelles l'entier est divisé; c'est pourquoi on le nomme dénominateur.

Ainsi pour exprimer la moitié d'une aune, d'une toise, &c. on se sert de ces deux chiffres disposés en cette sorte $\frac{1}{2}$.

Si l'on vouloit représenter les trois quarts de quelque chose que ce soit, on les écriroit ainsi $\frac{3}{4}$; mais ayant à exprimer vingt-cinq parties d'un tout divisé en trente-sept, on se servira de ces deux nombres disposés en cette maniere 25/37, &c.

DE LA NUMÉRATION.

La numération est l'art d'exprimer la valeur de tout nombre proposé, en se servant de dix figures différentes qui nous viennent des Arabes, dont neuf sont les unités des choses qu'elles représentent. On en peut facilement connoître la valeur par la remarque représentée ci-après, des dix chiffres qui y sont décrits; les mots qui sont écrits dessous en marquent la valeur.

Pour apprendre à nombrer une somme;

il faut commencer par la premiere figure à droite, difant, unité ou nombre (*a*), dixaine, centaine, mille, dixaine de mille, centaine de mille, million, dixaine de million, centaine de million; il faut remarquer que de trois chiffres en trois chiffres, il faut dire centaine, de deux chiffres en deux chiffres, il faut dire dixaine, & d'un premier chiffre, il faut dire unité ou nombre, à aller jusqu'au quatrieme chiffre qu'il faut compter pour unité ou nombre; ainfi des autres jusqu'à la fin des chiffres : & à la fin des trois premiers à gauche pour venir à droite, il faut prononcer millions; à la fin des trois chiffres fuivans, il faut prononcer mille; & à la fin des trois fuivans, il faut dire ce que c'eft, fi ce font des livres, aunes ou toiles, &c.

Voilà l'explication & les nombres pofés ci-deffous.

centaine de millions	d'xaine de millions,	million	centaine de mille,	dixaine de mille,	cent. mille,	dixaine,	unité ou nombre.
1	2	3	4	5	6	7 8	9

· cent vingt - trois millions, quatre cent cinquante fix mille fept quatre vingt nf· cent

(*a*) Je dis nombre, parce que quelques commençans n'entendroient pas le terme d'unité, qui eft cependant celui qu'il convient donner au premier chiffre à droite d'un montant qui eft propofé; mais comme la plûpart des jeunes gens font enfeignés à dire nombre, j'ai mis les deux termes qui auront la même fignification.

NUMÉRATION PLUS ETENDUE.

L'explication de la numération ci-contre peut servir pour celle ci-dessous qui est plus étendue.

Centaine de trilliards. . .	3	. . . . trois cent
Dixaine de trilliards	5	. . . . . . cinquante
Trilliard.	7	. . . . . sept trilliards
Centaine de billiards. . .	6	. . . . six cent
Dixaine de billiards. . . .	8	. . . quatre vingt
Billiard.	9	. . neuf billiards
Centaine de milliards . . .	1	. . cent
Dixaine de milliards . . .	2	. . vingt
Milliard.	4	. quatre milliards
Centaine de millions. . .	0	. . . .
Dixaine de millions. . .	6	. . . . soixante
Million.	7	. . . sept millions
Centaine de mille	5	. . cinq cent
Dixaine de mille.	7	. soixante-seize ou septante-six
Mille.	6	. . mille
Centaine.	1	. . cent
Dixaine.	4	. . quarante
Unité ou nombre.	6	. . six

TABLE

Contenant le nom des chiffres,

Leurs puissances, tant arithmétiques que financiers.

noms des chiffres,	arabiques, nommés arithmétiques	financiers ou romains.
Un	1	I
Deux	2	II
Trois	3	III
Quatre	4	IIII ou IV
Cinq	5	V
Six	6	VI
Sept	7	VII
Huit	8	VIII
Neuf	9	IX
Dix	10	X
Onze	11	XI
Douze	12	XII
Treize	13	XIII
Quatorze	14	XIV
Quinze	15	XV
Seize	16	XVI
Dix-sept	17	XVII
Dix huit	18	XVIII
Dix-neuf	19	XIX
Vingt	20	XX
Vingt-un	21	XXI
Vingt-deux	22	XXII
Vingt-trois	23	XXIII
Vingt-quatre	24	XXIV

Noms des chiffres, {	arabiques, nommés arithmétiques, }	financiers ou romains.
Vingt-cinq	25	 XXV
Vingt-six	26	 XXVI
Vingt-sept	27	 XXVII
Vingt-huit	28	 XXVIII
Vingt-neuf..............	29	 XXIX
Trente	30	 XXX
Trente-un	31	 XXXI
Trente-deux	32	 XXXII
Trente-trois.............	33	 XXXIII
Trente-quatre.............	34	 XXXIV
Trente-cinq.............	35	 XXXV
Trente-six.............	36	 XXXVI
Trente-sept.............	37	 XXXVII
Trente-huit.............	38	 XXXVIII
Trente-neuf	39	 XXXIX
Quarante	40	.... XXXX ou XL
Quarante-un	41	.... XXXXI ou XLI
Quarante-deux.............	42	 XLII
Quarante-trois.............	43	 XLIII
Quarante-quatre.............	44	 XLIV
Quarante-cinq.............	45	 XLV
Quarante-six.............	46	 XLVI
Quarante-sept.............	47	 XLVII
Quarante-huit.............	48	 XLVIII
Quarante-neuf.............	49	 XLIX
Cinquante	50	 L
Cinquante-un.............	51	 LI
Cinquante-deux.............	52	 LII
Cinquante-trois.............	53	 LIII
Cinquante-quatre.............	54	 LIV
Cinquante-cinq.............	55	 LV
Cinquante-six.............	56	 LVI

Noms des chiffres, {	arabiques, nommés arithmétiques, }	financiers ou romains.
Cinquante-sept.............	57	 LVII
Cinquante-huit.............	58	 LVIII
Cinquante-neuf.............	59	 LIX
Soixante..................	60	 LX
Soixante-un...............	61	 LXI
Soixante-deux	62	 LXII
Soixante-trois	63	 LXIII
Soixante-quatre...........	64	 LXIV
Soixante-cinq.............	65	 LXV
Soixante-six	66	 LXVI
Soixante-sept.............	67	 LXVII
Soixante-huit.............	68	 LXVIII
Soixante-neuf.............	69	 LXIX
Soixante-dix ou septante.......	70	 LXX
Soixante-onze	71	 LXXI
Soixante -douze.	72	 LXXII
Soixante-treize...........	73	 LXXIII
Soixante-quatorze..........	74	 LXXIV
Soixante-quinze...........	75	 LXXV
Soixante-seize............	76	 LXXVI
Soixante-dix-sept	77	 LXXVII
Soixante-dix-huit	78	 LXXVIII
Soixante-dix-neuf...........	79	 LXXIX
Quatre vingt.............	80	 LXXX
Quatre-vingt-un...........	81	 LXXXI
Quatre-vingt -deux.........	82	 LXXXII
Quatre-vingt-trois	83	 LXXXIII
Quatre-vingt-quatre........	84	 LXXXIV
Quatre-vingt-cinq..........	85	 LXXXV
Quatre-vingt-six...........	86	 LXXXVI
Quatre-vingt-sept..........	87	 LXXXVII
Quatre-vingt-huit	88	 LXXXVIII

Quatre.

Noms des chiffres, {	arabiques, nommés arithmétiques, }	financiers ou romains.
Quatre-vingt-neuf............	89	 LXXXIX
Quatre-vingt-dix ou nonante..	90	.... LXXXX ou XC
Quatre-vingt-onze...........	91	.... LXXXXI ou XCI
Quatre-vingt-douze..........	92	 XCII
Quatre-vingt-treize	93	 XCIII
Quatre-vingt-quatorze.......	94	 XCIV
Quatre-vingt-quinze........	95	 XCV
Quatre-vingt-seize.........	96	 XCVI
Quatre-vingt-dix-sept	97	 XCVII
Quatre-vingt-dix-huit	98	 XCVIII
Quatre-vingt-dix-neuf	99	 XCXIX
Cent...............	100	 C
Deux cent...............	200	 CC
Trois cent	300	 CCC
Quatre cent	400	 CCCC
Cinq cent...............	500	.... D
Six cent	600	.... DC
Sept cent...............	700	.... DCC
Huit cent	800	.... DCCC
Neuf cent..............	900	.... DCCCC ou CM
Mille	1000	.... M
Dix mille.............	10000	.... XM
Cent mille	100000	.... CM
Million	1000000	.... MM
Dix millions	10000000	.... XMM
Cent millions	100000000	.... CMM
Milliard..........	1000000000	.... MMM
Dix milliards....	10000000000	.... XMMM
Cent milliards...	100000000000	.... CMMM
Billiard........	1000000000000	.... MMMM

B

Explication de l'addition.

L'addition eſt une opération par laquelle (ayant pluſieurs nombres) on en cherche le montant ou la ſomme principale. Par exemple, cherchant le montant de 15 & 18 qui eſt 33, cela s'appelle s'ajouter enſemble, & trouver un tout dont on connoît les parties. Pour faire cette opération, & toute autre, il faut diſpoſer, comme on le verra à la ſuite, les unités ou nombres ſous les unités ou nombres, les dixaines ſous les dixaines, les centaines ſous les centaines, les mille ſous les mille, &c. enſuite il faut tirer une barre ſous tous les nombres propoſés, & commencer à additionner par la colonne des unités ou nombres qui ſont à droite; ſi cette ſomme ou montant s'exprime par un ſeul chiffre comme 9, alors il faut écrire 9 au-deſſous des unités ou nombres; ou ſi la ſomme des nombres s'exprime par deux chiffres, il faut écrire ſous la colonne des unités ou nombres le dernier des deux chiffres de gauche à droite; par exemple, s'il y a 27, il faut mettre 7 ſous la colonne des unités ou nombres & retenir 2, pour l'ajouter aux dixaines qui ſont dans la colonne ſuivante en allant vers la gauche: on opére de la même maniere ſur la colonne des dixaines que ſur celle des centaines,

&c. Il faut remarquer que, lorfque dans quelqu'unes des colonnes, il ne fe trouve aucun chiffre pofitif, pour lors il faut mettre un zéro, ci 0, au-deſſous, ſi on n'a rien retenu de la colonne des chiffres précédens ; mais ſi on avoit retenu quelque choſe, par exemple 3, il faudroit écrire 3 ſous la colonne ſuivante, comme on le verra en l'exemple ci-après.

Si on propoſoit les nombres ſuivans à ajouter enſemble, ſavoir 473603 pieds 847300...814004....73009. Après avoir difpoſé les unités ou nombres ſous les unités ou nombres, les dixaines ſous les dixaines, les centaines ſous les centaines, les mille ſous les mille, &c. comme il ſe voit en l'exemple ci-deſſous, il faut opérer en premier lieu ſur les nombres que l'on peut ajouter en commençant toujours par le haut de la colonne.

EXEMPLE,

473603
847300
814004
73009

2207916 pieds.

Je dis 3 & 4 font 7, 7 & 9 font 16 ; cette

somme s'exprimant par deux chiffres, j'écris le dernier qui est 6 sous la colonne des unités ou nombres, & je retiens 1 dixaine pour la colonne des dixaines, & comme il n'y a point d'autres chiffres à la colonne des dixaines, je pose 1 sous ladite colonne, lequel j'ai retenu ; je passe ensuite à la centaine, & je dis 6 & 3 font 9 centaines. Je pose 9 sous la colonne des centaines, & je passe à la colonne des mi les, je dis 3 & 7 font 10 & 4 font 14, 14 & 3 font 17, je pose 7 sous la colonne des milles, & je retiens une dixaine pour les dixaines de mille, & je dis 1 que j'ai retenu & 7 font 8, 8 & 4 font 12, 12 & 1 font 13, 13 & 7 font 20. Je pose 0 sous les dixaines de mille, & je retiens 2 centaines pour les centaines de mille ; je dis 2 que j'ai retenu & 4 font 6, 6 & 8 font 14, 14 & 8 font 22 centaines de mille ; je pose 2 au-dessous des centaines de mille & j'avance le 2 restant qui est 2 millions, devant le 2 des centaines de mille ; de sorte que l'addition des nombres proposés se monte en total à deux millions deux cens sept mille neuf cens seize pieds, comme on le voit ci-devant.

L'on propose les cinq nombres suivans qui sont incomplexes (a) ; savoir, 1604301,

---

(a) Incomplexe signifie que tous les nombres de chiffres des colonnes horisontales, ne font pas de même force,

704900 206400, 3504, 1703, dont il faut favoir le montant total, les ayant difposés comme ci-après.

$$1604301$$
$$704900$$
$$206400$$
$$3504$$
$$1703$$

$$\overline{2520808}$$

Après avoir tiré une ligne fous les rangs ou colonnes horifontales (a), il faut commencer par additionner les chiffres de la colonne verticale des unités ou nombres. De-là, additionner les dixaines, puis les centaines, ainfi de fuite, comme il a été dit au précédent exemple, remarquant qu'il faut pofer o fous la colonne des dixaines, parce qu'elle ne contient aucun chiffre po-

c'eft à-dire qu'il n'y a pas tant de chiffres à une colonne qu'à l'autre.

(a) J'appelle colonne horifontale une fuite de chiffres mis à côté des uns des autres, & une colonne verticale une fuite de chiffres mis directement les uns fous les autres. La fuite de chiffres 1604301 eft une colonne horifontale, mais la fuite 1 eft une colonne verticale.

0
0
4
3

fitif ; & que d'ailleurs il n'y a rien de retenu de la colonne des unités ou nombres, de même paſſant de la colonne des mille de laquelle j'ai retenu 2, à celle des dixaines de mille, je n'ai trouvé aucun chiffre poſitif, ainſi je poſe ſous cette colonne le 2 que j'ai retenu, lequel fait vingt mille, & je continue toujours à additionner. Ces chiffres ajoutés enſemble font deux millions cinq cent vingt mille huit cent huit, comme on le voit par l'opération ci-devant.

De la Livre.

La livre tournois vaut 20 ſols tournois *.
Le ſol tournois vaut 12 deniers tournois.
La livre pariſis vaut 25 ſols tournois.
Le ſol pariſis vaut 15 deniers tournois.
L'écu d'or en matiere de banque vaut 60 ſols tournois **.
Le ſol d'or vaut 3 ſols tournois.
Le denier d'or vaut 3 deniers tournois.

---

* Tournois eſt un nom que l'on donnoit à la monnoie qui ſe battoit autrefois à Tours, & qui étoit plus foible d'un quart que celle de Paris Le mot de Pariſis vient de ce qu'on battoit monnoie à Paris, laquelle étoit plus forte d'un quart que celle de Tours.

** L'écu d'or eſt une piece *de monnoie d'or ;* Banque eſt un lieu où l'on prête de l'argent avec intérêt ſur gage, billets ou bonne aſſurance.

ADDITION.

Premiere régle par deniers.

7 . deniers.
9 ——
10 ——
6.
5 ——
9
11 ——
4 ——
3
—————————
5 ſ. 4 den.

Ayant additionné les unités de mes deniers, je trouve qu'ils font en total 64 ; je m'interroge & demande en 64 deniers combien il y a de ſols, je ſai qu'ils font 5 ſols & 4 deniers ; je poſe les 4 deniers ſous les deniers & avance les 5 ſols ; ou bien à cauſe de la trop grande quantité de deniers qui pourroient être propoſés, on fait une petite barre à chaque ſols que l'on trouve, comme on le voit en l'opération ci-deſſus, commençant à additionner par en haut, & diſant 7 & 9 font 16, il y a 1 ſol & 4 d. ; je fais une petite barre & retiens 4 d. ; je dis 4 & 10 qui ſuivent font 14, je fais une petite barre & retiens 2 d., parce qu'il y a 1 ſ. & 2 d. ; je dis 2 & 6 font 8 & 5 ſuivans font 13 d., je fais une petite barre & retiens 1 d. ; je continue diſant 1 & 9 font 10 & 11 font 21 d., je fais une petite barre & retiens 9 d. ; je dis 9 & 4 font 13 d. ; je fais une petite barre & retiens 1 d. ; & je dis 1 & 3 font 4 d., lequel 4

je pofe aux deniers & avance 5 aux fols,
parce que j'ai trouvé cinq petites lignes ou
barres qui défignent cinq fols. L'on peut fe
conformer fur cette régle pour quelque
grand que foit le nombre de deniers que l'on
propofera.

Addition par fols.

8 fols.	Ayant fait l'addition de
9	mes fols, je trouve qua-
5	rante-deux ; je raifonne &
6	dis qu'en 42 fols, il y a
7	deux livres deux fols, puif-
4	qu'il faut 20 fols pour une
3	livre ; ainfi je pofe 2 aux
	fols & avance 2 l., comme
2 l. 2 fols.	on le voit ci-contre : je

pourrois faire la même chofe qu'à la précédente régle, en tirant une petite ligne de
20 fols en 20 fols, & pofant aux fols ce qu'il
s'y trouve au-deffus de 20 fols, felon la
quantité de fols que l'on a. C'eft à la volonté du calculateur qui pourra fe conformer à la précédente régle.

Addition par dixaines de fols.

17 fols.	Il faut commencer
15	par additionner les fols,
19	pofer tout ce qui eft
14	au-deffus des dixaines,
9	retenir les dixaines
16	pour les additionner
11	avec les autres dixaines
	qui font devant les uni-
5 l. — 1 f. —	tés ou les nombres. Les

ayant additionnées, il faut prendre la moitié du montant pour en faire des livres, parce qu'il faut deux dixaines de fols pour faire une livre ; & ce qui reftera impair (au-deffus de cette dite moitié) qui ne peut être que 1 , il faut le pofer aux dixaines de fols, comme vous allez voir par la démonftration ci-après :

Je dis donc 7 & 5 font 12 , & 9 font 21 , & 4 font 25 , 25 & 9 font 34 , & 6 font 40 & 1 font 41 ; en 41 fols il y a 4 dixaines & 1 , je pofe 1 fol fous les unités ou nombres & je retiens 4 , qui étant ajoutés avec fix autres dixaines qui font devant les unités ou nom-bres, cela fait 10 dixaines qui, en prenant la moitié, font 5 livres, parce que une dixaine eft ½ l , je pofe donc o ou plutôt je ne pofe rien aux dixaines de fols & avance mes 5 livres. Voyez ci-deffus l'opération qui en eft faite.

C

Addition par livres.

4 livres.	Il faut commencer com-
12	me on a de coutume, à
3	additionner les unités ou
9	nombres, poſer tout ce qui
19	eſt au-deſſus des dixaines,
38	c'eſt-à-dire, l'unité ſous
85 liv.	les unités, & retenir les
	dixaines pour les addition-

ner avec les autres dixaines, dont il en faut
poſer le montant à la ſuite du chiffre, unité
ou nombre vers la gauche, comme on le
voit en l'opération ci-deſſus. Diſant 4 & 2
font 6, & 3 font 9, & 9 font 18, & 9 font 27,
& 8 font 35; en 35 liv. je poſe 5 ſous les
unités & retiens 3, que j'additionne avec
les dixaines qui ſont devant les unités, diſant 3 que j'ai retenu & 1 font 4 & 1 font
5, & 3 font 8, en 8 je poſe 8 ſous les dixaines; mais s'il y avoit 18, il faudroit poſer
8 & avancer 1, comme on le verra à la ſuite
par les exemples & opérations d'addition qui
feront données. De ſorte que les ſommes
ci-deſſus propoſées ſe montent à la ſomme
de quatre-vingt-cinq livres.

Addition par livres & ſols.

Si on propoſoit d'ajouter les nombres ſuivans enſemble, & d'en faire une ſomme to-

tale; par exemple, 134 l. —— 4 f. —— 98 l. ——
3 f. —— 227 l. —— 6 f. —— 58 l. —— 8 f. &
223 l. —— 2 fols; on demande combien ces
cinq fommes ajoutées enfemble font en une
feule. Je les difpofe de la maniere fuivante,
les unités fous les unités, les dixaines fous
les dixaines, les centaines fous les centaines,
&c. obfervant de plus, de placer les fols
fous les fols & les livres fous les livres,
comme il fe voit ci deffous.

OPERATION (a).

liv.	f.	
134 ——	4	Je commence par les
98 ——	3	fols, difant 4 & 3 font 7,
227 ——	6	7 & 6 font 13, 13 & 8
58 ——	8	font 21, 21 & 2 font 23 f.;
223 ——	2	en 23 je pofe 3 fous les
		fols, & je prends la moitié
741 liv. ——	3	des deux dixaines qui me
		reftent pour les traveftir

en livre; c'eft 1 livre, par conféquent je
ne pofe rien aux dixaines de fols & je retiens 1 liv. pour l'additionner avec les liv.
fuivantes, commençant toujours par l'unité:
je dis 1 que j'ai retenu & 4 font 5, 5 & 8
font 13, 13 & 7 font 20, 20 & 8 font 28,
28 & 3 font 31 liv.; je pofe 1 liv. fous l'unité

(a) Opération eft la maniere d'opérer ce qui eft propofé
à imiter.

C ij

des livres, & retiens 3 dixaines pour l'ajouter aux dixaines que j'additionne de suite ; disant 3 que j'ai retenu & 3 font 6, 6 & 9 font 15, 15 & 2 font 17, 17 & 5 font 22, 22 & 2 font 24 dixaines ; je pose 4 dixaines sous les dixaines, & je retiens 2 centaines pour les centaines ; je continue d'additionner disant 2 que j'ai retenu & 1 font 3, 3 & 2 font 5, 5 & 2 font 7 centaines, je pose 7 sous la colomne des centaines ; de sorte que le montant de ces cinq sommes ajoutées ensemble, est de sept cens quarante-une livre trois sols, ci 741 liv. 3 sols.

Addition par livres, sols & deniers.

Il est proposé d'ajouter les nombres suivans, & d'en faire une seule somme, comme 8340 liv.——17 s.——9 d., 4783 liv.——15 s.——6 d., 1400 liv.——19 s. 4 den., 986 liv.——15 s.——9 d., 8731 liv.——17 s.——6 d. & 37——5 s.——8 den. ; je les dispose de la maniere suivante, comme la précédente régle : les livres sous les livres, les sols sous les sols & les deniers sous les deniers.

OPÉRATION.

l.	f.	d.
8340	17	9
4783	15	6
1400	19	4
986	15	9
8731	17	6
37	5	8
24281	11	6

Je commence par les deniers, en difant 9 & 6 font 15, 15 & 4 font 19, 19 & 9 font 28, 28 & 6 font 34, & 8 font 42 den. Je me demande en moi-même combien il y a de fols & de deniers de furplus en 42 den. je vois qu'il y a 3 f. & 6 d. ou bien je fais une petite raie de fols en fols, c'eft-à-dire de 12 deniers en 12 deniers, & je pofe fous la colonne des deniers le furplus qui s'y trouve des fols, comme il eft expliqué à l'addition des deniers, p. 15: je trouve donc en cette opération ci-deffus 3 f. 6 d. je pofe les 6 d. fous la colonne des deniers, & retiens 3 f. pour additionner avec les autres fols, difant 3 & 7 font 10, 10 & 5 font 15, 15 & 9 font 24, 24 & 5 font 29, 29 & 7 font 36, 36 & 5 font 41 f. je pofe 1 f. fous les unités des fols, & je retiens 4 dixaines que j'additionne avec les autres dixaines, difant 4 & 1 font 5, & 1 font 6, & 1 font 7, & 1 font 8, & 1 font 9 dixaines je prends la moitié defdites 9 dixaines de fols, c'eft 4 & une dixaine reftante, je pofe cette dixaine reftante fous les dixaines

de fols , & je retiens 4 qui font 4 liv. que
j'additionne avec les autres livres qui fe
trouvent dans les nombres propofés, difant
4 & 3 font 7 , 7 & 6 font 13 , 13 & 1 font
14, 14 & 7 font 21 liv.; je pofe 1 liv. fous
l'unité des livres,& je retiens 2 dixaines que
j'additionne avec les dixaines fuivantes , difant 2 & 4 font 6 , 6 & 8 font 14, 14 & 8
font 22 , 22 & 3 font 25, 25 & 3 font 28
dixaines , en 28 je pofe 8 fous les dixaines
& retiens 2 pour les centaines ; je continue
d'additionner , & je dis 2 centaines que j'ai
retenu & 3 font 5, 5 & 7 font 12 , 12 & 4
font 16 , 16 & 9 font 25, 25 & 7 font 32
centaines; en 32 je pofe 2 centaines & je
retiens 3, qui valent 30 centaines ou 3 mille,
que j'additionne avec la colonne des mille,
difant 3 & 8 font 11, 11 & 4 font 15 , 15
& 1 font 16, 16 & 8 font 24 mille ; je
pofe 4 fous la colonne des mille & avance
2 , parce qu'il n'y a pas de chiffre à additionner ; de forte que les fix fommes ci-devant
marquées fe montent en total à la fomme
de vingt-quatre mille deux cens quatre-
vingt-une livré onze fols fix deniers, ci liv.
24281 —— 11 f. —— 6 d. Voyez en l'opération qui eft de l'autre part.

ADDITIONS

De livres , de poids pour un Marchand droguiste.

Supposé qu'il soit proposé les livres de drogues suivantes pour en faire un total , ainsi que d'autres sortes de marchandises que l'on pourroit proposer , que je mettrai en opération tout d'un coup , comme cette opération ci-après pour les drogues , ayant assez expliqué la maniere de former ces sortes d'opérations pour les additions ; il est donc proposé les drogues suivantes ; savoir, 10 l. —— 12 onces —— 7 gros, 15 l. —— 3 onces 5 gros, 9 l. —— 7 onces —— 6 gros , & 17 l. ——9 onces —— 3 gros, de....

Pour savoir combien cela fait de livres , onces & gros en total , il faut disposer ces livres , onces & gros comme on a fait pour les livres sols & deniers ; c'est-à-dire , il faut mettre les livres sous les livres , les onces sous les onces & les gros sous les gros , & additionner premierement les gros , ensuite les onces & les livres , comme on le va voir par l'opération : il faut faire attention pour cette régle , comme pour les suivantes , à ce que vaut chaque chose pour en faire un total , comme en cette régle ici.

Il faut 16 onces pour peser une livre.

Il faut 8 gros pour peser une once.

OPERATION.

l.	onc.	gros
10	12	7
15	3	5
9	7	6
17	9	3
53	1	5

Je commence par les gros, difant 7 & 5 font 12, 12 & 6 font 18, 18 & 3 font 21 gros ; & comme il faut 8 gros pour faire une once, je demande en 21 gros combien il y a d'onces, c'eft-à-dire combien il y a de fois 8, je vois qu'il n'y eft que deux fois, & 5 de refte ; je pofe 5 gros fous la colonne des gros & retiens 2 onces pour additionner avec les onces, difant 2 & 12 font 14, 14 & 3 font 17, 17 & 7 font 24, 24 & 9 font 33 onces : je demande en 33 onces combien il y a de livres, c'eft à-dire combien il y a de fois 16, puifqu'il faut 16 onces pour la livre ; il y a donc deux fois 16 & 1 de refte, qui font 2 liv. & 1 once, je pofe 1 once fous les onces, & retiens 2 l. que j'additionne avec les livres fuivantes, difant 2 que j'ai retenu, & 5 font 7, 7 & 9 font 16, 16 & 7 font 23 livres, en 23 je pofe 3 l. & je retiens 2 dixaines ; que

Notez, que la livre de poids & la livre d'argent fe marquent différemment, les uns marquent les livres de poids par une **L**, les autres par cette marque ℔ ; mais en fait de commerce elles fe marquent ainfi ℔ , & la livre d'argent fe marque ℔ ; mais en fait de compte chez les Négocians, la livre d'argent fe marque par une L devant la fomme.

J'additionne

j'additionne avec les dixaines fuivantes ,
difant 2 & 1 font 3 , 3 & 1 font 4 , 4 & 1
font 5 , je pofe 5 fous les dixaines ; de forte
que cela fe monte en total à cinquante-trois
livres une once cinq gros. Ainfi que j'ai
opéré ci-contre.

Je n'ai pas jugé à propos de mettre une
régle pour la livre de foie en botte , parce
que c'eft même poids que ci-deffus , excepté que la livre pour la foie en botte n'eft
que de 15 onces.

Pour un Orfevre.

Les orfévres & les maîtres des monnoies
fe fervent ordinairement du marc qui vaut
8 onces ou 1/2 livre de douane (*a*) pour
pefer l'or & l'argent ; mais ils en ont admis
un autre qu'ils ont nommé marc d'aloi (*b*) ,
ou titre de l'or & de l'argent , qui eft un
certain degré de bonté de la monnoie. Le
marc d'argent , à caufe de fon aloi ou de fon
degré de bonté , peut fe divifer en parties
égales appellées deniers , le denier en 24

(*a*) Douane , eft un lieu où l'on eft obligé de porter les
marchandifes pour en payer les impôts.

(*b*) Aloi , eft le prix de l'or ou de l'argent confidéré
en fa valeur intrinféque , ou bien felon que la matiere en
eft plus ou moins fine. Lorfque la monnoie n'eft pas de
bon aloi , cela veut dire qu'elle eft altérée , & mêlée d'autres métaux.

D

grains, le grain en 24 primes; (pesanteur
imaginaire,) comme aussi le marc d'or à cause
de son aloi ou de son degré de bonté, se
divise en 24 parties égales, appellées carats,
le carat en huit deniers & le denier en 24
grains; (aussi pesanteur imaginaire), quand
le marc d'argent est à 12 deniers ou à un
sol de fin (*a*), il est dans sa derniere bonté,
exempt de toute impureté étrangere, qui est
ordinairement du cuivre; mais étant à 8 deniers d'aloi, il y a le tiers de tare, & il n'a
que les deux tiers d'argent fin. Quand l'or
est à 24 carats (*b*), il est dans sa derniere pu-
reté, & exempt de mélange d'autre métal,
qui est pour l'ordinaire l'argent; lorsqu'il
est à 18 carats, il contient un quart de tare,
& n'a que les trois quarts d'or fin.

DÉMONSTRATION.

Il faut 24 grains pour 1 denier.

Il faut 3 deniers pour un gros.

Il faut 8 gros pour 1 once.

Il faut 8 onces pour un marc.

Il faut deux marcs où 16 onces pour la liv.

(*a*) Denier de fin, c'est-à-dire quand l'argent est pur
& sans mélange, comme quand on dit, il y a tant de
de deniers de fin dans cette monnoie, pour dire il y a tant
de parties d'argent fin.

(*b*) Carat, est un terme qui signifie un certain degré
de bonté & de perfection de l'or. Il ne se dit point des
autres métaux, mais bien pour les perles & diamans.

OPERATION

Pour le marc d'or & d'argent.

12 marcs	7 onces	7 gros	2 den.	23 grains.
14 ——	6 ——	4 ——	1 ——	18 ——
17 ——	3 ——	6 ——	0 ——	19 ——
14 ——	6 ——	5 ——	2 ——	15 ——
60 marcs	1 once	0 gros	2 den.	3 grains.

Pour les Perles & les Diamans.

1 Marc fait 24 carats.
1 Carat fait 12 grains.

Pour faire l'opération ci-deſſus, je commence comme aux précédentes régles par les moindres eſpeces, c'eſt-à-dire, par les grains, & fais une petite barre à chaque fois que je trouve 24, & vis-à-vis du chiffre où je trouve ledit 24, parce qu'il faut 24 grains pour 1 denier ; ainſi des autres, comme il eſt expliqué aux précédentes régles, je trouve que le montant de cette opération eſt de ſoixante marcs, une once, deux deniers trois grains, comme il ſe voit ci-deſſus.

Pour un Apothicaire.

Comme j'ai parlé ci-devant de la livre de 16 & de 15 onces, je n'ai voulu oublier la livre uſitée en médecine de 12 onces, &

de laquelle on aura une connoiſſance raiſonnable par la table ci-deſſous.

EXEMPLE,

Il faut 12 grains pour une obole, elle eſt ainſi figurée. . . . . . . ob.

Il faut 2 oboles pour un ſcrupule, ainſi figuré. . . . . Ɔ

Il faut 3 ſcrupules pour une dragme, ainſi figurée. . . . . ʒ

Il faut 8 dragmes pour une once, ainſi figurée. . . . . ℥

Il faut 12 onces pour une livre, ainſi figurée. . . . . ℔

Ou bien,

La livre en Médecine eſt de 12 onces, poids de marc.

L'once eſt de 8 dragmes.

La dragme eſt de 3 ſcrupules.

La ſcrupule eſt de 2 oboles.

L'obole eſt de 3 ſiliques.

La ſilique eſt de 4 grains.

Le grain eſt de la peſanteur d'un grain d'orge.

La poignée eſt de 3 onces d'herbes vertes, de 6 dragmes d'herbes ſéches, de 2 onces de fleurs vertes, de demi-once de fleurs ſéches.

La pincée eſt la troiſieme partie d'une poi-

gnée, elle doit peser une once d'herbe verte, 6 dragmes de fleurs vertes.
Le pot contient environ 40 onces.

OPERATION

De livre usitée en Médecine.

℔		℥		ʒ		℈		ob.		ʒ
3	11		7		2		1		11	
4	10		6		1		0		10	
3	9		3		0		1		8	
4	11		5		2		1		10	

17 liv. 7 onces 7 drag. 2 scrup. o ob. 3 gr.

Il faut s'y prendre de la même maniere qu'aux précédentes régles ; & puisqu'il faut 12 grains pour une obole, ainsi des autres, comme il est marqué ci - contre, il faut faire une petite barre de 12 en 12 ; poser le surplus sous le nombre proposé de grains, & autant qu'il y aura de petites barres, autant ce sera d'oboles qu'il faudra retenir pour additionner avec les autres oboles proposées ; ainsi de suite jusqu'à la fin. Je trouve que le montant de cette opération est de dix-sept livres sept onces sept dragmes deux scrupules trois grains, comme on le voit ci-dessus.

Pour les années & leurs parties.

Pour faire une addition de plusieurs an-

nées & leurs parties, comme celle ci-deſſous,
il faut conſidérer que ,

Il faut 60 ſecondes pour faire une minute.
Il faut 60 minutes pour faire une heure.
Il faut 24 heures pour faire un jour.
Il faut 30 jours pour faire un mois.
Il faut 12 mois pour faire un an.

OPERATION.

ans	mois	jours	heures	minutes	ſecondes.
27	11	29	23	46	48
17	9	17	22	59	59
26	10	26	19	47	50
9	10	17	15	38	40

ans	mois	jours	heures	minutes	ſecondes.
82	7	2	10	13	17

Pour l'opération de cette régle, il faut faire une petite barre à chaque 60 ſecondes, &
autant de barres autant il y a de minutes,
& à chaque 60 minutes il faut faire une petite barre ; autant qu'il y aura de barres,
autant d'heures il y a ; ainſi des autres. De
ſorte que toutes ces années & leurs parties
feront enſemble quatre-vingt-deux ans ſept
mois deux jours dix heures treize minutes
dix-ſept ſecondes , comme on le voit par
l'opération ci-deſſus.

Pour un Marchand de Bled.

MESURE DE PARIS.

Il faut 12 feptiers pour faire un muid.
Il faut 12 boiffeaux pour faire un feptier.
Il faut 6 boiffeaux pour faire une mine.
Il faut 2 mines pour faire un feptier.
Il faut 3 boiffeaux pour un minot.
Il faut 2 minots pour une mine.
Il faut 16 litrons pour un boiffeau.
Il faut 36 pouces pour un litron.

OPERATION

Pour la mefure de Paris.

muids	fept.	mine	minot	boif.	litrons	pouces
2	9	1	1	2	15	25
3	10	0	1	1	9	14
5	7	0	1	2	8	15
7	6	1	0	1	10	9

muids	fept.	mine	minot	boif.	litrons	pouces
19	10	0	1	2	11	27

Pour l'opération ci-deffus, il faut s'y
prendre de la même maniere qu'aux précédentes, c'eft-à-dire de 36 pouces en 36 pouces faire une petite barre, & de 16 litrons
en 16 litrons en faire auffi une petite, puis
de 12 en 12 boiffeaux faire une petite barre,
s'il n'eft point parlé de mines & minots; enfuite de 12 en 12 feptiers faire une petite

barre, ayant foin de prendre toutes lefdites barres pour les ajouter avec les chiffres fui-vans, comme il eft démontré par les précé-dentes régles. Le montant de cette opéra-tion eft de dix-neuf muids dix-feptiers un minot deux boiffeaux onze litrons vingt-fept pouces, comme on le voit de l'autre part.

Pour la méfure Nantaife.

Il faut 16 boiffeaux pour un feptier.
Il faut 10 feptiers pour un tonneau.

OPERATION.

tonneaux	feptiers	boiffeaux
2	7	9
7	8	11
10	9	6
4	7	3
26 tonneaux	2 feptiers	13 boif.

Pour opérer cette régle, il faut faire comme on a fait aux précédentes, & on trouvera que ces nombres fe monte-ront à vingt-fix ton-neaux deux feptiers treize boiffeaux.

Pour un Marchand de vin Aubergifte.

MESURE DE PARIS.

Le muid de vin eft de 280 pintes.
La pinte eft de 2 chopines.
La chopine eft de 4 quarts ou demi feptiers.

PROPOSITION.

PROPOSITION.

Un Marchand de vin veut faire la récapitulation de la vente qu'il a fait de son vin pendant trois mois, tant en gros qu'en détail comme suit ; sçavoir, il a vendu ce qui suit.

OPERATION.

muids	pintes	chop.	de chop.
2	115	1	$\frac{1}{4}$
3	17	0	$\frac{1}{2}$
4	212	1	0
1	39	0	$\frac{1}{4}$
11	104	1	0

384 } 280
104 } 1 muid.

Le Marchand de vin se trouve avoir vendu, tant en gros qu'en détail, onze muids cent quatre pintes une chopine de vin, comme on le voit par l'opération ci-dessus.

A Paris {
Le muid de vin est de . . 280 pintes.
Le demi-muid est de . . 140 pintes.
Le quarteau est de . . . 70 pintes.
Le demi-quarteau de . . 35 pintes.

A Orléans {
La demi-queue d'Orléans
. . . . . . 180 pintes.
Le quarteau . . . . . . 90 pintes.
Le demi-quarteau . . . 45 pintes.

E

En Champagne
{
La demi - queue de vin de
Champagne . . 160 pintes.
Le quarteau . . . 80 pintes.
Le demi-quarteau . 40 pintes.
}

A Nantes
{
Le tonneau de vin de
Nantes est de . . . 4 bariques.
La barique est de . . . 120 pots
ou 240 pintes.
La pinte est de . . . 2 chopines.
La chopine est de . . . 2 septiers.
}

A Bordeaux
{
Le tonneau de vin de Bordeaux
est de 4 bariques ou 6 tierçons.
La barique est de 1 tierçon & demi.
La barique contient 100 pots net.
Le tonneau doit peser 2000 liv.
La barique par conséquent 500 l.
}

Pour le muid de sel.

A Paris
{
Le muid est de . . . . . 12 septiers.
Le septier est de . . . . 4 minots.
Le minot est de . . . . 4 boisseaux.
Le boisseau est de . . . 4 quarts.
}

OPERATION.

muids	septiers	minots	boisseaux	quarts
7	9	2	3	2
6	3	1	2	1
10	11	0	1	2
3	7	3	0	3
5	5	1	1	1

34 muids.	1 septier	1 minot	1 boisseau	1 quart

Opérant de la même maniere qu'il est expliqué aux précédentes opérations des régles d'addition proposées, il est facile de trouver le total, comme on le voit ci-dessus, qui est de trente-quatre muids, un septier, un minot, un boisseau, & un quart de sel pour le montant de ladite opération ci-dessus.

De Bourgneuf à Nantes. { La charge de sel contient 28 septiers qui font deux tonneaux & un quart.

Du Croisic ou Pouliguen à Nantes. { Le muid de sel contient 133 quarteaux. La charge 28 sacs ou 166 quarteaux.

OPERATION.

charges	muids	quart.
2	1	127
1	0	100
4	1	28
7	1	117
18	0	107
charges	muids	quart.

quarteaux 372 / 106 { 133 / 2 muids.

quarteau 133 / 665 / 1 { 166 / 4

5

E ij

Pour faire cette régle, il faut premiére-
ment additionner les quarteaux qui fe montent à 372, comme on le voit ci-devant à
côté de l'opération, lefquels il faut divifer
par 133 pour avoir des muids ; puifqu'il
faut 133 quarteaux pour 1 muid, je trouve
au quotient de ma divifion 2 muids & 106
quarteaux reftans, enfuite ajoutant les 2 muids
que j'ai trouvé avec 3 muids que j'ai au nombre propofé, cela fait 5 muids, qui étant multipliés par 133 quarteaux qu'il faut pour 1
muid, font 665 quarteaux; & enfuite étant divifés par 166 quart. qu'il faut pour la charge
m'ont donné au quotient 4 charges & 1 qua-
teau, que j'ajoute aux 106 qui m'ont déja
refté; cela fera donc 107 quarteaux, & je
retiens 4 charges que j'ai trouvé au quotient
de ma divifion; je trouve que j'ai en ma propofition 14 charges avec 4, que j'ai retenu
du produit des quarteaux; cela fait 18 charges que je pofe fous les charges; de forte
que le produit de l'opération de l'autre part
fe monte à dix-huit charges cent fept quarteaux, comme il eft démontré par ladite opération.

Pour la toife.

Il faut 12 points pour . . . 1 ligne.
Il faut 12 lignes pour . . . 1 pouce
Il faut 12 pouces pour . . . 1 pied.
Il faut 6 pieds de roi pour 1 toife.

OPERATION.

4 toises	5 pieds	10 pouces	8 lignes	4 points.
3	4	5	6	3
7	2	9	10	2
6	5	11	11	2
23 toises	1 pied	1 pouce	11 lignes	11 points.

Pour faire la régle ci-deſſus, il faut opérer de la même maniere qu'aux précédentes ; c'eſt-à-dire de 12 en 12 points faire une petite barre, de 12 en 12 lignes faire auſſi une petite barre, ainſi des autres juſqu'à la fin, & porter le nombre que l'on trouve de petites barres ſur le nombre ſuivant pour les additionner ; de ſorte que l'on voit que le montant de cette opération eſt de vingt-trois toiſes, un pieds, un pouce onze lignes & onze points.

De la toiſe quarrée.

La toiſe quarrée ſe diviſe en 36 pds. quarr.
Le pied quarré ſe diviſe en 144 pouces.

De la toiſe cube.

La toiſe cube ſe diviſe en 216 pieds cubes.
Le pied cube . . . . en 1728 pouces.
Je ne mettrai point ici l'explication ni les

régles de la racine quarrée & cube, renvoyant l'amateur de ces régles à l'article qui en traitera.

Pour l'aunage.

L'aune se divise en deux demies.
La demi-aune en deux quarts.
Le quart en deux huitiemes.
L'aune se divise encore en trois tiers.
Le tiers en deux sixiemes.
Le sixieme en deux douziemes.

Premiere Opération d'une régle à simple fraction.

aunes	
3	1/2
4	3/4
5	1/4
2	1/3
4	2/3
20 aunes	1/2

Pour faire cette régle, je dis 1/2 & 3/4 font 1 aune & 1/4, je marque mon aune par une petite barre vis-à-vis des 3/4 & retiens 1/4 pour additionner avec les fractions suivantes, disant 1/4 que j'ai retenu, & 1/4 qui suit font 2/4 ou 1/2, & 1/3 font 5/6 qui ne font pas un entier, parce qu'il faut 6/6 pour faire un entier ; mais lesdits 5/6 étant joints avec les 2/3 qui suivent, font 1 aune & 3/6 ou ½ : je fais donc une petite barre vis-à-vis les 2/3, & je pose sous mes fractions mes 3/6, ou 1/2, qui est de même valeur que 3/6,

Nota. L'aune de France est de 3 pieds 7 pouces 8 lignes.

& retiens 2 aunes, pour additionner avec
les autres aunes du nombre propofé; de
forte que le montant eft de vingt aunes, &
une demi-aune, comme il fe voit par l'opération ci-contre.

Deuxieme Opération par les parties de 12.

12 dénominateur commun.

aunes			
24 — $\frac{1}{4}$ . .	. . . 3		
17 — $\frac{2}{3}$ . .	. . . 8 . . .	le $\frac{1}{3}$ de 12 eft 4	
			2
	c'eft pour les $\frac{2}{3}$ . . . 8		
26 — $\frac{3}{4}$ . .	. . . 9	le $\frac{1}{4}$ de 12 eft 3	
			3
	c'eft pour les $\frac{3}{4}$ . . . 9		
19 — $\frac{1}{6}$ . .	. . . 2		
27 — $\frac{1}{2}$ . .	. . . 6	28 $\{$ 12	
	28/12	$\frac{4}{12}$	2 aun. $\frac{1}{3}$
115 — $\frac{1}{3}$			

Pour être inftruit des fractions, il faut
premierement entendre ce que fignifient un
1, un 4 & une barre entre les deux; c'eft-à-
dire entre le 1 & le 4 ci-deffus marqués; &
comme fuit, ci 1/4, c'eft pour faire voir
que c'eft un quart d'aunes, de livres ou,
&c. comme on va le voir dans la table fui-

vante, ainſi que les autres fractions.

Le 1 qui eſt devant cette barre à main gauche s'appelle numérateur, c'eſt-à-dire, qu'il ſert pour faire compter la partie d'un tout que l'on prend, & celui à main droite qui eſt 4, s'appelle dénominateur, à cauſe qu'il donne le nom à la fraction.

Comme dans trois quarts, ci 3/4, le 3 eſt numérateur & le 4 eſt le dénominateur,

numérateur   dénominateur

ci. . . . 3/4 ... ainſi des autres.

De quelques fractions que ce ſoit, le chiffre qui eſt devant ou au-deſſus de la barre eſt le numérateur, & celui qui eſt au côté droit ou au-deſſous de la barre eſt toujours le dénominateur.

Pour la régle de l'autre part, je me forme donc un dénominateur commun, c'eſt-à-dire, un nombre ou toutes les parties d'entiers ou fractions propoſées puiſſent y entrer ſans reſte. Je trouve que 12 pourra me ſervir de dénominateur commun, parce que toutes les fractions peuvent y entrer ſans reſte; c'eſt-à-dire celles propoſées qui ſont 1/4, 2/3, 3/4, 1/6, 1/2, & duquel 12 dénominateur commun j'en prends le quart, les deux tiers, &c. que je poſe à fur & à meſure ſous 12, vis-à-vis les fractions pour leſquelles je prends les parties; mais quand il y a 2/3, comme dans l'opération de l'autre part, je prends

le

le tiers de 12 dénominateur commun, & ensuite je multiplie le produit par 2, & le
produit qui en vient est celui desdits 2/3;
de même pour les 3/4, je prends le quart,
& je multiplie le quart par 3; le produit est
celui des 3/4, du dénominateur commun 12:
ensuite dequoi ayant pris toutes les fractions
proposées sur le dénominateur 12, j'additionne tous les nombres qui en sont venus,
& je trouve dans ladite opération de l'autre
part, que le produit des fractions est 28;
c'est parconséquent 28/12, qui font 2 entiers
4/12 ou 1/3.

Pour sçavoir combien font vingt-huit douziemes d'entiers, ci 28/12; prenez le douzieme de 28, vous trouverez 2, & 4 de
reste, qui étant mis en fraction avec votre
dénominateur 12, feront 4/12, qui sont de
même valeur que 1/3, en prenant le quart
du numérateur 4 qui est 1, & le quart du
dénominateur 12 qui est 3; ainsi vous po-
serez 1/3 sous vos fractions & retiendrez 2
aunes pour additionner avec les autres, &
vous trouverez que le montant est de cent
quinze aunes un tiers, comme il se voit par
l'opération à la page 39.

On peut prendre pour dénominateur commun 24 & 48, & même quelque nombre
que ce soit, pourvu que les fractions ou
parties d'entier puissent y entrer justes, c'est-

F

à-dire fans reste ; ou fi on ne peut trouver un dénominateur par idée où toutes les fractions puissent y entrer, il faut multiplier les dénominateurs des fractions proposées l'un par l'autre pour trouver un dénominateur commun, dont on prendra les fractions proposées, comme il se verra ci-après dans les additions de fractions plus étendues.

Table des fractions de l'aunage.

Celles de la livre ou du marc doivent être égales, suivant qu'elles seront plus ou moins fortes.

Une demi - aune en fait de commerce se marque ainsi. 1./2

Un tiers d'aune se marque ainsi.   . . 1/3

Un quart, ci. 1/4

Deux tiers, ci. 2/3

Trois quarts, ci. 3/4

Un demi-tiers ou un sixieme, ci. . 1/6

Un demi-quart ou un huitieme, ci. . 1/8

Un quart & demi ou trois huitiemes, ci. 3/8

Demi-aune, demi-quart ou cinq huitiemes, ci. 5/8

Trois quarts & demi ou sept huitiemes, ci. 7/8

Un douzieme, c'est la moitié d'un sixieme, ci. 1/12

Un tiers & un douzieme ou cinq douziemes, ci. 5/12

Demi-aune & un douzieme ou fept douziemes, ci. 7/12

Demi-aune un tiers, ou dix douziemes, ou
cinq fixiemes, ci. 5/6

Demi-aune un tiers,& un douzieme ou onze
douziemes, ci. 11/12

L'entier eft de 3/3, 4/4, 8/8, 9/9, 11/11,
12/12, &c. ce qui fait l'aune. L'aune peut
fe divifer en plus petit nombre, comme en
16/16, 24/24, 32/32, 48/48, &c. Encore
il faut prendre les fractions fuivant qu'elles
fe trouvent, comme fi c'eft 1/24eme, il faut
prendre la 24eme partie du nombre propofé;
ainfi des autres.

Additions d'entiers & de fractions.

PREMIERE OPERATION.

aune	3	9504 dénominateur commun.	
17 — $\frac{1}{3}$ ……	4 …	3168	Le $\frac{1}{4}$ … 2376
	12		3
47 — $\frac{3}{4}$ …	… 8 …	7128	$\frac{3}{4}$ … 7128
	96		Le $\frac{1}{8}$ … 1188
	9		7
67 — $\frac{7}{8}$ ……	864 …	8316	$\frac{7}{8}$ … 8316
	11		Le $\frac{1}{9}$ … 1056
			5
149 — $\frac{5}{9}$ ……	9504 …	5280	$\frac{5}{9}$ … 5280
278 — $\frac{7}{11}$ ………		6048	Le $\frac{1}{11}$ … 864
		29940	7
		9504	$\frac{7}{11}$ … 6048
561 aunes $\frac{119}{792}$			

29940 { 9504 / 3 aunes $\frac{119}{792}$

1428/9504
La $\frac{1}{2}$ …. 714/4752
La $\frac{1}{2}$ …. 357/2376
Le $\frac{1}{3}$ …. 119/792

Pour faire & opérer la régle ci-dessus, selon qu'elle est démontrée, il faut multiplier les dénominateurs des fractions les uns par les autres, pour trouver un dénominateur commun, où toutes les fractions

puiſſent y entrer ſans reſte, commençant
par dire 4 fois 3 font 12 ; puis 8 fois 12
font 96 ; enſuite 9 fois 96 font 864, & pour
le dernier dénominateur 11 fois 864 font
9504, qui ſervira de dénominateur commun, que l'on mettra au-deſſus des fractions, & un peu à côté droit pour en prendre les fractions propoſées; comme, par exemple, pour prendre le 1/3 dudit dénominateur commun 9504, c'eſt 3168. Les 3/4,
c'eſt 7128; on prend premierement le quart
dudit dénominateur commun, enſuite de
quoi on multiplie le produit par 3, & il
vient le produit des trois quarts, comme
il eſt démontré ci-contre & expliqué ci-
devant; ainſi des autres qui ſe trouveront
à la ſuite, & comme elles ſont priſes ci-
contre, les 7/8, c'eſt 8316; les 5/9, c'eſt
5280; les 7/11, c'eſt 6048 ; de ſorte que
ces cinq ſommes étant additionnées font
29940 ; qui diſent 29940/9504, dans laquelle fraction il ſe trouve des entiers,
parce que le numérateur de ladite fraction
eſt plus fort que le dénominateur; & toutes
fois que le numérateur eſt plus fort que le
dénominateur, il ſe trouve des entiers dans
la fraction.

Pour ſavoir combien il y a d'entiers dans
la fraction ſuſdite de 29940/9504, il faut
prendre la 9504ᵉᵐᵉ partie de 29940, on

trouvera 3 entiers 1428/9504èmes parties d'entier qui peuvent se réduire en plus petite fraction, en prenant deux fois la moitié & une fois le tiers; de sorte qu'elle se trouve réduite à 119/792; ou bien on peut diviser 29940 par 9504, on trouvera le même nombre que dessus, qui est 3 entiers 1428/9504, ou 119/792. Pour ce faire il faut avoir recours à l'instruction de la division qui sera donnée à la suite, & aussi les opérations & démonstrations suivront.

L'addition de fractions n'est mise ici que pour démontrer les additions selon leur rang, ne devant être qu'après avoir démontré les quatre premieres régles, qui sont addition, souftraction, multiplication & division simples. Aussi l'auteur invite les commençans d'apprendre lesdits quatre premieres régles à fond, avant d'entreprendre les fractions d'addition, souftraction, multiplication & division. Je parlerai ci-après de la réduction de fraction en sa plus petite dénomination.

Je pose donc, comme il est démontré par l'opération ci-devant page 44, ce que je trouve de fractions restantes qui est 119/792 sous les fractions, & je retiens 3 entiers pour additionner avec les autres entiers; de sorte que je trouve que le montant de cette dite opération ci-devant est de cinq cent soixante-une aune, cent dix-neuf fois la sept cens quatre-vingt-douzieme partie d'aune, comme on le voit à l'opération.

Il me semble que cette opération, avec son explication, suffit pour donner l'éclaircissement nécessaire pour toutes sortes de régles fractionnaires proposées dans ce genre.

Deuxieme Opération d'addition de fractions.

				1/4
				1/3
19 aunes	3/4	& 1/3 d'un quart	ou . . . 1/12 . .	1/12
				1/8
				1/2
36 ——	7/8	& 1/2 d'un huitieme	ou . . . 1/16 . .	1/16
				1/11
				3/4
47 ——	6/11	& 3/4 d'un onzieme	ou . . . 3/44 . . .	3/44
				1/7
				5/6
278 ——	3/7	& 5/6 d'un septieme	ou . . . 5/42 . . .	5/42
383 aunes	115/528ieme			

12
16
192 . 354816 dénominateur commun.

Le tiers d'un quart est.	1/12	. . 44	. . 29568
La demie d'un huitieme . . .	1/16	. . 768 / 768	. . 22176
Les trois quarts d'un onz. . .	3/44	. . 8448 / 42	. . 24192
Les cinq sixieme d'un sept. .	5/42	. 16896 / 33792	. . 42240

354816 118176/354816
59088/177408
29544/ 88704
14772/ 44352
7386/ 22176
3693/ 11088
1231/ 3696

354816 } 44
0281 } 8064
176 3
00 24192

354816 { 42
188 { 8448
201 { 5
336 42240
00

Pour les plus fortes fractions, y ajoutant le nombre des petites.

EXEMPLE.

dénominateur commun.
$$3696$$

12,1/3696 ... 12;1
   3/4 ...... 2772 ... le ¼ ... $\underset{3}{924}$

   7/8 3234   ¼ ... 2772

   6/11 2016   le ⅛ ... $\underset{7}{462}$

   5/7 2640   ⅞ ... 3234

         11893/3696 le $\frac{1}{11}$ ... $\underset{6}{336}$

Produit à diviser. $\frac{6}{11}$ ... 2016

11893 $\left\{\begin{array}{l} 3696 \\ \text{3 entiers } 115/528 \end{array}\right.$ le $\frac{1}{7}$ ... $\underset{5}{528}$
805
———
3696   7   ... 2640

Le $\frac{1}{7}$ᵐᵉ ... 115/528

Pour faire la régle d'autre part, suivant l'opération qui en est faite, il faut d'abord prendre le 1/3 de 1/4 en multipliant les dénominateurs des deux fractions l'un par l'autre, de même que les numérateurs, c'est-à-dire 1/3 par 1/4, cela produira 1/12 ; ainsi des autres, multipliant toujours les dénominateurs

minateurs les uns par les autres & auſſi les
numérateurs, comme il eſt démontré ci-
devant, la moité de 1/8 eſt 1/16; les 3/4 de
1/11 eſt 3/44; les 5/6 de 1/7 eſt 5/42; de
ſorte que pour trouver le produit de toutes
ces petites fractions, il faut avoir un dénominateur commun; & pour l'avoir, il faut
multiplier tous les dénominateurs de ces petites fractions les uns par les autres, & on
trouvera au produit 354816 pour dénominateur commun, dont il en faut prendre le
1/12, le 1/16, les 3/44 & les 5/42, & ayant
pris ces fractions ſur ledit dénominateur
commun on les additionne, & on trouve que
le produit eſt 118176, qui étant avec le dénominateur commun, font 118176/354816
ou 1231/3696ᵉᵐᵉ parties des premieres fractions, & qu'il faut ajouter auxdites premieres
fractions afin de trouver des entiers, &
comme le dénominateur de cette fraction
1231/3696, peut ſervir de dénominateur
commun pour toutes les autres fractions,
on s'en ſervira & on ſuivra pour le reſte de
cette opération la même maniere de l'opération précédente ſelon qu'elle eſt expliquée; on trouvera que cela ſe monte à trois
cens quatre-vingt-trois aunes, & cent quinze
fois la cinq cent vingt-huitieme partie de
l'aune.

G

Table pour la réduction des fractions.

Lorſque l'on veut réduire une fraction en ſa plus petite dénomination, il en faut prendre la 1/2, le 1/3, le 1/4, le 1/8eme, &c. ou le 1/49eme. Si on peut, tant du numérateur que du dénominateur ſans reſte, où la partie entiere du numérateur dans le dénominateur, s'il ſi peut trouver ; comme par exemple, 209/5016, il faut prendre le 1/209eme deſdits 209 qui ſera 1, & enſuite le 1/209 de 5016 ſera 24 ou bien diviſer 5016 par 209 ; ce qui produira au quotient 24 ; de ſorte que les 209/5016 ſe trouvent réduits à 1/24, qui eſt de la même valeur deſdits 209/5016.

Pour réduire 120/248eme en ſa plus petite dénomination, il faut prendre le quart, tant du numérateur que du dénominateur, ce qui produira 30/62, enſuite dequoi il faut en prendre la moitié deſdits 30/62, ce qui produira 15/31 qui ſont de la même valeur que les 120/248, & leſdits 15/31eme partie d'entier reſteront en cette fraction, parce qu'on ne peut plus les réduire ; l'on ſi prend de la même maniere qu'il eſt expliqué ci-deſſus pour toutes fractions, quoiqu'il y ait une autre maniere plus ſûre, mais plus longue que je vais donner ci-après.

Premiere exemple pour la premiere propofition
ci-devant 209/5016.

$$209 \left\{ \begin{array}{l} 209 \\ \hline 1 \end{array} \right. \quad 5016 \left\{ \begin{array}{l} 209 \\ \hline 24 \end{array} \right\} \text{c'eft 1/24}$$

209 { 209/1   5016 { 209
000   836 {   24
                   000

c'eft 1/24

Second exemple de la feconde propofition ci-
devant.

$$\begin{array}{l} 120/248 \\ \hline Le \; \frac{1}{4} .. \quad 30/62 \\ \hline La \; \frac{1}{2} .. \quad 15/31 \end{array} \right\} \text{c'eft } 15/31 \text{ de même valeur que } 120/248$$

Autre maniere pour réduire une fraction
quelque grande qu'elle foit, en fa plus
petite dénomination.

Pour cette réduction ci-devant, il faut
faire plufieurs divifions, & commencer par
divifer le dénominateur de la grande fraction par fon numérateur, n'ayant point attention aux produits, continuant toujours
à faire des divifions ; c'eft-à-dire, divifant
toujours le divifeur par le nombre qui a refté
jufqu'à ce qu'il ne refte rien à la divifion.
Et de la derniere divifion où il ne refte rien,
il faut prendre fon divifeur pour être le divifeur commun, qui eft 15 à l'exemple de

l'autre part, par lequel 15 il faut diviſer le numérateur & le dénominateur l'un après l'autre de la grande fraction propoſée à réduire ; de ſorte que le numérateur 735 ſera réduit à . . . . . 49 } ou 49/82

Le dénominateur 1230, ſera réduit à 82 }

Il faut faire attention que quand on cherche le diviſeur commun, & qu'il eſt 1 de reſte à la dernière diviſion, pour lors il faut conclure que la fraction propoſée à réduire ne ſe peut réduire en plus petite dénomination; ainſi il faut la laiſſer dans ſa grandeur.

Opération de réduction.

Numérateur 735/1230 dénominateur.

Diviſeur commun.

De forte que l'on voit par l'opération ci-
contre que les 735/1230, fe trouvent réduits
à 49/82, lefquels 49/82 valent jufte autant
que la grande fraction. Toutes autres fractions peuvent fe réduire par les mêmes principes.

De la preuve de l'addition.

La preuve de l'addition fe faifant pour
la fouftraction, je vais la démontrer par
deux régles fuivantes, & defquelles je fais
les explications qui feront voir la maniere
dont il faut s'y prendre pour faire la preuve
à toutes autres additions.

OPERATION.

liv.	fols	den.
38	18	6
142	19	9
47	9	9
268	15	7
498 liv.	3 fols	7 den.
128	72	0

(a) Pour faire cette preuve, il faut pre-

(a) La preuve de l'addition par fouftraction n'eft mife ici
que pour ceux qui fçavent la fouftraction ; ainfi les commençans s'inftruiront auparavant de la fouftraction & pour ce
faire, auront recours à la page 58 jufqu'à 70, où les fouftractions font opérées & démontrées.

mierement commencer à faire la régle, commençant par les plus petites especes qui font les deniers, comme il eft démontré & expliqué ci-devant. Secondement pour ladite preuve il faut faire le contraire, c'eft-à-dire, commencer par la colonne des livres qui eft à gauche, foit centaines ou dixaines & l'additionner; difant 1 & 2 font 3, je fouftrais, & je dis 3 à aller à 4 produit de l'addition, il y a 1, lequel 1 je pofe fous 4, & ledit 1 étant joint avec le chiffre 9 qui fuit 4 valent 19; j'additionne la colonne fuivante, & je dis 3 & 4 font 7; 7 & 4 font 11; 11 & 6 font 17, à aller à 19, il y a 2; lequel je pofe fous 9, & ledit 2 étant joint avec le 8 fuivant valent 28; j'additionne de même l'autre colonne, en difant 8 & 2 font 10; 10 & 7 font 17; 17 & 8 font 25, à aller à 28, il y a 3, lequel 3 reftant vaut 3 l. ou 6 dixaines de fols; je compte les dixaines de fols qu'il y a, j'en trouve 3, je dis 3 à aller à 6, il y a 3 que je pofe fous les dixaines de fols, & lequel 3 étant joint avec le chiffre 3 de l'addition des fols valent 33; j'additionne les fols, en difant 8 & 9 font 17; 17 & 9 font 26; 26 & 5 font 31, à aller à 33, il y a 2 que je pofe au rang des fols; parce que c'eft 2 fols reftans qui valent 24 deniers, étant joints avec les 7 deniers de l'addition font 31; il faut trouver 31 dans le nombre des deniers propofés ; j'additionne donc les deniers ; difant 6 & 9 font 15 ; 15 & 9 font 24 ; 24 & 7 font 31 , je dis 31 , à aller à 31 il n'y a rien , je pofe o qui fignifie zero fous les deniers , pour faire voir que ma régle eft jufte , puifque j'ai trouvé le même nombre à l'addition des deniers qu'à mon reftant , & que le montant de mon addition eft jufte , qui eft quatre cent quatre-vingt-dix-huit livres trois fols fept deniers ; comme on le voit à l'opération ci-devant , pag. 53. Je conclus par cette preuve que ma régle eft bonne.

Autre opération avec fa preuve.

toifes	pieds	pouces	lignes	points.
4	5	11	11	5
3	4	9	6	4
1	0	10	10	3
0	3	7	8	3
10 toifes	3 pieds	4 pouces	0 lignes	3 points.
2	3	3	1	0

Pour faire la preuve de la régle ci-deffus , après en avoir fait l'addition , je commence à additionner les toifes ; difant 4 & 3 font 7 ; 7 & 1 font 8 , à aller à 10 qui eft le nombre des toifes de l'addition , il y a 2 ; je pofe 2 fous 10 , lequel 2 étant 2 toifes qui valent 12 pieds, en y joignant 3 qui font à l'addition font 15 ; j'additionne la colonne des pieds, & je dis 5 & 4 font 9, 9 & 3 font 12 ; je dis 12 à aller à 15, il y a 3, lequel 3 je pofe fous la colonne des pieds, lefquels 3 pieds valent 36 pouces, y joignant le 4 qui eft à l'addition font 40 ; j'additionne de même les pouces, en difant 11 & 9 font 20, 20 & 10 font 30 ; 30 & 7 font 37, à aller à 40, il y a 3, je le pofe fous la colonne des pouces ; cedir 3 reftant qui eft 3 pouces valant 36 lignes, ni ayant rien à l'addition font toujours 36 ; j'additionne la colonne des lignes ; en difant 11 & 6 font 17 ; 17 & 10 font 27 ; 27 & 8 font 35, à aller à 36, il y a 1, lequel 1 je pofe fous la colonne des lignes qui vaudra 12 points avec 3 qu'il y a à l'addition feront 15 ; il faut pour la preuve de ma régle que je trouve 15 points dans le nombre à additionner ; je l'additionne, difant 5 & 4 font 9 ; 9 & 3 font 12, 12 & 3 font 15, & je dis 15 à aller à 15 il n'y a rien, je pofe 0 fous le nombre des points, ayant foin de barrer les chiffres de la preuve que j'ai fait parler, parce qu'ils font regardés comme inutiles. Le zero qui fe trouve fous le dernier produit fait voir que ma régle eft bonne, parce que s'il y avoit du plus ou du moins elle feroit fauffe.

Ainfi, (en les régles d'additions ci-devant

vant opérées, comme en toutes autres, dont on veut faire la preuve ayant fait l'addition;) fi on veut voir, fi on ne s'eft point trompé dans l'opération, il faut ôter de la fomme totale qu'on a trouvé tous les nombres qu'on a ajouté, & s'il ne refte rien, c'eft marque que l'addition eft bonne & bien faite, parce que un tout eft égal à toutes fes parties prifes enfemble. Mais fi après avoir ôté de là fomme totale tous les nombres ajoutés il reftoit quelque chofe, ou fi on ne pouvoit pas ôter tous les nombres de cette fomme, l'addition feroit mal faite, & en ce cas il faudroit la recommencer.

La preuve de toutes fortes d'additions fe faifant comme les précédentes, je ne m'étendrai pas plus au long fur fon explica-tion; l'expérience me faifant connoître tous les jours que ce n'eft pas la multiplicité des préceptes qui rend l'homme véritablement habile; mais feulement une application exacte des régles les plus générales, & les plus néceffaires à la fcience que l'on défire acquérir, parce que cette maxime, *peu de préceptes & beaucoup d'ufage*, eft très-véritable; & fi on tient cet axiome pour certain, à l'égard des fciences fpéculatives, l'Arithmétique qui n'eft, & ne doit être qu'une pratique, demande donc beaucoup d'ufage.

H

De la fouftraction.

La fouftraction n'eft autre chofe qu'une opération par laquelle il faut ôter un moin-dre nombre, ou moindre fomme d'une plus grande ; comme fi on veut ôter 7 de 15 , il refte 8. C'eft ce qui s'appelle fouftraction, & ce qui réfulte de la fouftraction s'appelle, refte comme dans cette propofition 8 , eft le refte des nombres 15 & 7.

Premiere opération fimple par livres.

Dette . . . 4763
Paye . . . 2431
Refte . . . 2332
Preuve . . . 4763

Pour faire cette premiere régle de fouf-traction fimple, c'eft-à-dire par livres feu-lement fans emprunt, il faut bien ranger les chiffres les uns fous les autres, c'eft-à-dire , les nombres fous les nombres, les dixaines fous les dixaines, les centaines fous les centaines, les milles fous les milles, &c. Comme il fe voit par l'opération ci-deffus ; il faut écrire le nom-bre que l'on veut fouftraire au-deffous de l'autre nombre propofé , & commencer par ôter le nombre à fouftraire du nombre pro-pofé ; ainfi de fuite les dixaines , centaines & mille.

Le premier rang des chiffres, comme on le voit dans l'opération ci-deffus s'ap-

pelle . . . . dette
Le ſecond s'appelle . . . paye
Le troiſieme s'appelle . . . reſte
Et le quatrieme s'appelle . . preuve

Ainſi donc pour faire cette régle, il faut commencer par les nombres, & dire, qui de 3 paye 1 reſte 2, que je poſe ſous les nombres, je continue, prenant les dixaines, je dis qui de 6 en paye 3 reſte 3; prenant les centaines, je dis, qui de 7 en paye 4 reſte 3, allant aux milles, je dis, qui de 4 paye 2 reſte 2, leſquels reſtans je poſe ſous les chiffres payans, à fur & à meſure que je fais parler les chiffres de la ſomme qui eſt dû; de ſorte que ſur la ſomme de quatre mille ſept cent ſoixante-trois livres que je devois j'en ai payé celle de deux mille quatre cent trente-une livre, il me reſte à payer celle de deux mille trois cent trente-deux livres; mais pour faire la preuve, il faut voir ſi la ſomme payée & celle qui reſte à payer feront la ſomme principale qui eſt dû, en additionnant ceſdites deux ſommes de la paye & du reſte, commençant toujours par les nombres, comme il eſt expliqué, opéré & démontré dans les précédentes additions.

H ij

Deuxieme opération simple avec emprunt.

Dette	17478	liv.
Payé	9483	
Reſte	7995	
Preuve	17478	

Pour faire cette régle, il faut ſouſtraire de la ſomme due celle qui a été payée. Diſant, qui de 8 premier chiffre à droite paye 3 reſte 5, que je poſe ſous le chiffre 3 de la ſomme payée, je continue, diſant, qui de 7 paye 8 ne peut. J'emprunte 1 du chiffre qui eſt devant ledit 7, lequel 1 vaudra 10 joint avec 7 feront 17, & je dis, qui de 17 en paye 8 reſte 9 que je poſe à la ſuite de 5, allant du côté gauche ; enſuite dequoi le chiffre 4 de la ſomme due ne vaut plus que 3, puiſque j'ai emprunté 1 deſſus lui ; je dis donc, qui de 3 paye 4 ne peut, j'emprunte 1 ſur 7 qui eſt devant ledit 4, lequel 1 vaut 10 & 3 font 13, je dis, qui de 13 en paye 4 reſte 9, que je poſe devant l'autre 9 qui a reſté ; je continue à ſouſtraire, & je dis, qui de 6, (parce que le 7 ne vaut plus que 6 à cauſe de l'emprunt,) en paye 9 ne peut, j'emprunte le 1 qui eſt devant ledit 7, lequel 1 vaut 10 y joint 6 font 16, je dis donc, qui de 16 en paye 9 reſte 7, que je poſe devant le dernier 9 reſtant ; de ſorte que je

trouve de la fomme due à celle qui a été payée,
qu'il refte à payer celle de fept mille neuf
cent quatre-vingt-quinze livres, comme on
le voit par l'opération de l'autre part. Mais
pour prouver cette régle, il faut additionner la fomme qui a été payée, & celle qui
refte à payer, afin de voir fi ces deux fommes font celle qui étoit due, fi elles font la
même fomme, cela prouve que la régle eft
jufte, comme on le voit en l'opération ci-
contre.

Troifieme Opération.

Dette	6476 liv.	9 fols.
Paye	3769 . .	4
Refte	2707 . .	5
Preuve	6476 liv.	9 fols.

Pour opérer cette régle, il faut commencer par fouftraire les fols de la fomme due
d'avec ceux de la fomme payée, difant qui
de 9 paye 4 refte 5, qu'il faut pofer fous les
fols. Le refte de la fouftraction, fe fait comme la précédente, ainfi je penfe inutile l'explication de la maniere de la fouftraire, puifque j'ai expliqué amplement la précédente.

Quatrieme opération par livres & dixaines de sols.

Dette	78346 liv.	12 sols.
Paye	17467 . .	6
Reste	60879 . .	6
Preuve	78346 . .	12

Pour ce qui concerne la régle ci - deſſus
& les deux précédentes, il y a un peu
plus de différence qu'à la premiere ; c'eſt
pourquoi j'ai jugé à propos de faire une
ample explication de cette quatrieme opération. La difficulté eſt, que quand le chiffre
nombre, dixaine, centaine, &c. de la ſomme
payante eſt plus fort ou vaut plus que le
chiffre de la ſomme due, il faut emprunter 1
ſur le chiffre de devant, lequel 1 vaudra 10,
& le chiffre ſur lequel on aura emprunté
vaudra 1 moins ſa ſignification. Il faut, ſi
on veut, faire un petit point ſur chaque
chiffre où l'on emprunte, comme il ſe voit
en l'opération ci-deſſus, & comme il ſe va
voir dans l'explication ci-après.

Pour faire cette régle, il faut commencer
par les nombres ſols ou deniers s'il y en a.
Je commence donc par les ſols qui ſont les
moindres eſpeces de cette quatrieme opération, & je dis, qui de 2 paye 6 ne peut pas,
j'emprunte le 1 qui eſt devant 2, lequel 1

vaut 10 étant joint avec le 2 valent 12 , je
fais un petit point fur 1 que j'ai emprunté ;
pour faire voir qu'il ne vaut plus rien ; &
je dis, qui de 12 paye 6 refte 6 , lequel 6 je
pofe entre les deux premieres barres qui font
faites, c'eft-à-dire, fous le même chiffre de
la fomme payante qui eft 6 ; enfuite je prends
les livres, & je dis, qui de 6 en paye 7 ne
peut, il faut que j'emprunte 1 fur le 4 de
devant en y faifant un petit point, lequel 4
en ayant ôté 1 ne vaudra plus que 3 , &
lequel 1 que j'ai emprunté fur ledit 4 vaut
10, étant joint avec le 6 valent 16 , & je
dis, qui de 16 en paye 7 refte 9 , le 4 ne valant plus que 3 , je dis, qui de 3 paye 6 ne
peut, il faut que j'emprunte 1 fur le chiffe
de devant, faifant la même attention qu'au
chiffre précédent ; je dis , qui de 13 paye
6 refte 7. Le 3 ne vaut plus que 2 , puifque
j'en ai emprunté 1 ; ainfi , qui de 2 paye 4
ne peut, il faut que j'emprunte 1 fur le
chiffre de devant qui vaut 10 avec 2 valent
12, je dis, qui de 12 paye 4 refte 8 , je continue & trouve que le chiffre de la fomme dûe
eft auffi fort que celui de la fomme payée,
je dis, qui de 7 paye 7 refte o., je paffe à l'autre chiffre & je dis , qui de 7 paye 1 refte 6 ;
de forte que ayant exactement arrangé mes
chiffres, je trouve qu'il me refte à payer foi-
xante mille huit cent foixante-dix-neuf liv.

ſix ſols. Pour faire la preuve, il faut addi‑
tionner la ſomme payée & la ſomme reſtante
à payer, pour trouver la principale ſomme
due.

Cinquieme opération par livres, ſols & deniers,
ſans emprunt aux deniers.

Dette	97467 liv. 12 ſols 9 den.	
Paye	72697 . . 17 . . 4	
Reſte	24769 . . 15 . . 5	
Preuve. . . .	97467 . . 12 . . 9	

L'opération ci‑deſſus n'a pas plus de dif‑
ficulté que les précédentes, la différence
eſt qu'il y a des deniers, & qu'ainſi il faut
commencer à ſouſtraire les deniers, en di‑
ſant qui de 9 paye 4 reſte 5, que l'on poſe
ſous les deniers, ainſi de ſuite pour les ſols
& livres comme aux précédentes opérations
ci‑devant expliquées.

Sixieme opération par livres, ſols & deniers,
avec emprunt.

Dette	900407 liv. 15 ſols 6 den.	
Paye	464379 — 17 — 9	
Reſte	436027 — 17 — 7	
Preuve	900407 — 15 — 6	

Pour

Pour faire cette régle ci-contre par livres
ſols & deniers avec emprunt par-tout, il
faut un peu plus d'attention pour les commençans qu'aux précédentes régles que j'ai
donné. Il faut commencer par les moindres
eſpeces, comme j'ai déja dit ; ainſi commençant par les deniers, je dis, qui de 6
paye 9 ne peut, il faut que j'emprunte 1
ſur le 5 des ſols, par conſéquent en ôtant
1 il ne vaudra plus que 4, & comme c'eſt
un ſol que j'ai emprunté qui vaut 12 deniers, & 6 qu'il y a, font 18, je dis qui de
18 paye 9 reſte 9, que je poſe ſous le nombre des deniers, je paſſe aux ſols ; le 5 ne
valant plus que 4, je dis qui de 4 paye 7
ne peut, j'emprunte la dixaine qui eſt devant, laquelle jointe avec 4 font 14 ; je dis
qui de 14 paye 7 reſte 7, ce 1 que j'ai emprunté, qui eſt une dixaine, ne vaut plus rien ;
je dis qui de rien paye 1, qui eſt une dixaine de ſols, ne peut pas, il faut donc que
j'emprunte une livre ſur le 7, lequel ne vaudra plus que 6 ; cette livre que j'ai emprunté vaut 2 dixaines de ſols, que je tranſporte
au rang des dixaines, & je dis qui de 2 dixaines en paye 1 reſte 1, que je poſe au rang
deſdites dixaines, je paſſe aux livres, en diſant, qui de 6 paye 9 ne peut, j'emprunte
1, non ſur le zero mais ſur le chiffre qui eſt
devant, lequel 1 vaut 10, j'en laiſſe 9 ſur le

I

zero, de 10 il m'en reſte encore 1, lequel 1 vaut 10, & 6 font 16; je dis qui de 16 paye 9 reſte 7, le zero valant 9, je dis qui de 9 paye 7 reſte 2, le 4 ne vaut plus que 3, puiſ-que j'ai emprunté 1 deſſus; je dis qui de 3 paye 3 reſte 0, je continue de ſuite, & je dis qui de 0 paye 4 ne peut, il faut que j'em-prunte, non ſur les dixaines, parce que c'eſt un zero, mais ſur le 9 qui eſt centaines, le-quel 1 ôté de 9 vaudra 100, & le 9 ne vau-dra plus que 8, j'en laiſſe 9 ſur le premier 0, qui ſont 9 dixaines qui valent 90 & 10 ſur le dernier 0, qui font juſtement les 100 que j'ai emprunté.

Il faut remarquer que quand on ne tranſ-porte rien de deſſus le dernier zero pour joindre avec le chiffre ſuivant, le dernier zero vaut toujours 10; je dis donc qui de 10 paye 4 reſte 6, je paſſe à l'autre zero qui vaut 9, & je dis qui de 9 paye 6 reſte 3; je paſſe enſuite au 9 qui ne vaut plus que 8, à cauſe de l'emprunt que j'ai fait, je dis qui de 8 paye 4 reſte 4.

Pour la preuve il faut, comme j'ai dit ci-devant, faire une addition de la ſomme payée & de celle qui reſte à payer pour trouver la ſomme principale qui eſt due, comme il eſt démontré dans les précédentes opérations.

Septieme opération par zeros.

Dette . . . . 9000000 liv. 00 fols 0 den.
Paye . . . . 6461836———15———9

Refte . . . . 2538163——— 4——3

Preuve. . . . 9000000——— 0——0

Pour faire cette régle il faut commencer comme aux précédentes régles, c'eſt-à-dire par les moindres eſpèces qui ſont les deniers ; je dis qui de 0 aux deniers en paye 9 ne peut, il faut que j'emprunte 1 ſur 9, lequel 1 vaudra 1 million, je laiſſerai 9 ſur chaque 0, qui feront tous enſemble neuf cens quatre-vingt-dix-neuf mille neuf cens quatre-vingt-dix-neuf livres, ſur un million que j'ai emprunté, il reſte encore une livre qui vaut vingt ſols, j'en laiſſe dix-neuf ſols au rang & colonne des ſols, de vingt ſols il en reſte encore un ſol qui vaut douze deniers, que je mets à la colonne deſdits deniers, & je dis qui de 12 deniers paye 9 reſte 3, lequel je poſe entre les deux premieres bares ſous la colonne des deniers ; je paſſe aux ſols, & je dis qui de 9 paye 5 reſte 4, que je poſe à la colonne des ſols, je prends enſuite la dixaine de ſols, & je dis qui de 1 paye 1 reſte 0 ; je paſſe enſuite aux livres, je dis qui de neuf paye 6 reſte 3, lequel 3

I ij

je pofe fous la colonne des nombres de livres, je continue prenant le chiffre fuivant,
& je dis qui de 9 paye 3 refte 6, que je pofe
fous le même 3 payant. Je paffe à l'autre o
qui vaut 9, je dis qui de 9 paye 8 refte 1,
que je pofe fous le même 8 payant; je paffe
à l'autre zero qui vaut auffi 9, & je dis qui
de 9 paye 1 refte 8, continuant je prends
l'autre zero qui vaut 9, & je dis qui de 9
paye 6 refte 3, allant de fuite l'autre zero
vaut auffi 9, je dis qui de 9 paye 4 refte 5,
enfuite paffant au dernier chiffre 9 qui ne
vaut plus que 8, à caufe de l'emprunt que
j'y ai fait, je dis qui de 8 paye 6 refte 2; de
forte que fur la fomme de neuf millions j'ai
payé la fomme de fix millions quatre cens
foixante-un mille huit cens trente-fix livres
quinze fols neuf deniers, il refte à payer la
fomme de deux millions cinq cens trente-
huit mille cent foixante-trois livres quatre
fols trois deniers, comme il fe voit par l'o-
pération ci-devant page 67.

Pour faire la preuve il faut faire comme
aux précédentes, c'eft-à-dire il faut additionner la fomme payée, & la fomme qui
refte à payer pour trouver la fomme principale qui eft dûe.

Huitieme opération.

		liv.	sols	den.
Dette	60101010	10	1
Paye	31010101	— 1	— 9
Reste	29090909	— 8	— 4
Preuve. ...	60101010	— 10	— 1

Pour faire cette régle je commence par les deniers, comme j'ai fait aux précédentes, & je dis qui de 1 paye 9 ne peut, j'emprunte 1 qui vaut 12 den. joints avec 1 font 13, je dis qui de 13 paye 9 reste 4, que je pose sous la colonne des deniers, & je passe aux sols & j'y vois 10 f. qui ne valent plus que 9, parce que j'en ai emprunté 1 ; je dis donc qui de 9 paye 1 reste 8, que je pose fous les fols ; je passe ensuite aux livres, & je dis qui de 0 paye 1 ne peut, j'emprunte la dixaine qui est devant, & je dis qui de 10 paye 1 reste 9, que je pose fous le nombre des livres, je continue en difant qui de 0 paye 0 reste 0, parce que le 1 qui est aux dixaines ne vaut plus rien ; je vas aux centaines, & je dis qui de 0 paye 1 ne peut, j'emprunte la dixaine qui est devant, & je dis qui de 10 paye 1 reste 9, que je pose fous les centaines ; ainsi de fuite jusqu'à la fin de la soustraction. Voyez l'opération ci-dessus & les opérations précédentes, qui vous mettront en état de répondre à toutes

les fouftractions qu'on pourroit vous pro-
pofer de quelques natures qu'elles foient.

Je ne mettrai point ici de fouftractions des
opérations d'additions que j'ai donné ci-
devant, parce que celle de fouftractions que
je viens de donner peuvent donner l'intelligence de toutes autres fouftractions propofées, foit pour le tonneau de bled, le muid
de vin, la toife, &c. J'efpere cependant en
donner quelqu'unes dans mon queftionnaire,
qui fera compofé de diverfes queftions fur
toutes les régles que je vais donner, voyez
ci-après. Je vais feulement donner quelques
fouftractions de fractions, après les deux
curieufes qui fuivent.

*Souftractions abregées fur plufieurs fommes dues à
plufieurs fommes payées, & opérées tout d'un
coup, c'eft-à-dire par un feul produit pour réponfe ou refte.*

PREMIER EXEMPLE.

	liv.	fols	den.	
Dettes	6378	17	9	
	3678	7	3	
	478	19	6	Démonftration.
Payés	3183	19	7	
	4635	15	8	
	963	19	9	

	liv.	fols	den.	
Réponfe	1752	9	6	refte à payer.

Opération & explication.

Pour opérer cette régle, je commence par additionner les deniers des sommes dûes, disant 9 & 3 font 12 & 6 font 18 deniers, dont je fais mémoire dans mon idée, j'additionne encore les deniers des sommes payées, disant 7 & 8 font 15 & 9 font 24 deniers : je souftrais, disant qui de 18 den. des sommes dûes en paye 24 den. des sommes payées, ne peut pas ; j'emprunte un sol sur le 7 d'enhaut des sommes dûes, lequel 7 ne vaudra parconféquent plus que 6, & lequel sol emprunté vaut 12 den. & 18 den. defdites sommes dûes, font 30 den. je dis donc qui de 30 en paye 24 reste 6, que je pofe pour réponfe fous les deniers; je paffe enfuite aux fols, & j'additionne les fols des sommes dûes, commençant par en haut, & je dis 6 (au lieu de 7, parce que j'en ai ôté 1) & 7 font 13 & 9 font 22 fols, j'additionne encore les fols des sommes payées, difant 9 & 5 font 14 & 9 font 23 fols; je dis qui de 22 en paye 23, ne peut pas, j'emprunte 1 dixaine de fols fur les sommes dûes qui vaut 10 & 22 font 32 fols ; je dis donc qui de 32 en paye 23 reste 9, que je pofe fous les fols : je paffe enfuite aux dixaines de fols, je vois qu'aux fommes dûes il n'y en a plus que 1, à caufe de l'emprunt que j'ai fait, &

qu'il y en a trois aux sommes payées, par
conséquent une dixaine des sommes dûes ne
peut pas égaler 3 dixaines des sommes païées,
je suis obligé d'emprunter 1 liv. sur les livres, qui est sur le 8 d'enhaut des sommes
dûes, laquelle livre vaut 2 dixaines de sols,
& 1 qu'il y a font 3 dixaines, ainsi je dis
qui de 3 en paye 3 reste 0, que je pose en
réponse ou un point ci. je passe aux livres
des sommes dûes, & commençant par le
chiffre d'enhaut, je dis 7 au lieu de 8, parce
que l'emprunt que j'y ai fait ne le fait plus
valoir que 7, ainsi 7 & 8 font 15 & 8 font
23; j'additionne encore les chiffres des sommes payées, disant 3 & 5 font 8 & 3 font
11, je dis qui de 23 paye 11 reste 12; je pose
2 en réponse sous les livres, & je retiens 1
dixaine que j'additionne avec les chiffres suivans des sommes dûes, disant 1 retenu & 7
font 8, & 7 font 15 & 7 font 22; j'additionne encore les chiffres des sommes payées,
disant 8 & 3 font 11 & 6 font 17; & je dis
qui de 22 des sommes dûes en paye 17 reste
5, que je pose en réponse; je passe aux chiffres suivans des sommes dûes, disant 3 & 6
font 9 & 4 font 13; j'additionne encore les
chiffres des sommes payées, & dis 1 & 6 font
7 & 9 font 16, & je dis qui de 13 en paye
16, ne peut pas, j'emprunte 1 qui vaut 10
sur les sommes dûes, lequel 1 emprunte valant

lant 10, & joint avec 13 font 23 ; je dis donc
qui de 23 en paye 16 reste 7, que je pose
en réponse : je passe enfin aux derniers chiffres (de droit à gauche comme l'on a vu
que j'ai toujours agi) des sommes dûes, &
je vois en haut 6 qui ne vaut plus que 5, à
cause de l'emprunt que j'y ai fait, je dis 5
& 3 font 8 ; j'additionne donc enfin les derniers chiffres des sommes payées, disant 3
& 4 font 7, & je dis qui de 8 des sommes
dûes en paye 7 des sommes payées reste 1,
que je pose en réponse. Ainsi est le résultat
de la régle finie, & fait voir que des sommes dûes payées, il reste encore à payer
1752 liv. 9 s. 6 d. comme on le voit par la
réponse ou restant de l'autre part.

DEUXIEME EXEMPLE.

	liv.	sols	den.
Dettes	57367	19	3
	2356	15	4
	47836	8	5
Payes	3782	15	4
	4583	17	8
	2596	16	7

Démonstration.

	liv.	fols	den.	
Réponse	96597	13	5	reste à payer.

K

Opération & explication.

La maniere d'opérer & d'expliquer ce second exemple, n'eſt pas différent du premier, ſi ce n'eſt une petite difficulté qui ſe
trouve aux livres, laquelle embarraſſeroit
peut-être l'étudiant ; ainſi pour donner l'application de ces régles, je vais opérer &
expliquer celle-ci mot pour mot comme la
premiere.

J'additionne les deniers des ſommes dûes,
j'y trouve 12 d. dans le tems qu'il y a 19
den. aux ſommes payées ; je dis, qui de 12
paye 19 ne peut pas, j'emprunte 1 ſur les
ſols, lequel 1 ſ. vaut 12 d. joint à 12 qu'il
y a déja font 24 : je dis donc, qui de 24 en
paye 19 reſte 5 que je poſe en réponſe ſous
les deniers ; je paſſe aux ſols des ſommes
dûes, commençant par en haut, j'y vois 9
qui ne vaut plus que 8, attendu l'emprunt
de 1 que j'y ai fait ; je dis, parconſéquent,
8 & 5 font 13 & 8 font 21, j'additionne
enſuite les ſols des ſommes payées, diſant
5 & 7 font 12 & 6 font 18 ; je ſouſtrais
donc, diſant qui de 21 paye 18 reſte 3 que
je poſe aux ſols en réponſe ; je paſſe aux
dixaines de ſols, j'en vois 2 au rang des
ſommes dûes & 3 au rang des ſommes payées,
je dis que de 2 dixaines des ſommes dûes en
paye 3 des ſommes payées ne peut pas, j'em-

prunte 1 liv. laquelle vaut 2 dixaines de fols
qui étant jointes à 2 dixaines qu'il y a déja
font 4 , je dis donc qui de 4 paye 3 reste 1 ,
lequel 1 je pose en réponse fous la colonne
des dixaines de fols ; je passe aux livres &
j'y vois 7 qui ne peut valoir que 6 rapport à
l'emprunt de 1 que j'y ai fait, ainsi je dis 6
& 6 font 12 & 6 font 18 , j'additionne encore les chiffres des sommes payées, disant
2 & 3 font 5 & 6 font 11 je souftrais & dis,
qui de 18 paye 11 reste 7 que je pose en réponse fous les livres, je passe aux chiffres
suivans des sommes dûes , disant 6 & 5 font
11 & 3 font 14 , j'additionne encore les
chiffres des sommes payées qui font directement deffous, & dis 8 & 8 font 16 & 9 font
25 ; ainsi qui de 14 paye 25 ne peut pas ,
(c'est ici où se trouve la petite difficulté
dont j'ai ci-devant parlé) j'emprunte 2 qui
valent 2 dixaines qui font 20 & 14 font 34 ;
(car si je n'empruntois que une dixaine
jointe avec 14 cela ne feroit que 24 , ce qui
n'équivaleroit pas 25 des sommes payées ,
& comme il faut que le montant des sommes
foit toujours auffi fort ou plus fort que le
montant des sommes payées ; j'ai été obligé
d'emprunter deux dixaines pour que le montant des sommes dûes foit plus fort que celui
des sommes payées) ; je dis donc qui de 34
paye 25 reste 9 que je pose en réponse ; je

paſſe aux chiffres ſuivans des ſommes dûes
& j'y vois 3 qui ne vaut plus que 1 à cauſe
de 2 d'emprunt que j'ai fait ſur ledit 3, ainſi
je dis 1 & 3 font 4 & 8 font 12, j'additionne
encore les chiffres des ſommes payées, diſant 7 & 5 font 12 & 5 font 17, qui de 12
paye 17 ne peut, j'emprunte 1 ſur le chiffre
de devant, lequel 1 vaut 10 avec 12 font
22, je dis donc qui de 22 en paye 17 reſte
5 que je poſe en réponſe ; je paſſe aux chiffres ſuivans des ſommes dûes, j'y vois 7
qui ne vaut plus que 6 à cauſe de l'emprunt
que j'y ai fait, je dis 6 & 2 font 8 & 7 font
15 ; j'additionne les chiffres des ſommes
payées qui ſont deſſous directement (comme
j'ai fait pour toutes les autres colonnes de
chiffres), diſant 3 & 4 font 7 & 2 font 9,
je dis donc enfin qui de 15 paye 9 reſte 6
que je poſe en réponſe, & comme je n'ai
point d'autres chiffres aux ſommes payées,
j'additionne enfin les chiffres des ſommes
dûes, diſant 5 & 4 font 9 que je poſe en
réponſe, & c'eſt ce qui finit & acheve la
régle de ſouſtraction par laquelle on voit
qu'il reſte à payer 96597 liv. 13 ſ. 5 den.

Pour donner l'explication de cette régle,
j'avouerai que j'ai fait beaucoup de répétition qui ſeroient inutiles à un homme ex-
périmenté dans l'art ; mais abſolument in-
diſpenſables pour la faire entendre aux com-

mençans. J'ai été obligé de faire de mêmes
répétitions dans toutes les autres régles
contenues en ce volume, parce qu'elles ont
été indifpenfables pour les faire concevoir
à gens de tous âges, lorfqu'ils liront ce volume avec attention, & qu'ils feront plufieurs régles à l'imitation de celles portées
fur icelui ils réuffiront dans leurs calculs.
Cette fouftraction donne beaucoup d'abréviation & exempte deux additions ; l'une
pour les diverfes fommes dues, & l'autre
pour les diverfes fommes payées, lefquelles
additions on fouftrairoit l'une de l'autre,
c'eft-à-dire, on fouftrairoit du montant total des fommes dues, le montant total des
fommes payées, ce qui reviendroit au même,
mais avec plus de travail dans le tems que
l'opération de la fouftraction ci-devant fe
trouve tout d'un coup faite.

Dans mon traité du Guide du Commerce,
premier volume, il y a beaucoup d'abréviations plus étendues & plus brieves fur
toutes les régles, principalement fur les
quatre principales régles qui font la bafe de
toute l'Arithmétique, lefquelles font fi clairement démontrées, opérées & expliquées
mot à mot qu'il n'y a aucun amateur de l'A-
rithmétique qui n'entende & ne comprenne
le raifonnement fimple dont je me fuis fervi
pour le faire opérer dans le même genre,

pour qu'il faffe toutes fortes de régles par abréviation fans le fecours d'aucuns maîtres. Je fuis fûr qu'il en tirera quelque chofe à fon utilité, car l'ouvrage eft étendu fur toutes les parties convenables à gens de tous états.

Souftractions d'entiers & de fractions fimples.

On fuppofe qu'un Marchand de drap doive à un autre Marchand de drap 29 aunes 3/4 de drap de Lodeve, dont le premier en a rendu à ce dernier 17 aunes 1/2, fçavoir combien ce dernier en redoit au premier. Réponfe, 12 aunes 1/4.

Ayant difpofé ma régle comme ci-à-côté, je dis qui de 3/4 qui valent 1/2 & 1/4 en ôte 1/2 refte 1/4, que

OPERATION de 29 aunes $\frac{3}{4}$
En ôter 17 aunes $\frac{1}{2}$
Refte   12 aunes $\frac{1}{4}$
Preuve   29 aunes $\frac{3}{4}$

je pofe fous la 1/2; enfuite je vas aux aunes, & je dis que de 9 en ôte 7 refte 2, que je pofe fous 7, je continue, & je dis qui de 2 en ôte 1 refte 1 que je pofe à la fomme reftante devant 2, qui y eft déja, & je trouve qu'il refte à rendre au Marchand de drap qui a prêté à l'autre, douze aunes un quart de drap, comme on le voit par l'opération ci-deffus.

Pour la preuve il faut additionner les aunes qui ont été rendues & celles qui reftent, à rendre, pour trouver les aunes qui ont été prêtées; difant 1/2 & 1/4 font 3/4; je pofe à ma preuve lefdits 3/4, enfuite je vais aux aunes, & je dis 7 & 2 font 9, je pofe 9, je continue, & je dis 1 & 1 font 2, je pofe 2 devant neuf, & je trouve à ma preuve les 29 aunes 3/4 qui avoient été prêtées.

Deuxieme fuppofition.

Suppofé qu'il foit propofé d'ôter 77 aunes 3/4 de 137 aunes 1/2, on demande combien il reftera d'aunes & de fraction ou partie d'aune : réponfe, il reftera 59 aun. 3/4.

Après avoir difpofé mon opération, comme on la voit

$$\left. \begin{array}{l} \text{Operation de 137 aun. 1/2} \\ \text{En ôter... 77 .. 3/4} \\ \hline \text{Refte .... 59 — 3/4} \\ \text{Preuve ...137 aun. 1/2} \end{array} \right\}$$

ci-contre, je dis qui de 1/2 en ôte 3/4 ne peut pas, il faut que j'emprunte un entier, ou plutôt une aune qui vaut 4/4, joints avec la 1/2 qui vaut 2/4 font 6/4, je dis qui de fix quarts ou 6/4 en ôte 3/4 refte à 3/4, que je pofe à ma fouftraction, enfuite je paffe aux aunes; le 7 qui y eft ne vaut plus que 6, parce que j'ai emprunté 1 deffus ledit 7, je dis qui de 6 en ôte 7 ne peut pas, j'emprunte 1 fur le 3 qui eft de-

vant 7, lequel 1 vaut 10, & 6 font 16, je
dis donc qui de 16 en ôte 7 reste 9, que je
pose au restant de la soustraction, & sous le
premier chiffre à droite ; je continue, disant
qui de 2, parce que le 3 ne vaut plus que 2,
en ôte 7 ne peut ; j'emprunte la dixaine qui
est devant 3, étant jointe avec 2 font 12,
je dis qui de 12 en ôte 7 reste 5, que je pose
devant 9, de sorte que je trouve qu'il reste
cinquante-neuf aunes trois quarts.

Pour la preuve il faut additionner les aunes à diminuer, & celles qui restent pour
trouver les aunes principales de la supposition, disant 3/4 & 3/4 font 6/4, qui font
une aune & demie ; je pose ma 1/2 & je retiens 1 aune pour additionner avec les aunes, disant 1 que j'ai retenu, & 7 font 8 &
9 font 17 ; je pose 7 sous les aunes & retiens
1, je continue en disant 1 que j'ai retenu &
7 font 8, 8 & 5 font 13, je pose 13 devant
7 ; & je trouve le principal de ma supposition, qui est de cent trente-sept aunes &
demie, comme on le voit en l'opération ci-
devant.

Soustractions d'entiers & de fractions composées.

PREMIERE PROPOSITION.

Un Marchand de dentelles a donné à un
Marchand Colporteur 15 aunes 1/16 d'aune

ne de dentelle à vendre pour son compte, moyennant qu'il donneroit audit Colporteur un certain bénéfice convenu entre eux. Ledit Colporteur après avoir vendu ce qu'il a pu de dentelle, lui en rend 12 aunes 5/7.me d'aune, on demande combien il en a vendu. Réponse, il en a vendu 2 aunes 39/112 partie d'aune.

OPERATION.

dénominateur commun.

De . . 15 aun. 1|16

En dim. 12 aun 5|7

Reste . . 2 aun. 39|112

Preuve . . 15 aun. 1|16

Pour les 5|7

Ayant disposé ma régle, comme on la voit ci-dessus, je commence par les fractions, & je dis qui de 1/16 en ôte 5/7 ne peut pas, il faut que je multiplie les deux dénominateurs des fractions l'un par l'autre, c'est-à-dire 16 par 7, ce qui me produira 112 pour dénominateur commun, duquel j'en prends le seizieme, en divisant 112

L

par 16, je trouve 7 au quotient, je le pose
sous 112 dénominateur commun; ensuite de
quoi je prends les 5/7 dudit dénominateur
commun, en divisant 112 par 7 je trouve
au quotient 16 pour 1/7; mais comme je
cherche 5/7 je multiplie 16 par 5, & je trouve 80 pour produit de mes 5/7, je pose lesdits 80 sous 7 & à côté des 5/7; ensuite je
fais ma soustraction, disant qui de 7 en ôte
80 ne peut; j'emprunte 1 aune sur les 15
aunes, laquelle aune vaut autant que le dénominateur commun, 112 & 7 qu'il y a,
c'est 119 que je mets à côté de 112 & 7;
ensuite je dis qui de 119 en ôte 80 reste 39,
qui est le numérateur du dénominateur commun, c'est-à-dire 39/112, & qui ne peut
pas se réduire en plus petite dénomination;
je passe ensuite aux aunes, & comme 15 aunes ne valent plus que 14 à cause de l'emprunt que j'ai fait, je dis qui de 14 en ôte
12 reste 2; ainsi je trouve que le Marchand
Colporteur n'a vendu que 2 aun. 39/112eme
partie d'aune de dentelle, comme on le voit
par l'opération de l'autre part.

Pour la preuve il faut additionner les aunes rendues & celles vendues avec leurs fractions, pour trouver le montant qui avoit
été donné: ainsi voyez les additions de fractions ci-devant données qui vous instrui-
ront de la maniere de trouver des entiers

dans des fractions, & l'opération de l'autre part qui est prouvée par l'addition.

Soustraction de fractions.

Un Marchand a laissé entre les mains d'un de ses amis 7/8 d'aune d'étoffe d'argent, & quelque tems s'étant écoulé, cet ami lui en rend 5/7eme d'aune, on demande combien cet ami en redoit à ce Marchand. Réponse, 1/8eme & 1/28eme, ou 9/56eme partie d'aune.

OPERATION.

$$8$$
$$7$$
$$\overline{56}\ \text{dénominateur commun.}$$

De . . . 7/8eme d'aune . . . 49 . . $\frac{1}{8}$ . . 7 $\Big\}$ 49
  7 $\Big\}$ 49

En ôter . 5/7 d'aune . . . . 40 . . $\frac{1}{7}$ . . 8 $\Big\}$ 40
  5 $\Big\}$ 40

Reste . . 1/8 & 1/28 ou . . 9/56

Preuve . . 7/8 d'aune

addit. 1568   Le 1/7 . . 224
Preuve . 5/7 . . . 1120   5
  1/8 . . . 196   1120
  1/28 . . 56   Le 1/28. 1568 $\Big\}$ 28
  1372/1568   168 $\Big\}$ 56
  00 $\Big\}$

$\frac{7}{8}$ 196 $\Big\}$
—— Il faut diviser par 196 . 1372 $\Big\}$ 7 $\Big\}$ 7/8
$\frac{56}{28}$ 000 $\Big\}$
  196 $\Big\}$
$\frac{448}{112}$ 1568 $\Big\}$ 8
1568   000 $\Big\}$ L ij

Pour faire la régle de l'autre part, il faut multiplier les dénominateurs des deux fractions l'un par l'autre, c'est-à-dire 8 par 7, difant 7 fois 8 font 56, qui feront le dénominateur commun, duquel j'en prends les 7/8 qui font 49, que je mets fous 56 à côté des 7/8; enfuite je prends les 5/7 de 56 dénominateur commun, qui eft 40 que je mets fous 49 & à côté des 5/7; enfuite je dis qui de 49 en ôte 40 refte 9, qui difent 9/56, partie d'aune qui reftent à rendre au Marchand. Pour prouver fi la réglé eft bonne, il faut faire une addition de fractions des 5/7 & 9/56 pour trouver les 7/8ᵉᵐᵉ d'aune; mais comme on peut réduire les 9/56ᵉᵐᵉ en fractions plus approchantes & plus intelligibles; je raifonne & je dis s'il n'y avoit que 7/56ᵉᵐᵉ, cela feroit 1/8 en prenant le 7ᵉᵐᵉ des 7/56, mais il y a 9/56, cela fait 7/56 & 2/56, qui font 1/8 & 1/28, qui font de même valeur que 9/56, comme on le voit par l'opération de l'autre part.

Pour la preuve j'additionne 5/7, 1/8 & 1/28, multipliant les dénominateurs de ces trois fractions les uns par les autres, je trouve 1568 pour dénominateur commun, dont j'en prends les 5/7, le 1/8 & le 1/28, ce qui fait 1372/1568, qui étant divifés par 196, tant le numérateur que le dénominateur font 7/8, comme on le voit par l'opération de l'autre part, & comme on le peut voir par les additions de fractions ci-devant données pour la maniere de réduire une fraction en la plus petite dénomination.

DE LA MULTIPLICATION.

La multiplication est l'augmentation d'un nombre, autant de fois qu'un autre contient d'unités; comme si on vouloit multiplier 8 par 6, on chercheroit un nombre qui contiendroit autant de fois l'un de ces deux nombres proposés qu'il y a d'unité dans l'autre, le produit total est 48, parce que 6 fois 8 ou 8 fois 6 font 48, il y a trois nombres à distinguer dans la multiplication; savoir, le multiplicande ou le multiplié, le multiplicateur & le produit, le multiplicande est le nombre à multiplier, comme il est ci-dessus démontré; car 8 est le nombre à multiplier, le multiplicateur est celui par lequel on multiplie, comme 6 dans la même proposition. Le produit est le résultat de la multiplication; ainsi 48 est le produit de 8 par 6. Le multiplicande, autrement dit le multiplié, doit être le nombre de dessus, le multiplicateur doit être dessous, & le produit se trouve sous le multiplicateur, comme on le verra en les exemples suivans.

Il y a deux sortes de multiplication, la simple & la composée; la multiplication

simple eſt celle dont le multiplicateur eſt
compoſé d'un ſeul chiffre, telle eſt la multi-

$$\left\{ \begin{array}{r} 378 \\ 7 \\ \hline 2646 \end{array} \right.$$

plication de 378 par 7. La multiplication
compoſée eſt celle dont le multiplicateur à
pluſieurs caractères, comme ſi on multiplie
64703 par 69.

$$\left\{ \begin{array}{r} 64703 \\ 69 \\ \hline 582327 \\ 388118 \\ \hline 4464507 \end{array} \right.$$

Pour inſtruire plus facilement ceux qui
prendront goût à cette régle, comme à toutes
les autres que j'ai donné & que je donnerai
à la ſuite en leſquelles j'ai tâché de donner
tous les principes réels & effectifs; je mon-
trerai premierement la multiplication ſimple & enſuite la multiplication compoſée par
livres, ſols & deniers. Je donnerai des
éclairciſſemens ſi nets, ſi faciles & ſi ra-
courcis, que ceux qui les verront ſeront
charmés d'apprendre cette méthode préfé-
rablement à toutes les autres que l'on a pu
donner dans pluſieurs livres d'Arithmétique.

Mais parce qu'il eſt très-facile de réſoudre
les queſtions de multiplication ſans ſavoir la
puiſſance des nombres multipliés les uns par
les autres, j'ai jugé à propos de donner en
cet endroit une table pitagorique, & une
autre table vulgairement appellée table de

multiplication ou livret, lesquelles tables il faut nécessairement que les commençans repassent plusieurs fois afin de les retenir exactement; voyez ci-après.

Table pitagorique.

1	2	3	4	5	6	7	8	9
2	4	6	8	10	12	14	16	18
3	6	9	12	15	18	21	24	27
4	8	12	16	20	24	28	32	36
5	10	15	20	25	30	35	40	45
6	12	18	24	30	36	42	48	54
7	14	21	28	35	42	49	56	63
8	16	24	32	40	48	56	64	72
9	18	27	36	45	54	63	72	81

Pour bien comprendre cette table, il faut remarquer que la premiere colonne de gauche à droite est le multiplicateur, & la premiere colonne en dessus est le multiplié ou multiplicande, & le produit se trouve à la colonne du multiplié au même rang de la colonne du multiplicateur : par exemple je

demande 4 fois 4, mon multiplicateur eft à
la premiere colonne de gauche à droite, mon
multiplié eft la quatrieme colonne en deffus,
je dois prendre mon produit à la quatrieme
colonne en deffous le 4 multiplié, & je trouve 16 qui eft mon produit; de même que fi
on demandoit 7 fois 9, je prends la feptieme colonne deffous le 9, qui eft le nombre
multiplié & je trouve 63, par conféquent 7
fois 9 font 63, ainfi des autres, en prenant
toujours le produit fous la colonne du nombre multiplié au rang que le multiplicateur
eft propofé.

Livre de multiplication.

2 fois	2 font	4	4 fois	4 font	16	7 fois	7 font	49
2 ..	3 ..	6	4 ..	5 ..	20	7 ..	8 ..	56
2 ..	4 ..	8	4 ..	6 ..	24	7 ..	9 ..	63
2 ..	5 ..	10	4 ..	7 ..	28	7 ..	10 ..	70
2 ..	6 ..	12	4 ..	8 ..	32	7 ..	11 ..	77
2 ..	7 ..	14	4 ..	9 ..	36	7 ..	12 ..	84
2 ..	8 ..	16	4 ..	10 ..	40	8 ..	8 ..	64
2 ..	9 ..	18	4 ..	11 ..	44	8 ..	9 ..	72
2 ..	10 ..	20	4 ..	12 ..	48	8 ..	10 ..	80
2 ..	11 ..	22				8 ..	11 ..	88
2 ..	12 ..	24	5 ..	6 ..	30	8 ..	12 ..	96
			5 ..	7 ..	35			
3 ..	3 ..	9	5 ..	8 ..	40	9 ..	9 ..	81
3 ..	4 ..	12	5 ..	9 ..	45	9 ..	10 ..	90
3 ..	5 ..	15	5 ..	10 ..	50	9 ..	11 ..	99
3 ..	6 ..	18	5 ..	11 ..	55	9 ..	12 ..	108
3 ..	7 ..	21	5 ..	12 ..	60			
3 ..	8 ..	24				10 ..	10 ..	100
3 ..	9 ..	27	6 ..	6 ..	36	10 ..	11 ..	110
3 ..	10 ..	30	6 ..	7 ..	42	10 ..	12 ..	120
3 ..	11 ..	33	6 ..	8 ..	48			
3 ..	12 ..	36	6 ..	9 ..	54	11 ..	11 ..	121
			6 ..	10 ..	60	11 ..	12 ..	132
			6 ..	11 ..	66	12 ..	12 ..	144

Pour être bon Calculateur il faut une vive ardeur.

Nul ne fera bon Chiffreur s'il ne sçait ce livre par cœur.

M

Remarques sur la multiplication.

On doit commencer par poser le plus grand nombre le premier, qui exprime ordinairement la quantité des choses vendues ou achetées, & le moindre au-dessous qui marque le plus souvent la valeur de l'une des choses proposées dont on cherche le prix total. Il faut d'abord multiplier le chiffre qui est au rang des nombres du multiplicande, par le multiplicateur, commençant cette opération par la droite comme les deux régles précédentes, & si le produit de ce chiffre s'exprime par un seul caractere, on l'écrit sous le rang des nombres; mais si ce produit s'exprime par deux chiffres, on met le dernier sous le rang des nombres, & on retient le premier pour l'ajouter au produit des dixaines sur lesquelles on opére de la même maniere, comme sous les centaines, sur les milles, &c. Il faut remarquer que s'il y avoit un o dans quelqu'un des rangs du multiplicateur, il faudroit mettre au produit un o sous le même zero, & multiplier le multiplicande par le chiffre suivant du multiplicateur. De même que s'il y avoit un o dans quelqu'un des rangs du multiplicande; il faudroit mettre au produit dans le rang qui répondroit au zero, le chiffre qu'on auroit retenu du chiffre multiplié, si on avoit quelques dixaines ; mais fi on n'avoit rien retenu on ne pourroit écrire que zero à ce même rang.

Multiplications simples.

PREMIER EXEMPLE.

L'on veut multiplier 248 par 4. Après avoir difpofé ces deux nombres, comme nous avons dit ci-devant, & comme il eft marqué ci-deffous, il faut tirer une barre fous ces deux nombres.

OPERATION.

Je dis 4 fois 8 font 32, je pofe 2 fous 4 multiplicateur, & je retiens 3 pour l'ajouter au produit des dixaines,

$$248$$
$$Par \ldots 4$$
$$\overline{992}$$

je continue de multiplier les dixaines, c'eft-à-dire, 4 par 4, difant 4 fois 4 font 16, ajoutant 3 que j'ai retenu font 19, je pofe 9 au produit & je retiens 1 pour l'ajouter aux centaines. Je continue encore à multiplier les centaines, & je dis 4 fois 2 font 8 & 1 que j'ai retenue font 9 que j'écris fous 2 du multiplicande, je trouve donc pour le produit total neuf cent quatre-vingt-douze, comme on le voit par l'opération ci-deffus.

Deuxieme propofition.

On veut multiplier 70406 par 3, après avoir écrit le multiplicateur 3 fous le multiplicande 70406, comme il fe voit par l'opération ci-deffous.

OPERATION.

Je multiplie 6 par 3, en di- ⎧ 70406 ⎫
fant 3 fois 6 font 18, je pofe 8 ⎬ ————— 3 ⎨
au produit & je retiens 1, je ⎩ 211218 ⎭
continue en difant 3 fois 0 c'eft 0, mais j'ai retenu 1, je le pofe au produit fous 0 des dixaines, puis je viens au 4 des centaines, je dis 3 fois 4 font 12, je pofe 2 au produit & je retiens 1, je dis enfuite 3 fois 0 eft 0; mais ayant retenu 1 je pofe 1 au produit, fous le fecond zero, c'eft-à-dire, au rang des milles, & je paffe au 7, en difant 3 fois 7 font 21; je pofe 1 fous 7 & j'avance 2; de forte que le produit total fe monte à deux cent onze mille deux cent dix-huit livres, toifes, aunes, &c.

Multiplications compofées.

Quand le multiplicateur a plufieurs chiffres, il faut multiplier tout le multiplicande par le premier chiffre des nombres du multiplicateur; il faut de même multiplier le multiplicande entier par le chiffre, qui eft

au rang des dixaines du multiplicateur, mettant le dernier chiffre de ce second produit
fous le même chiffre du multiplicateur, par
lequel on multiplie, & retenir les dixaines pour les ajouter avec les autres dixaines. S'il y a plus de deux chiffres au multiplicateur, il faut continuer de multiplier
tout le multiplicande par chacun des chiffres du multiplicateur, & mettre le dernier
chiffre de chaque produit au rang du chiffre,
par lequel on multiplie comme il est dit ci-
deffus. Lorfque la multiplication eft faite
& finie, il faut additionner tous fes produits pour en fçavoir la fomme totale.

PREMIERE PROPOSITION.

On veut multiplier 78306 par 28

$$
\begin{array}{r}
\text{OPERATION} \dots \, 78306 \\
28 \\
\hline
626448 \\
156612 \\
\hline
2192568
\end{array}
$$

Pour multiplier 78306 par 28, il faut les
difpofer comme on les voit ci-deffus; il
faut multiplier tout le multiplicande par 8
qui eft au rang des nombres, comme il eft
démontré par la multiplication fimple, &
enfuite il faut continuer à multiplier le mul-

tiplicande par 2 qui eſt au rang des dixaines, écrivant le dernier chiffre de ce produit au rang des dixaines, c'eſt-à-dire ſous
le même multiplicateur. Et l'addition des
deux produits ſe monte comme il ſe voit ci-
devant à deux millions cent quatre-vingt-
douze mille cinq cens ſoixante-huit.

DEUXIEME PROPOSITION.

L'on veut multiplier 61706 par 5007.

OPERATION. . . . . . .
$$\left\{ \begin{array}{r} 61706 \\ 5007 \end{array} \right.$$

$$\left\{ \begin{array}{r} 431942 \\ 30853000 \\ \hline 308961942 \end{array} \right.$$

Quand il y a des zeros au multiplicateur,
ils ne ſont toujours eſtimés que pour zeros,
ainſi il faut les poſer dans le même rang
qu'ils ſont, & multiplier le chiffre nombre
du multiplicande par le chiffre ſuivant les
zeros du multiplicateur, écrivant le dernier
chiffre du produit au rang des milles : enſuite il faut additionner tous les produits particuliers pour trouver le produit total qui ſe
monte à trois cens huit millions neuf cens
ſoixante-un mille neuf cens quarante-deux.

Maniere abrégée de multiplier.

Par deux chiffres depuis le nombre 10 juſ-qu'au nombre 19, dont on trouve le pro-duit par une ſeule opération, comme on **va** le voir ci-après.

PROPOSITION.

On veut multiplier 273 par 14, en un ſeul produit.

OPÉRATION.

$$
\begin{array}{r}
373 \\
14 \\
\hline
5\,2.22
\end{array}
$$

Pour faire cette opération, & ne trou-ver qu'un ſeul produit qui vale autant que ſi on en faiſoit deux, il faut multiplier pre-mierement par le 4 du multiplicateur le pre-mier chiffre de multiplicande, diſant 4 fois 3 font 12 ; je poſe 2 ſous le 4 du multiplica-teur & je retiens 1 ; je continue de multi-plier les chiffres ſuivans, diſant 4 fois 7 font 28, & 1 que j'ai retenu font 29, & 3 pre-mier chiffre à droit du multiplicande que j'ajoute à 29 font 32, je poſe 2 ſous 7 du multiplicande & retiens 3 ; je continue de multiplier, diſant 4 fois 3 font 12 & 3 que j'ai retenu font 15, & 7 qui eſt après ledit 3 que j'ai multiplié que j'ajoute à 15 font 22 ; je pose 2 sous le 3 du multiplicande qui est à gauche & je retiens 2 ; ensuite je multiplie ledit premier 3 à gauche par le 1 du multiplicateur 14, disant 1 fois 3 est 3, & 2 que j'ai retenu font 5, que je pose à la suite du produit ; ce qui fait en total cinq mille deux cens vingt-deux, comme on le voit par l'opération ci-devant; ainsi des autres multiplications de 10 jusqu'à 19, que l'on peut faire par la même abréviation plus au long démontrée & expliquée en la premiere partie du premier volume de mon Guide du Commerce.

De la preuve de la multiplication.

On sçait que la preuve de la multiplication se fait par la division ; mais comme je ne traite pas encore de la division, j'ai jugé à propos de donner une autre maniere de prouver la multiplication par son contraire, prenant la moitié du multiplicande, & augmentant le multiplicateur d'une fois plus ; pour lors il faut que les produits qui viennent de ces deux multiplications soient égaux, c'est-à-dire de même valeur & même nombre, comme on le verra en les opérations suivantes.

Premiere

Premiere propofition avec fa preuve.

On veut multiplier 2746 par 268, & pour preuve on veut multiplier 1373 par 536.

OPERATIONS.

2746	Preuve 1373
Par . . . 268	Par 536
21968	8238
16476	4119
5492	6865
735928	735928

Ayant donc à multiplier 2746 par 268, je les difpofe comme ci-deffus. Pour pofer la preuve je prends la moitié defdits 2746 qui eft 1373, j'augmente d'une fois plus 268, qui eft 536, de forte que c'eft deux régles pour une, lefquelles doivent fe trouver égales pour le produit total, comme on voit ci-deffus, & chaque produit fe monte à fept cens trente-cinq mille neuf cens vingt-huit; ce qui fait la certitude des deux régles.

Deuxieme propofition avec fa preuve.

S'il y avoit des chiffres pofitifs fuivis de zeros tant à la fin du multiplicateur que du multiplicande, il faudroit pofer les zeros du multiplicateur pour le produit fous les mê-

N

mes zeros, c'est-à-dire tels qu'ils sont; &
de suite poser ceux du multiplicande, &
puis multiplier les chiffres du multiplicande
par ceux du multiplicateur, comme il est
marqué dans l'opération ci-dessous, les zeros ne servent que pour faire augmenter le
nombre.

.Il est par exemple proposé de multiplier
67041000 par 72300, & pour preuve de
multiplier, 3352050o par 144600, il faut
sçavoir ce que ces nombres produiront.

O P E R A T I O N.

Multiplier-67041000	Preuve M. 33520500
Par ... 72300	Par 144600
20112300000	20112300000
134082000	134082000
469287000	134082000
4847064300000	33520500
	484,064300000

Il faut remarquer que la preuve d'une
opération se peut toujours faire par l'opération contraire; nous avons vu que la preuve de l'addition se faisoit par la soustraction,
& que la preuve de la soustraction se faisoit
par l'addition : nous verrons aussi que la
multiplication se prouve par la division, &
que la division se prouve aussi par la multiplication.

Multiplication par livres avec sa preuve.

On veut multiplier 276℔ par 4 liv. sçavoir quel en sera le produit.

OPERATION.	PREUVE.
M. 276℔	M 138℔
Par... 4 l.	Par ... 8 l.
1104	1104

Pour ces régles ci-dessus l'on opére comme aux précédentes, disant 4 fois 6 font 24;
en 24 je pose 4 & retiens 2, parce qu'il y
a deux dixaines & quatre, & qu'il faut poser tout ce qui est au-dessus des dixaines sous
la colonne des nombres, & retenir les dixaines pour les ajouter aux suivantes, après
les avoir multipliées par le même chiffre
du multiplicateur, disant 4 fois 7 font 28,
& 2 que j'ai retenu font 30 ; je pose 0 au
produit sous les dixaines & retiens 3, je
continue & je dis 4 fois 2 font 8, & 3 que
j'ai retenu font 11, je pose 11 audit produit, j'en fais de même pour la preuve, &
je trouve mes deux produits égaux, qui
font mille cent quatre livres, ou onze cens
quatre livres.

Table pour les sols ou parties d'une livre.

Pour un sol prenez la moitié du nombre

propofé en retrogradant d'un chiffre, & pofez le dernier chiffre aux fols tel qu'il eft, & quand bien même il refteroit une demie elle vaudra 10, qui étant jointe au dernier chiffre fera un nombre de fols qu'il faudra pofer au rang des fols; comme on le voit en la premiere opération ci-après.

Pour deux fols, prenez la moitié des deux fols qui eft 1, lequel 1 vous mettrez au-deffus defdits 2 fols, vous multiplirez le premier chiffre à droite, du nombre propofé par 1, enfuite vous doublerez le produit, & s'il y a des livres dans ce nombre doublé, vous les retiendrez, & poferez au rang des fols le furplus des livres, & vous continuerez toujours de multiplier par ledit 1 les chiffres fuivans, qui font réputés pour livres, & y ajouterez ce que vous retiendrez, comme dans la preuve de la premiere opération ci-après. Mais on fçait qu'un nombre multiplié par 1, ne peut produire des livres; ainfi il faut pofer les fols doublés au rang des fols.

Pour trois fols, vous en prendrez la moitié qui eft 1 & demi, vous multiplirez par 1, comme il eft expliqué ci-deffus, & comme vous voyez en l'opération ci-après; enfuite de quoi pour cette demie reftante qui eft un fol, vous prendrez de la même maniere qu'il eft expliqué ci-devant pour un fol, & comme il eft démontré par la premiere opération ci-

après d'un fol ; pour lequel , il faut prendre
la moitié du nombre propofé en retrogradant d'un chiffre, & pofer le dernier chiffre
aux fols tel qu'il eft. Toutes les autres multiplications par les parties aliquotes de la
livre, fe font de la même maniere, en prenant la moitié des fols, comme on le voit par
les opérations fuivantes.

Je donne ici la même maniere de prouver
la premiere multiplication par une autre multiplication, également pour les fols, que
pour les livres, & je prouverai toutes les
multiplications fuivantes dans le même genre, jufqu'à ce que j'aie donné les principes
de la divifion, afin de prouver la multiplication par la divifion. Je prends donc pour
preuve (de même qu'aux précédentes opérations que j'ai donné) la moitié du nombre
propofé, c'eft-à-dire, du multiplicande , &
j'augmente d'une fois plus le multiplicateur,
& je multiplie comme à l'ordinaire. Les produits des deux multiplications doivent fe
trouver égaux, fans quoi, l'une des deux
multiplications feroit manquée.

TABLE pour se servir de la méthode. des parties aliquotes de la livre.

SÇAVOIR;

Pour 1 sol, prenez la 20.eme partie du nombre proposé.

Pour 2   prenez la 10.eme partie.

Pour 3   prenez la 10.eme partie & la 20.eme

Pour 4   prenez la 5.eme partie.

Pour 5   prenez la 4.eme partie.

Pour 6   prenez la 4.eme & la 20.eme

Pour 7   prenez la 4.eme & la 10.eme

Pour 8   prenez les 2/5emes parties.

Pour 9   prenez les 2/5.mes & la 20.eme

Pour 10   prenez la 1/2.

Pour 11   prenez la 1/2 & la 20.eme

Pour 12   prenez la 1/2 , & la 10.eme

Pour 13   prenez la 1/2, la 10.eme & la 20.eme

Pour 14   prenez la 1/2 & la 5.eme partie.

Pour 15   prenez les 3/4.

Pour 16   prenez les 3/4 & la 20.eme

Pour 17   prenez les 3/4 & la 10.eme

Pour 18   pour la 1/2 & les 2/5.mes

Pour 19   prenez les 3/4 & la 5.eme

Autre méthode plus courte.

Si on veut multiplier 274 ℔ par 1 f. qui eſt la 20eme partie de la livre, le produit ſera 274, leſquels réduits en livres font 13 l. 14 f. parce qu'on a pris la 1/2 de 27, c'eſt 13 & il reſte 1, qui joint avec le 4 ſuivant, retranché des 274, fait 14 que l'on poſe aux ſols : de ſorte que leſdits 274 ℔ à 1 f. font 13 l. 14 f. qui font la 20eme deſdits 274. En retranchant le premier chiffre, de droit allant à gauche, c'eſt la même choſe que ſi on diviſoit par 20. La raiſon eſt que, à 1 f. la choſe c'eſt la 20eme partie qu'il faut prendre ſur le nombre propoſé quelconque.

Si on veut multiplier 274 ℔ par 2 f. qui font la 10eme d'une livre, il faut prendre la 1/2 de 2 f. c'eſt 1, retrancher le premier chiffre du multiplicateur, multiplier le chiffre retranché par ledit 1, en diſant 1 fois 4 eſt 4 qu'il faut doubler, c'eſt 8 à poſer aux ſols, le reſte exprimera dès livres en les multipliant par 1, de ſorte que 274 ℔ à 2 f. la livre valent 27 liv. 8 f. ainſi des autres nombres.

Et ſi l'on avoit 2476 aunes à multiplier par 12 f., il faudroit, pour réduire tout d'un coup en livres, auſſi prendre la 1/2 de 12, c'eſt 6 ſols, retrancher du ſuſdit nombre 2476 aunes le premier chiffre, & multiplier le chiffre retranché par ledit 6 , parce que c'eſt 6 fois la dixieme partie de la livre, en diſant 6 fois 6 du nombre à multiplier c'eſt 36, qu'il faut doubler, cela fait 72 ſ. ou 3 liv. 12 ſ. Il faut poſer 12 ſ. aux ſols , & retenir 3 liv. qu'il faut ajouter au produit de la multipli- cation. En diſant 6 fois 7 ſont 42 , & 3 retenu font 45. Il faut poſer 5 aux unités des livres, & retenir 4. Il faut continuer de multiplier, en diſant 6 fois 4 font 24, & 4 retenu font 28. Il faut mettre 8 aux dixaines de livres, & retenir 2. Enfin il faut multiplier le dernier chiffre par le même 6 , & dire, 6 fois 2 font 12 & 2 retenu font 14. Il faut mettre 14. La régle eſt ainſi faite & finie, de ſorte que 2476 aunes , à 12 ſ. l'aune font 1485 liv. 12 ſ.

Il faut opérer dans le même genre pour les autres parties des livres propoſées, com- me par exemple, à 19 ſ. la choſe, il faut prendre la 1/2 de 19 , c'eſt 9 ſ. & 1 ſ. de reſte , & opérer comme il eſt dit, & dé- montré ci-deſſus pour 12 ſ., c'eſt-à-dire, il faut multiplier le nombre propoſé par 9 , provenant de la 1/2 de 19 ſ. qui eſt 9/10 eme parties de la livre, & pour le 1 ſ. reſtant, il faut prendre la moitié dudit nombre , & poſer le dernier chiffre aux ſols, tel qu'il eſt avec la dixaine s'il s'y en trouve.

Pour entendre la raiſon de cette pratique des parties aliquotes pour la livre, en pre-

nant

nant la moitié des fols propofés qui eſt opérer pour la dixieme partie, parce qu'on prend par le produit de 2 f. Il faut remarquer que ſi on vous propoſoit 134 aunes à 1 l. l'aune; le produit feroit 134 liv. or 2 f. ne font que la 10eme partie de 1 liv. par conſéquent le produit de 2 f. fur 134 aunes, ne doit être que la dixieme partie defdits 134 aunes. Pour donc avoir la dixieme partie de 134 aunes, il faut retrancher le dernier chiffre qui eſt à main droite. C'eſt 4 & le doubler : ce qui produit 8, comme on l'a ci-devant dit ; la même chofe eſt que ſi l'on divifoit 134 par 10. Ainſi la valeur de 134 aunes à 2 f. l'aune, c'eſt 13 liv. 8 f. Ainſi des autres nombres propofés, lefquels doivent être pris & opérés dans le même genre.

Multiplications par fols, c'eſt-à-dire pour les parties aliquotes de la livre.

PREMIERE PROPOSITION.

On veut multiplier 474 ℔ par un fol, & pour preuve on veut multiplier 237 ℔ par 2 fols pour en fçavoir les produits.

OPERATION.	PREUVE.
M. . . . 474 ℔	237 ℔
	I
Par . . . . 0—1 f.--0 d.	Par . 0--2 f. 0
23—14 f.	23-14 f.
	0

Pour faire cette premiere opération par un
fol, je prends la moitié de 47 qui eft 23, &
il refte 1 qui vaut 10, & 4 qui fuit font 14;
lefquels 14 je pofe aux fols tels qu'ils font,
parce que c'eft 14 fols, & pour ce faire, je
dis la moitié de 4; premier chiffre à gauche
du multiplicande, eft 2, que je pofe au
produit, & fous le 7 qui fuit le 4; enfuite
je dis la moitié de 7, eft 3 & 1/2, que je
pofe audit produit après le 2, & fous 4,
à droite du multiplicande; mais comme il
refte une demie qui vaut 10, étant jointe à
4 fait 14, que je pofe aux fols; ainfi, c'eft
pour le produit de cette premiere opération,
vingt-trois livres quatorze fols.

Pour la preuve de l'opération de l'autre
part, je prends la moitié du nombre propofé,
qui eft 474, dont la moitié eft 237 ℔, &
j'augmente d'une fois plus le prix, de un fol
qui eft pour la premiere opération, je le
mets à 2 f. je prends la moitié defdits 2 f. qui
eft 1, que je mets au-deffus de 2, & je
multiplie par ce 1, difant 1 fois 7 eft 7;
je double ce 7 c'eft 14; je m'interroge, &
je dis: en 14 fols il n'y a point de livres, je
pofe donc les 14 fols au rang des fols, & ne
retiens rien; puifqu'il n'y a point de livres;
je continue à multiplier les chiffres qui
fuivent le 7 par ledit 1, & je dis 1 fois 3
eft 3, lequel je pofe au rang des livres,

c'eft-à-dire, fous 7 du multiplicande, après avoir fait une barre fous le multiplicateur, je continue encore à multiplier par ledit 1, tant qu'il y a des chiffres au multiplicande, & je dis 1 fois 2 eft 2, que je pofe au produit devant 3 qui y eft déja, & je trouve le même produit, à cette opération qu'à la premiere, de forte que ces deux régles fe fervent de preuve l'une par l'autre, puifque les deux produits fe trouvent égaux, & qu'ils fe montent chacun à la fomme de vingt-trois livres quatorze fols; comme on le voit par les opérations de l'autre part.

DEUXIEME PROPOSITION.

On veut multiplier 786 ℔ par 3 fols ou plutôt on veut vendre 786 ℔ de fuif à 3 fols la livre, on demande à combien cela fe montera.

OPERATION.	PREUVE.
786 ℔ x	393 ℔
A . . . o 3 f.	3
―――――――――	A . . o . . 6 f.
78 ―― 12	―――――――――
39 ―― 6	L. 117 l. 18 f. ――
―――――――――	
117 l. ―― 18 f.	

La même chofe eft de multiplier, de vendre, ou d'acheter une marchandife à un certain prix, ce font des fuppofitions que l'on fait, on veut donc, par l'opération ci-deffus, vendre 785 ℔ de fuif à 3 f. la livre : pour faire cette régle, je la difpofe comme on la voit ci-devant, je prends la moitié des 3 f. qui eft 1 & demi, & je multiplie par 1 le dernier chiffre à droite du multiplicande, difant 1 fois 6 eft 6 ; je double, & je dis, 6 & 6 font 12 ; comme ce dernier chiffre eft réputé pour fol, & même pour le faire connoître, je fais un petit point entre ledit 6 & le 8 ; je vois qu'en 12 f. il n'y a point de livres, parconféquent je pofe 12 f. au rang des fols, & ne retiens rien pour les livres ; je continue de multiplier par ledit 1, difant 1 fois 8 eft 8, que je pofe aux livres fous 6 du multiplicande, & je dis encore un fois 7 eft 7, que je pofe au produit devant 8 qui y eft déja ; de forte que c'eft 78 l. 12 f. pour le produit de 2 f. mais comme il refte encore 1 f. pour multiplicateur, il faut que je prenne la moitié du multiplicande, rétrogradant toujours d'un chiffre, je dis donc, pour la moitié reftante qui eft un fol, la moitié de 7 eft 3, & il refte 1 lequel 3 je pofe fous le 8, & comme il refte 1 qui vaut 10, joint avec 8 font 18, dont la moitié eft 9, que je pofe au produit à la fuite de 3, & je pofe le 6 aux fols tel qu'il eft, de forte que c'eft 39 liv 6 f. pour le produit d'un fol, &

y joint le produit des deux fols ; ce fera pour le produit total des 3 l. la fomme de cent dix-fept livres dix-huit fols ; comme on le voit par l'opération de ci-devant, ci 117 l. 18 f. que couteront les 786 ℔ de fuif.

La preuve fe fait par la même opération, en prenant la moitié des fols, en multi-pliant comme il eft ci-devant dit le nom-bre propofé, comme il eft démontré par l'opération de ci-devant.

TROISIEME PROPOSITION.

On veut multiplier 564 ℔ par 7 fols, ou plutôt on veut achetter 564 ℔ de fromage de Hollande à raifon de 7 fols la livre, on demande combien coûtera ledit fromage. Réponfe, 197 liv. 8 f.

OPERATION.		PREUVE.	
564 ℔		282 ℔	
	3 f.		7 f.
A . . . 0 —— 7 ——		A . . . 0 —— 14 ——	
169 —— 4		197 —— 8	
28 —— 4			
197 —— 8			

Pour faire cette opération, ainfi que fa preuve, il faut, premierement prendre la moitié des fols tant à l'une qu'à l'autre, multiplier le nombre propofé par cette moitié, comme en les exemples ci-devant ; pour la première opération, je prends la moitié de 7 f. eft 3 1/2, je pofe 3 fur 7, je multiplie les 564 ℔ par 3, difant 3 fois 4 font 12, je double 12 & 12 font 24, en 24 f. il y a 1 l. 4 f. je pofe 4 aux fols, & retiens 1 liv. je continue de multiplier par 3, difant 3 fois 6 font 18 & 1 que j'ai retenu font 19, en 19 je pofe 9 aux livres, & retiens 1 ; je continue encore de multiplier par le même 3, & je dis 3 fois 5 font 15, & 1 de retenu font 16 ; je pofe les 16 au produit, parce que je n'ai plus de chiffres à multiplier, & je trouve au produit 169 liv. 4 f. pour le produit de 6 f. mais comme il y a 7 f. je prends la moitié du nombre propofé, retrogradant toujours d'un chiffre, & je trouve 28 l. 4 f. de forte que les deux fommes étant additionnées enfemble font au produit total la fomme de 197 l. 8 f. pour le couft de 564 ℔, net de fromage, à raifon de 7 f. la livre.

La preuve fe fait comme la régle, en prenant la moitié des fols, multipliant le nombre propofé par cette dite moitié ; comme il a été enfeigné aux précédentes régles.

L'on peut encore faire autrement pour les fols ; multipliant le premier chiffre à droite du nombre propofé par cette moitié des fols, il faut du produit de cette multiplication augmenter d'une fois plus tout ce qui eft

au-deſſus des dixaines, & retenir les dixaines
pour les porter avec le nombre ſuivant que
l'on multiplie, comme par exemple dans la
preuve de l'opération de l'autre part ; j'ai à
multiplier 282 ℔ par 14 ſ. je prends la moitié des 14 ſ. qui eſt 7, & je multiplie mon
propoſé par 7, diſant 7 fois 2 font 14 ; &
comme en 14 il y a une dixaine & 4, je double ce dit 4, cela fait 8, que je poſe aux
ſols, parce que c'eſt 8 ſ. & retiens 1, je
continue de multiplier par 7 les chiffres ſuivans qui ſont réputés pour livres, & je dis
7 fois 8 font 56, & 1 de retenu font 57, en
57 je poſe 7 & retiens 5 ; je dis encore 7
fois 2 font 14 & 5 de retenu font 19, je poſe
les 19 au produit, parce que je n'ai point
d'autres chiffres à multiplier, de ſorte que
dans cette preuve, je trouve le même produit qu'à l'opération, qui eſt cent-quatre-
vingt-dix-ſept livres huit ſols, comme on
le voit par les opérations ci-devant.

QUATRIEME PROPOSITION.

On veut multiplier 478 ℔ par 19 f. de
même que fa preuve qui eft 239 ℔ par 1 liv.
18 f.

OPERATION.	PREUVE.

478 ℔   239 ℔

         9 f.   9 f.

A . . . . 0——19   1——18——

―――――――   ―――――――

430—— 4   239

23——18   215   2

―――――――   ―――――――

454—— 2——   454—— 2 f.

Pour faire la premiere régle ci-deſſus,
je prends comme aux précédentes régles,
la moitié des fols, en cette premiere j'ai
478 liv. à multiplier par 19 f. je dis, ayant
diſpoſé ma régle comme ci-deſſus, la moitié de 19 eſt 9 que je poſe au-deſſus de
19, & je multiplie par ledit 9, diſant 9
fois 8 font 72 ; je double le 2 que j'ai de
plus des 7 dixaines, & les retiens pour les
ajouter au nombre ſuivant : de ſorte que je
poſe 4 aux fols, & retiens ledit 7, je continue, diſant 9 fois 7 font 63, & 7 que j'ai
retenu font 70 ; je poſe 0 aux livres & retiens
7 ; je dis encore 9 fois 4 font 36 & 7 de retenu
font 43, je poſe les 43 au produit, parce que
je n'ai plus d'autres chiffres à multiplier, &
je

je trouve 430 l. 4 f. pour le produit de 18, & pour le fol reftant, parce qu'il y a 19 f. je trouve 23 l. 18 f. ayant pris la moitié du nombre propofé, comme je l'ai dit ci-devant, de forte que 478 ℔ de .... à 19 f. la livre, font quatre cens cinquante-quatre livres deux fols pour le produit des deux opérations.

Pour la preuve fe fait comme les précédentes, après avoir multiplié par les livres, on prend la moitié des fols, & on multiplie par cette moitié, comme on le voit par l'opération de l'autre part. Je ne m'étendrai pas plus pour les multiplications par fols, celles que je viens de donner me paroiffent fuffilantes pour donner l'éclairciffement de toutes celles qui pourroient être propofées.

Plufieurs ont enfeigné & enfeignent de tant de différentes manieres l'opération des deniers, qu'il faut penfer long-tems avant que de pouvoir y réuffir; mais l'éclairciffement que je vais donner de cette opération pour les réduire tout d'un coup en livres, fera préféré à toute autre méthode que l'on pourroit donner. Je donne ci-après une table qui inftruira facilement ceux qui voudront l'apprendre par cœur, pour s'en bien reffouvenir en tems & lieu.

P

TABLE pour les parties aliquotes de 2 fols ou de 24 deniers, qui eft la plus abrégée méthode pour les demiers.

1. Pour un denier prenez le 24.eme du nombre propofé : étant au dernier chiffre, prenez le douzieme, ou autrement doublez le dernier chiffre, & continuez le 24.eme ; mais dans l'une & l'autre des deux manieres, il faut retrograder d'un chiffre, c'eft-à-dire pofer le 24.eme fous le chiffre d'après celui que l'on prend, ainfi des autres.

2. Pour deux deniers prenez le douzieme ; étant au dernier chiffre prenez le fixieme, ou doublez le dernier chiffre, & continuez le douzieme.

3. Pour trois deniers prenez le huitieme ; étant au dernier chiffre prenez le quart, ou doublez le dernier chiffre, & continuez le huitieme.

4. Pour quatre deniers, prenez le fixieme, & étant au dernier chiffre prenez le tiers, ou doublez ledit dernier chiffre, & continuez le fixieme.

5. { Pour cinq deniers faites deux opérations, c'eſt-à-dire prenez pour 3 & pour 2 den. comme il eſt expliqué ci-devant dans cette table.

6. { Pour ſix deniers prenez le quart, & au dernier chiffre prenez la moitié, ou doublez le dernier chiffre, & continuez le quart.

7. { Pour ſept deniers prenez à deux fois, c'eſt-à-dire pour 4 & pour 3 deniers.

8. { Pour huit deniers prenez le tiers, doublez le dernier chiffre, & continuez le tiers.

9. { Pour neuf deniers prenez à deux fois, pour 6 & pour 3 den. comme il eſt expliqué ci-deſſus.

10. { Pour dix deniers prenez auſſi à deux fois, pour 6 & pour 4 den.

11. { Pour onze deniers prenez encore à deux fois, c'eſt-à-dire pour 8 & pour 3 deniers, comme il eſt expliqué ci-deſſus.

TABLE des parties aliquotes de 12.

1 ... Pour un denier prenez le 12.eme ſur le produit d'un ſol.

2 ... Pour deux deniers prenez le ſixieme ſur ledit produit d'un ſol.

P ij

3 ... Pour trois deniers prenez le quart sur ledit produit d'un sol.

4 ... Pour quatre deniers prenez le tiers sur ledit produit.

5 ... Pour cinq deniers prenez à deux fois, le quart & le sixieme sur ledit prod.

6 ... Pour six deniers prenez la moitié sur ledit produit d'un sol.

7 ... Pour sept deniers prenez à deux fois, le tiers & le quart sur ledit produit.

8 ... Pour huit deniers prenez deux fois le tiers sur le produit d'un sol.

9 ... Pour neuf deniers prenez à deux fois, la moitié & le tiers sur ledit prod.

10 ... Pour dix deniers prenez à deux fois, la moitié & le quart sur led. prod.

11 ... { Pour onze deniers prenez à trois fois, deux fois le tiers & une fois le quart sur ledit produit d'un sol.

Ces deux tables peuvent donner l'intelligence de tout nombre proposé en deniers, soit qu'on veuille résoudre une question en prenant par les parties aliquotes de 24, ou par les parties aliquotes de 12. Je vais donner ci-après des exemples des parties aliquotes de 24, & dans toutes mes opérations je ne démontrerai, pour les deniers, que les parties de 24, parce qu'elles me paroissent les plus abregées & les plus utiles, pour apprendre les fractions.

Multiplications pour les deniers par les parties aliquotes de 24.

PREMIERE PROPOSITION.

On veut multiplier 578 ℔ par 1 denier, & pour la preuve on veut multiplier 289 ℔ par 2 deniers.

OPERATION.	PREUVE.
M. . 578 ℔	M. . 289 ℔
Par . . o of. 1 d.	Par . . o of. 2 d.
2 l..8 f..2 d.	2 l..8 f..2 d.

Pour faire cette premiere opération, je prends le 24.eme de 57 eft 2, que je pofe fous la colonne d'après le 7, je dis 2 fois 24 font 48, à aller à 57 il refte 9, qui vaut 9 dixaines, le joignant avec le dernier chiffre 8 feront 98; & comme je fuis à ce dernier chiffre, qui eft réputé pour fol, je dis le 12 de 98 eft 8, je pofe 8 aux fols, & je dis 8 fois 12 font 96 à aller à 98, il refte 2, qui font 2 f. qui valent 24 deniers, je dis le 12.eme de 24 eft 2, que je pofe aux deniers, & je trouve à mon produit deux livres huit fols deux deniers. La même chofe eft que fi je voulois réduire 578 deniers en livres & fols, ou plutôt que fi j'avois 578 pommes à 1 denier la piece, cela feroit 2 liv. 8 f. 2 d. ainfi des autres propofitions.

Pour la preuve qui fert d'opération, pour deux deniers il faut prendre le 12eme; je dis donc le douzieme de 28 eſt 2, je poſe 2 au produit ſous la colonne du 9 qui eſt après 8, & je dis 2 fois 12 ſont 24, à aller à 28, il reſte 4 qui vaut 4 dixaines, étant joint avec le dernier chiffre 9 font 49; du douzieme je prends le 6eme, diſant le ſixieme de 49 eſt 8, que je poſe aux ſols, & je dis 6 fois 8 ſont 48, à aller à 49 il reſte 1 ſols qui vaut 12 deniers, je dis le ſixieme de 12 eſt 2, que je poſe aux deniers, de ſorte que je trouve au produit, deux livres huit ſols deux deniers, c'eſt la même choſe que ſi j'avois acheté 289 poires à 2 deniers piece; elles m'auroient couté ladite ſomme de 2 l. —8 ſ. —2 den. comme on le voit à la preuve de l'opération précédente.

DEUXIEME PROPOSITION.

On veut multiplier 1834 ℔ par 3 den. de même que la preuve qui eſt 917 ℔ par 6 deniers.

OPERATION.	PREUVE.
M... 1834 ℔	M... 917 ℔
Par... 0--0 ſ.--3 d.	Par .. 0--0 ſ.-6 d.
22 l. 18 ſ. 6 d.	22 l. 18 ſ. 6 d.

Pour la régle ci-contre après l'avoir
difpofé comme elle eft, je prends pour les
3 deniers, le huitieme du nombre propofé
jufqu'au dernier chiffre, difant le 8ᵉᵐᵉ de
18 eft 2, 2 fois 8 font 16, à aller à 18 il y
a 2 qui valent 20, & 3 qui fuit font 23;
je dis le 8ᵉᵐᵉ de 23 eft 2, je dis 2 fois 8 font
16, à aller à 23 il y a 7 reftant qui font 7
dixaines, & comme je fuis au dernier chiffre du 8ᵉᵐᵉ je prends le quart, ainfi le quart
de 7 eft 1, que je pofe aux dixaines de fols,
& il refte 3 qui valent 30, & 4 font 34, je
dis le quart de 34 eft 8 que je pofe aux fols,
difant 4 fois 8 font 32, à aller à 34 il y a 2
qui font 2 fols qui valent 24 deniers, je dis
le quart de 24 eft 6 jufte que je pofe aux deniers, & je trouve au produit de mon opération 22 liv.——18 f.——6 den. Comme on
le voit ci-contre.

Pour la preuve qui eft pour 6 deniers, il
faut prendre le quart des deux premiers chiffres du nombre propofé, & du reftant joint
avec le dernier chiffre il en faut prendre la
moitié. Comme il fe voit à la preuve de l'o-
pération ci-contre, & le produit de la
preuve fe trouve égal à celui de l'opération,
qui eft vingt-deux livres dix-huit fols fix
deniers.

Voyez l'opération & la preuve, & vous
conformez à la table des parties aliquotes de
24.

TROISIEME PROPOSITION.

On veut multiplier, ou on veut sçavoir combien coûteront 346 oranges à 4 deniers la piece, de même que pour la preuve, on veut sçavoir combien coûteront 173 oranges à 8 deniers la piece.

OPERATION.	PREUVE.
346 oranges	173 oranges
A.. 0 l.-0 f.-4 d.	A.. 0—0—8 d.
5 l.-15 f.-4 d.	5 l.-15 f.-4 d.

Pour faire cette opération à 4 deniers, il faut prendre le sixieme, & au dernier chiffre le tiers; je dis le 6eme de 34 est 5, lequel je pose sous la colonne d'après le 4, & comme 5 fois 6 font 30, il reste 4 qui sont 4 dixaines, du sixieme étant au dernier chiffre, je prends le tiers, & je dis le tiers de 4 est 1, que je pose aux dixaines de sols, & il reste 1 qui vaut 10, joint avec le 6 suivant font 16, je dis le tiers de 16 est 5 que je pose aux sols, & il reste 1 sol qui vaut 12 deniers, je dis le tiers de 12 est 4, que je pose aux deniers, & je trouve que les 346 oranges à 4 deniers piece, coûteront cinq livres quinze sols quatre deniers, comme ci-dessus.

Pour la preuve de l'opération ci-dessus; qui est à 8 deniers, je prends le tiers de

de 17 eſt 5, que je poſe ſous la colonne d'a-
près ledit 7, & il reſte 2 qui valent 20 & 3
qui ſuit font 23, j'augmente d'une fois plus,
diſant 23 & 23 font 46, je dis le tiers de 46
ſols eſt 15 ſols 4 deniers ; pour cela faire, je
dis le tiers de 4 qui ſont des dixaines eſt 1,
que je poſe à la colonne des dixaines de ſols,
& il reſte 1 qui vaut 10 & 6 font 16, le tiers
de 16 eſt 5, que je poſe à la colonne des ſols,
& il reſte 1 ſol qui vaut 12 deniers ; je dis le
tiers de 12 eſt 4 que je poſe aux deniers, &
je vois par cette preuve que le montant eſt
égal au montant de l'opération, parce que
j'ai pris la moitié du nombre propoſé, &
ai augmenté le prix, je vois donc que 173
oranges à 8 deniers chaque, font cinq livres
quinze ſols quatre deniers.

QUATRIEME PROPOSITION.

On veut multiplier, ou plutôt on a acheté 398 pêches à 5 deniers piece, on veut
ſçavoir à combien cela ſe montera, de même que, pour preuve, 199 pêches à 10 deniers chaque combien cela fera.

Q

OPÉRATION.   PREUVE.

A...	3 9 8 pêches	0 liv.	0 f.	3. 2. 5 d.	A..	1 9 9 pêches	0 iv.	0 f.	6. 4. 10 d.
	4 — 19 — 6					4 — 19 — 6			
	3 — 6 — 4					3 — 6 — 4			
	8 liv. 5 f. 10 d.					8 liv. 5 f. 10 d.			

Pour l'opération ci-dessus de 5 deniers, il faut prendre à 2 fois, c'est-à-dire, faire deux opérations, pour 3 & pour 2 deniers; pour 3 deniers il faut prendre le huitieme, & étant au dernier chiffre, il faut prendre le quart, comme il se voit à la 2eme proposition page 118. Secondement pour 2 deniers, il faut prendre le douzieme, & étant au dernier chiffre, il faut prendre le sixieme, comme on le voit à la preuve de la 1ere proposition, page 117.

Pour la preuve de cette 4eme proposition, qui est à 10 deniers, il faut premierement prendre pour 6 deniers, & ensuite pour 4 deniers, & faire 2 opérations, comme à l'opération ci-devant; il faut donc prendre pour 6 deniers le quart, étant au dernier chiffre, la moitié : comme il est expliqué à la preuve de la 2eme proposition, page 118. Secondement il faut prendre pour 4 deniers, le sixieme, & étant au dernier chiffre le tiers, comme il est démontré à l'opération de la régle pour 4 deniers, à la troisieme proposition, page 120. Et on voit tant par la régle que par la preuve de cette 4eme proposition que les 398 pêches à 5 deniers la piece, coûtent huit livres cinq sols dix deniers.

CINQUIEME PROPOSITION.

On a acheté 546 poires à 7 den. la piece, on demande combien coûteront lesd. 546.

OPERATION.	PREUVE.
546 poires	273 poires

	liv.	f.	4:3 d.		liv.	f.	d.
A..	0	0	7	A..	0	1	2
	9	2			13	13	
	6	16	6		2	5	6
	15 liv. 18 f. 6 d.				15 liv. 18 f. 6 d.		

Pour cette opération de 7 deniers, il faut prendre à deux fois, & faire deux opérations, c'est à-dire, pour 4 & pour 3 deniers ; comme il est marqué au-dessus des 7 deniers. Premierement pour 4 deniers, il faut prendre le sixieme, & au dernier chiffre le tiers, comme il est démontré à la troisieme proposition, page 120. Secondement pour 3 deniers, il faut prendre le 8eme, & étant au

dernier chiffre , il faut prendre le quart ;
comme il eſt auſſi démontré à la deuxieme
propoſition , page 118.

Pour la preuve, qui eſt de 273 poires à 14
deniers piece ou à 1 ſol 2 deniers chaque ;
on prend pour un ſol la moitié du nombre
propoſé retrogradant d'un chiffre , enſuite
poſer le dernier chiffre aux ſols , tel qu'il eſt,
quand bien même il reſteroit une dixaine qui
ſe poſe aux ſols avec le nombre reſtant,
comme il eſt démontré à la premiere opération des ſols , page 105.

Mais comme il y a auſſi 2 deniers , il faut
faire une ſeconde opération , en prenant le
12eme , & étant au dernier chiffre , il faut
prendre le ſixieme , comme on le voit à la
preuve de cette cinquieme propoſition , de
même qu'à la preuve de la premiere propoſition , page 117.

SIXIEME PROPOSITION.

Un Marchand achete 1764 ℔ net de ré-
ſine , ſur le pied ou au prix de 9 deniers la
livre , & il veut ſçavoir combien lui coûteront leſd. 1764 ℔ net.

OPERATION.	PREUVE.

1764 ℔   6 : 3   882 ℔

	liv.	fols	d.			liv.	fols	d.
A..	0	0	9	A..		0	1	6

44	2		44	2
22	1		22	1

	liv.	fols			liv.	fols	d.
	66	3			66	3	

Pour faire la régle propofée de ci-deſſus, qui eſt à 9 deniers, il faut prendre à deux fois, c'eſt-à-dire, faire deux opérations pour 6 & pour 3 deniers. Premierement pour 6 deniers le quart, & au dernier chiffre la moitié, comme il a été dit ci-devant; ſecondement pour 3 deniers, il faut prendre le huitieme, & au dernier chiffre le quart, comme on le voit par la deuxieme propoſition, page 107. Pour la preuve qui eſt à 1 ſol 6 deniers, il faut faire l'opération d'un ſol, comme il a été enſeigné à la page 105. Enſuite l'opération de 6 deniers, qui eſt la moitié d'un ſol, il n'y a qu'à prendre la moitié du produit d'un ſol, ce ſera le produit de 6 deniers, comme on voit par la preuve de l'opération ci-deſſus.

SEPTIEME PROPOSITION:

Un Marchand a acheté 976 ℔ de . . .
à raison de 11 deniers la livre, il veut sçavoir combien lui coûteront les 976 ℔. Réponse, 44 liv. 14 f. 8 den.

OPERATION.			PREUVE.		
976 ℔	8 : 3		448 ℔	6 : 4	
liv.	fols	d.	liv.	fols	d.
A.. 0	0	11	A.. 0	1	10
32	10	8	24	8	
12	4		12	4	
			8	2	8
liv.	fols	d.	liv.	fols	d.
44	14	8	44	14	8

Pour onze deniers comme est l'opération
de ci-deffus, il faut opérer à deux fois, c'est-
à-dire, pour 8 & pour 3 deniers. Premierement pour 8 deniers, il faut prendre le tiers
du nombre propofé, & étant au dernier chiffre, il faut le doubler & toujours continuer
le tiers, difant le tiers de 9, premier chiffre
à gauche du multiplicande, eft 3, je pofe
3 au produit fous la colonne du chiffre qui
eft après 9 ; je continue, & je dis le tiers
de 7 eft 2 que je pofe après 3 au même produit, & je dis 2 fois 3 font 6, à aller à 7 il y
a 1 de refte qui vaut 10, étant au 6 qui fuit,

cela fait 16 ; & comme je suis au dernier
chiffre je double le 16, disant 16 & 16 font
32, je prends le tiers de 32 qui font réputés, pour sols, est 10 que je pose aux sols ;
& il reste 2 sols qui valent 24 deniers, j'en
prends le tiers qui est 8, que je pose aux
deniers, de sorte que je trouve pour le produit de 8 deniers 32 l. —— 10 s. —— 8 den.
Ensuite pour seconde opération, je prends
pour 3 deniers, le huitieme du nombre proposé, disant le huitieme de 9, premier chiffre
à gauche, est 1, que je pose sous la colonne
du chiffre « qui est après 9, & je dis 1 fois
8 est 8, à aller à 9 il y a 1 qui vaut 10, joint
avec le 7 suivant font 17, je prends le huitieme de 17 est 2, que je pose au produit,
après le 1 qui y est déja, & je dis 2 fois 8
font 16, à aller à 17 il y a 1, qui étant joint
avec le dernier chiffre 6 font 16, & comme
je suis à ce dernier chiffre qui est réputé pour
sols, je prends le quart de 16, est 4 que je
pose aux sols, & je trouve pour le produit
de 3 deniers, 12 l. —— 4 s. De sorte que les
deux opérations pour 8 & pour 3 deniers
étant additionnées, font ensemble la somme
de quarante-quatre livres quatorze sols huit
deniers, pour les 9 6 ℔ de... à 11 deniers
la livre, comme on le voit par l'opération
ci-devant.

Pour la preuve qui est 488 ℔ de....à

1 f. —— 10 deniers la livre, il faut faire trois opérations, c'eſt-à-dire, pour 1 ſol, pour 6 deniers, & enſuite pour 4 deniers. Premierement pour 1 ſol, vous prenez la moitié, & cette moitié vous la poſez ſous le chiffre d'après celui duquel vous avez pris ladite moitié, diſant la moitié de 4, premier chiffre à gauche, eſt 2 que je poſe au produit ſous 8 qui eſt après 4; je dis encore la moitié de 8 eſt 4, que je poſe audit produit après 2, & comme je ſuis au dernier chiffre, il ſe poſe aux ſols tel qu'il eſt, ainſi c'eſt 8; je poſe donc 8 aux ſols, & je trouve pour le produit d'un ſols, 24 liv.—— 8 f. Secondément je prends pour 6 deniers le quart du nombre propoſé, & étant au dernier chiffre je prends la moitié, diſant le quart de 4, premier chiffre à gauche eſt 1, que je poſe au produit ſous la colonne du chiffre, qui eſt après led. 4; enſuite je prends le quart de 8 eſt 2 que je poſe après 1, qui eſt déja au produit; enſuite dequoi comme je ſuis au dernier chiffre qui eſt 8, je prends la moitié de 8 eſt 4 que je poſe aux ſols, parce que ce dernier chiffre eſt réputé pour ſol, & je trouve pour le produit de 6 den. 12 liv. 4 f. comme il ſe voit à la preuve de l'opération, derniere page 116. Troiſiemement je prends pour 4 deniers, le ſixieme du nombre propoſé, diſant le 6.eme de 48 eſt 8, que je poſe

au produit, & fous le dernier chiffre du
nombre propofé, & je dis 8 fois 6 font 48,
& il ne refte rien, je fuis donc au dernier
chiffre; du fixieme je prends le tiers, & je
dis le tiers de 8 eft 2 que je pofe aux fols,
difant deux fois 3 font 6 à aller à 8, il y a
2 qui font 2 fols qui valent 24 deniers, je
prends le tiers de 24 eft 8 que je pofe aux
deniers, je trouve auffi au produit pour l'o-
pération de 4 den. 8 l.——2 f.—— 8 den. de
forte que les trois produits étant additionnés, font enfemble pour le produit & pour
le prix des 488 ℔ de ... à 1 f.——10 den.
la livre, la fomme de quarante-quatre livres quatorze fols huit deniers, l'opération
& la preuve fe trouvant égales, fervent de
preuve l'une à l'autre. J'ai expliqué amplement les parties aliquotes de 24 pour les
deniers, & j'ai donné des exemples de tous
les deniers depuis 1 jufqu'à onze deniers, je
crois que ceux qui voudront prendre cette
méthode, s'en trouveront bien, parce que
c'eft la méthode la plus abregée; ceux qui
voudront prendre les parties de 12 auront
recours à la table page 115; je ne l'expliquerai point, parce qu'elle me paroît affez
intelligible par la feule table que j'ai donné; au refte il y a quelquefois de faux produits à faire, fur-tout quand dans une multiplication il ne fe trouve point le produit

R

d'un fol, il faut en fuppofer un pour trouver le produit du nombre de deniers qui
font propofés, ce qui diftrait trop, quand
on eft à opérer par multiplication. J'ai préféré les parties aliquotes de 24, parce
qu'elles donnent beaucoup d'ouvertures à
connoître ce que c'eft que fraction ou partie d'entier.

Je vais donner une abréviation de quelques parties aliquotes, que l'on peut faire
d'un feul produit, comme celles qui fuivent, qui font parties juftes de la livre.

Abréviation de quelques parties aliquotes.

Pour 1 fol trois deniers, prenez la feizieme
partie du nombre propofé fans retrancher, retrograder ni doubler.

Pour 1 f.——4 d. prenez la quinzieme partie
dudit nombre.

Pour 1 f.——8 d. prenez la douzieme partie
dudit nombre.

Pour 2 f.——6 d. prenez la huitieme partie
dudit nombre.

Pour 3 f.——4 d. prenez la fixieme partie
dudit nombre.

Pour 6 f.——8 d. prenez le tiers du nombre
propofé.

Multiplications par livres & sols avec leur preuve par le contraire.

Comme plusieurs se servent des parties aliquotes de 20, qui sont très-difficiles pour les commençans, & d'une très-longue haleine à enseigner pour la multiplication composée de sols, je vais donner dans les multiplications suivantes la méthode que j'ai cidevant démontrée, page 105 jusqu'à 122, qui est la plus abregée & la plus intelligible.

PREMIÈRE PROPOSITION.

On veut multiplier 478 ℔ pour 4 liv.——4 s. ou plutôt on a acheté 478 ℔ d'indigo à 4 l.——4 s. la livre, on demande combien coûteront lesd. 478 ℔.

OPÉRATION.			PREUVE.		
478 ℔	liv.	4 s.	M... 239 ℔	liv.	4 s.
A.... 4	——	4	Par... 8	——	8
Pour 4 l... 1912	——	4	Pour 8 l.. 1912	——	
Pour 4 s... 95	——	12	Pour 8 s... 95	——	12
Total.. 2007	liv.——	12 s.	Total. 2007	liv.——	12 s.

Dans l'opération ci-dessus, j'ai donc à multiplier 478 ℔ par 4 liv.——4 sols, je les dispose comme ils sont dessus; je commence premierement à multiplier 478 ℔ par

4 liv. ce qui me produit 1912 livres, enſuite il faut que je multiplie leſdites 478 ℔ par 4 ſ. pour ce faire je prends la moitié des 4 ſ. qui eſt 2, que je poſe deſſus ledit 4, je multiplie par ce 2 les 478 ℔, & je ſépare le dernier chiffre de gauche à droite qui eſt 8, d'un petit point entre le 7 & le 8, je dis 2 fois 8 font 16, j'augmente d'une fois plus ce produit 16, diſant 16 & 16 font 32, & comme ce ſont des ſols, je m'interroge & demande en 32 ſols combien il y a de livres, je ſçai qu'il y a 1 l.——12 ſ. je poſe les 12 ſ. au rang des ſols & retiens 1 l. ou bien d'une autre maniere, ayant dit 2 fois 8 font 16, je double ce qui eſt au-deſſus des dixaines & retiens les dixaines, de ſorte que en 16 il y a 6 au-deſſus de une dixaine, je dis donc 6 & 6 font 12 que je poſe aux ſols & retiens 1 pour la poſer avec les livres; je continue à multiplier le ſecond chiffre du multiplicande qui eſt 7 par le même 2; je dis 2 fois 7 font 14, & 1 que j'ai retenu font 15, je poſe 5 au rang des nombres livres & je retiens 1, je dis enſuite 2 fois 4 font 8, & 1 que j'ai retenu font 9, je poſe 9 au rang des dixaines, ce qui me produit pour les 4 ſ. 95 l.—— 12 ſ. ainſi additionnant les deux produits je trouve que les 478 ℔ d'indigo à raiſon de quatre livres quatre ſols, chaque livre ſe montent à la ſomme de deux mille ſept livres

douze fols, comme on le voit par l'opération ci-devant, de même que par la preuve
à côté, qui fe fait felon les mêmes principes qu'à l'opération que je viens de démontrer.

Il faut faire les mêmes opérations ci-devant expliquées pour tous les nombres pairs
des fols, c'eft-à-dire, prenant toujours la
moitié des fols, & multiplier tout le multiplicande par cette moitié.

Et pour fçavoir pourquoi on prend la
moitié des fols, & pourquoi on fait l'augmentation du dernier chiffre de gauche à
droite du multiplicande ; premierement
c'eft pour la réduction des fols en livres tout
d'un coup ; fecondement c'eft que multipliant la marchandife propofée, foit livres,
aunes, ou, &c. par les fols le dernier chiffre eft réputé pour fol, comme on le voit en
l'opération précedente, de même qu'à la
preuve où j'ai multiplié le dernier chiffre de
gauche à droite, qui eft 9 par 4 f. j'ai dit 4
fois 9 font 36 ; on peut augmenter les 36,
& dire 36 & 36 font 72, qui font des fols,
& fe demander à foi-même en 72 fols combien il y a de livres, on fçait qu'il y a 3 liv.
12 f. on pofe les 12 f. au rang des fols & on
retient 3 liv. pour les ajouter avec les autres
livres des chiffres fuivans du multiplicande,
multipliés par le même 4 qui eft la moitié
de 8 fols.

DEUXIEME PROPOSITION.

On veut multiplier 424 ℔ par 26 l.——9 f.
ou plutôt on veut vendre 424 ℔ de rubarbe
à 26 l.——9 f. la livre, on demande combien
on doit toucher d'argent pour lesd. 424 ℔
de rubarbe.

OPERATION.	PREUVE.

Après avoir multiplié les chiffres du multiplicande par les chiffres livres du multiplicateur, il faut prendre la moitié des fols,
comme en l'opération ci-deffus; je dis la
moitié de 9 eft 4 & demie, je pofe 4 au-
deffus de 9, & je multiplie par led. 4, premierement le premier chiffre à droite du
multiplicande, comme il a été opéré aux
régles précédentes; je dis 4 fois 4 font 16,
je double cette derniere figure de 16, difant
6 & 6 font 12, je pofe 12 aux fols, & je
retiens 1, qui eft la premiere figure defdits
16 pour l'ajouter avec les livres : continuant à multiplier par le même 4 les autres

chiffres du multiplicande, cómme il a été enseigné & démontré pour le nombre pair des sols à la premiere proposition, pag. 131.

Pour la demie qui reste, qui est un sol impair, il faut prendre la moitié des chiffres du multiplicande, séparer le dernier chiffre d'un petit point, & poser au rang des livres (en reculant d'une figure, c'est-à-dire, poser cette moitié sous le chiffre d'après celui dont vous prenez la moitié) & le dernier chiffre séparé d'un petit point se pose aux sols, tel qu'il est dans sa valeur. Vous pouvez avoir recours à la table des sols, p. 102. & aux opérations qui suivent qui expliquent nettement depuis un sol jusqu'à dix-neuf sols. Je ne mettrai pas davantage de multiplications par livres & sols, parce que cela me paroît assez inutile, après avoir donné l'explication par livres séparées & sols séparés, comme je l'ai fait ci-devant. Pour la preuve de cette derniere opération, se fait comme les précédentes, après avoir multiplié le nombre proposé par les livres, il faut prendre la moitié des sols, & multiplier par cette moitié comme on le voit par la preuve de l'opération ci-contre; ce qui prouve les deux régles bonnes, c'est que les deux produits se trouvent égaux, c'est-à-dire même somme.

Multiplications par livres, fols & deniers.

PREMIERE PROPOSITION.

On veut multiplier 362 ℔ par 2 l.——19 f.——1 d. ou plutôt on veut vendre 362 ℔ de café à 2 l.——19 f.——1 d. la livre, fçavoir combien coûteront les 362 ℔.

	OPERATION.		PREUVE.	

	362 ℔ 9 r.	181 ℔ 9 r.
A..	2^liv. 19—1^d. A..	5^liv. 18—2^d
Produits		
de 2^l.	724	905
de 18^f.	325—16	162—18
de 1^f.	18—2	1—10—2^d
de 1^d.	1—10—2	
	1069^liv. 8 f. 2^d.	1069^liv. 8 r.—2^d.

Pour cette opération après avoir multiplié le multiplicande ou nombre propofé, par le multiplicateur des livres & fols, comme il eſt expliqué à l'opération précédente, page 134, il faut prendre pour 1 denier le 24.eme du nombre propofé, en retrogradant d'un chiffre, & étant au dernier chiffre, il faut prendre le douzieme; voyez l'opération de 1 denier avec ſon explication, page 117, & examinez l'opération ci-deſſus, j'ai mis à côté les produits de chaque nombre.

Pour la preuve de l'opération ci-deſſus,
aprés

après avoir auſſi multiplié le multiplicande par le multiplicateur des livres & ſols, comme on le voit ci-contre, il faut prendre pour 2 den. le 12.ᵉᵐᵉ du multiplicande, ou nombre propoſé en retrogradant d'un chiffre, & étant au dernier chiffre, il faut prendre le ſixieme, lequel produit du ſixieme il faut poſer aux ſols, comme il eſt démontré ci-contre, ayant bien ſoin de ranger ſes chiffres, tels qu'ils ſont dans l'opération & la preuve ci-contre, enſuite de quoi il faut faire l'addition de tous ces produits, & on verra que les 362 ℔ de café à raiſon de 2 l.——19 ſ. 1 d. la livre, ſe montent à 1069 l.——8 ſ.—— 2 d. de même que pour la preuve 181 ℔ de café à 5 l. —— 18 ſ.——2 d. la livre, ſe montent à la même ſomme de 1069 l.——8 ſ.——2 d. comme on le voit par les opérations ci-contre.

DEUXIEME PROPOSITION.

On veut multiplier 584 ℔ par 17 l.—— 17 ſ. ——11 d. ou on a acheté 584 ℔ de.... à raiſon de 17 l.——17 ſ. ——11 d. la livre, on veut ſçavoir combien coûteront leſdites 584 liv.

OPERATION.   PREUVE.

584 ℔   8 & 3   292 ℔

	liv.	8 f.	d.			liv.	2 f. 6 & q	d.
A...	17—	17—	11	A.		35—	15—	10
Produits								
de 7 l.	4088					1460		
de 10 l.	5840					876		
de 16 f.	467—	4				204—	8	
de 1 f.	29—	4				14—	12	
de 8 d.	19—	9—	4			7—	6	
de 3 d.	7—	6—				4—	17—	4
	liv.	f.	d.			liv.	f.	d.
	10451—	3—	4			10451—	3—	4

Quand on a multiplié le multiplicande
par le multiplicateur livres & fols, comme
il a été enfeigné & démontré ci-devant, il
faut prendre pour 11 deniers à deux fois,
c'eft-à-dire, faire deux opérations pour 8 &
pour 3 deniers. Premierement pour 8 deniers le tiers, augmenter le dernier chiffre,
de même que les dixaines reftantes d'une fois
plus, & toujours continuer le tiers comme
il fe voit à la troifieme propofition pour les
deniers, page 120, & auffi à l'opération ci-
deffus. Secondement il faut prendre pour 3
deniers, le huitieme étant au dernier chiffre
il faut prendre le quart comme il eft expliqué & démontré à la deuxieme opération
pour les deniers, page 118, & comme il fe
voit ci-deffus.

Pour la preuve, après avoir multiplié le

multiplicande par le multiplicateur, livres
& fols, il faut prendre pour 10 deniers auffi
à deux fois. Pour 6 & pour 4 deniers, la
premiére pour 6 deniers, il faut prendre le
quart du nombre propofé, étant au dernier
chiffre il faut prendre la moitié, & pofer
cette moitié aux fols, ou bien quand on a le
produit d'un fol, pour 6 den. il faut prendre la moitié dudit produit d'un fol, de même pour tous les autres deniers. Quand on
a le produit d'un fol il faut prendre les parties qui y conviennent; la feconde opération pour 4 den. il faut prendre le fixieme,
étant au dernier chiffre il faut prendre le
tiers. Voyez la table des parties aliquotes de
24, p. 114, & les opérations qui fuivent lad.
table, qui vous inftruiront pour tous les
deniers. Je ne mettrai que ces deux propofitions pour les multiplications d'entiers par
livres, fols & deniers, ayant ci-devant expliqué féparément les multiplications par
livres, par fols & par deniers. Par ces dernieres multiplications, on peut faire toutes
celles qui feront propofées dans le même
genre.

Obfervation fur la multiplication par un chiffre
au multiplicateur.

Quand le nombre à multiplier ne confifte
qu'en une figure, comme depuis 1 jufqu'à

9, il faut mettre cette figure sous les deniers, s'il y en a, à la somme qui fera la
valeur d'une des pieces de marchandises
telle qu'elle soit ; commençant à multiplier
par les deniers, & continuant jusqu'au dernier chiffre des livres, on aura le produit
que l'on cherche.

PROPOSITION.

On demande combien coûteront 8 onces
de galon d'argent à raison de 6 l.——15 f.——
10 d. l'once. Réponse, 54 l.——6 f.——8 d.

OPERATION.	PREUVE.
6 $^{liv.}$ 15 ^{fols} 10 $^{den.}$	13 $^{liv.}$ 11 ^{fols} 8 $^{den.}$
Par . . . . . . 8 $^{onc.}$	Par . . . . . . 4 $^{onc.}$
L: 54 $^{liv.}$ 6 ^{fols} 8 $^{den.}$	L: 54 $^{liv.}$ 6 ^{fols} 8 $^{den.}$

Pour sçavoir la valeur des 8 onces, selon
l'opération qui est ci-dessus, je mets les 8
onces sous les 10 deniers, & je multiplie les
deniers, disant 8 fois 10 font 80, comme ce
font 80 deniers, je demande en 80 deniers
combien il y a de sols, je sçai qu'il y a 6 f.
8 den. je pose 8 den. sous la colonne des 10
den. après avoir fait une barre sous les 8 onces, comme on le voit ci-dessus, & je retiens 6 sols, je multiplie ensuite les sols,
disant 8 fois 5 font 40, & 6 que j'ai retenu
font 46, je pose 6 aux sols & retiens 4 ; je

multiplie enfuite les dixaines, difant 8 fois
1 font 8 , & 4 que j'ai retenu font 12 ; &
comme fe font 12 dixaines de fols, je dis la
moitié de 12 eft 6 , je ne pofe rien aux dixaines de fols & retiens 6 ; parce que ce
font 6 livres , je continue de multiplier les
livres, difant 8 fois 6 font 48 , & 6 que j'ai
retenu font 54, je pofe lefdits 54 aux livres;
de forte que je trouve que les 8 onces de
galon à 6 liv.——15 f.——10 den. l'once, fe
montent à la fomme de cinquante-quatre
livres fix fols huit deniers, comme on le
voit par l'opération ci-contre.

Pour la preuve j'ai augmenté le prix
d'une fois plus, & j'ai pris la moitié des 8
onces qui eft 4, j'ai multiplié ledit prix par
4, & j'ai trouvé le même montant qu'à l'o-
pération qui eft 54 liv.——6 f.——8 den. de
forte que 4 onces de galon d'or ou d'argent
à 13 liv.——11 f.——8 den. l'once coûteront
ladite fomme de cinquante-quatre livres fix
fols huit deniers.

On peut faire toutes autres propofitions
de la même maniere, pourvu que le multiplicateur ne foit que d'un chiffre, comme il
eft démontré ci-contre.

Multiplications d'entiers & fractions par entiers.

PREMIERE PROPOSITION.

On veut multiplier 164 aunes 1/4 par 17 l. ou plutôt on veut sçavoir combien coûteront 164 aunes 1/4 de drap à raison de 17 l. l'aune. Réponse, 2792 l.——5 f.

OPERATION.		PREUVE.	
164 aunes 1/4		82 aunes 1/8	
A.. 17 liv. l'aune		A.. 34 liv.	
Produits			
Pour 7 l.	1148	328	
Pour 10 l.	164	246	
Pour le 1/4	4——5	4——5	
	2792 liv. 5 f.	2792 liv. 5 f.	

Pour faire cette opération de 164 aunes 1/4 à 17 liv. l'aune, il faut premierement multiplier les aunes par le prix, ensuite de quoi il faut prendre le quart du prix, parce que c'est un quart d'aune ; ainsi je prends le 1/4 de 17 qui est 4 liv. je pose 4 liv. sous les livres, & je dis 4 fois 4 font 16, à aller à 17 il y a 1 qui reste, qui est une livre qui vaut 20 f. je dis le quart de 20 est 5, que je pose aux fols, faisant l'addition de tous les produits je trouve pour somme principale celle de 2792 l.——5 f. qui est la valeur des 164 aunes 1/4 de drap, à raison de 17 l. l'aune.

Pour la preuve je prends, comme aux précédentes régles, la moitié du nombre proposé, & j'augmente le prix d'une fois plus. La moitié de la proposition ci - contre, est donc de 82 aunes 1/8 à 34 liv. l'aune. Ayant multiplié tout mon multiplicande par le multiplicateur, je prends le huitieme du multiplicateur, qui est 34 liv. disant le 1/8.eme de 34 l. est 4 liv. que je pose aux livres, il reste 2 l. parce que 4 fois 8 font 32, à aller à 34 il y a 2 l. qui valent 40 s. le huitieme de 40 est 5 s. que je pose aux sols, & je trouve le même produit qu'à l'opération; de sorte que les 82 aunes 1/8 à 34 l. l'aune font 2792 l. 5 s. comme on le voit par l'opération & la preuve ci-contre.

Multiplications d'entiers & fractions par livres, sols & deniers.

On veut multiplier 4713 ℔ 3/4 par 46 l. —15 s.—7 d. on demande quel en sera le produit.

Voyez l'opération & la preuve ci-après.

OPERATION.   PREUVE.

4713 ℔ 3/4   2356 ℔ 7/8
        4 : 3

| | liv. | ſ. | d. |
| A | 93 | 11 | 2 |

| | liv. | ſ. | d. |
| | 46 | 15 | 7 |

Produits

de 6 l. . .	28278			
de 40 l. . .	18852			
de 14 ſ. . .	3299	2		
de 1 ſ. . .	235	13		
de 4 d. . .	78	11		
de 3 d. . .	58	18	3	
de 2/4 . .	23	7	9	1/2
de 1/4 . .	11	13	10.	3/4

| | liv. | ſ. | d. |
| . 220505 | 5 | 11. | 1/4 |

7068
21204
1178 — 0
117 — 16
19 — 12 — 8
81 — 17 — 3.2/8

| | | liv. | ſ. | d. |
| L: 220505 | 5 — 11. | 1/4 |

Pour faire cette opération ci-deſſus, je multiplie premierement le nombre propoſé d'entiers par livres, ſols & deniers, comme il a été enſeigné ci-devant, enſuite pour les 3/4 je prends la moitié du prix, qui eſt par conſéquent 2/4, puis je prends la moitié de ce produit des 2/4, ce qui fait l'opération des trois quarts; j'additionne tous les produits, & je trouve que la ſomme totale eſt de deux cens vingt mille cinq cens cinq livres cinq ſols onze deniers, & un quart de denier, comme on le voit par l'opération ci-deſſus.

Pour la preuve de l'opération de ci-contre, je prends la moitié du nombre propoſé,

fé, difant la moitié de 4713 ℔ eft 2356 ℔
1/2; mais comme il y a encore 3/4 dans le
nombre propofé, je prends la 1/2 des 3/4
en multipliant les 3/4 pour la 1/2, c'eft-à-
dire, multipliant les numérateurs les uns par
les autres, de même que les dénominateurs
comme il a été enfeigné à la table des réductions de fractions, p. 50, & comme pour
exemple; de forte que cela fait 3/8.

$$\left\{\begin{array}{c} 3/4 \\ 1/2 \\ \hline 3/8 \end{array}\right.$$

Pour la moitié des trois quarts, lefquels 3/8 & la 1/2, qui a refté étant
additionnées font 7/8, comme par exemple,
ayant mis la 1/2 en deffus
& les 3/8 en deffous, je
prends 8 pour dénomina-
teur commun, je prends
pour lad. 1/2 la moitié du

$$\left\{\begin{array}{cc} & 8 \\ \hline 1/2 & 4 \\ 3/8 & 3 \\ \hline & 7/8 \end{array}\right\}$$

dénominateur commun qui eft 4, que je
pofe fous ledit 8; enfuite j'en prends les 3/8
dudit dénominateur 8, c'eft 3; j'additionne
ces deux produits 4 & 3, cela fait 7, qui
difent 7/8; ainfi je trouve pour multiplicande ou nombre propofé pour ma preuve
2356 ℔ 7/8 à multiplier par 93 l.——11 f.
——2 den.

Premierement je multiplie les 2356 ℔
par 93 l.——11 f.——2 den. enfuite de quoi
pour les 7/8 je prends le huitieme fur le prix
de 93 l.——11 f.——2 den. & je multiplie le
produit du huitieme par 7 pour en trouver

les 7/8.ᵉᵐᵉ comme par exemple le 1/8 eſt comme ci-après 11 l.——13 ſ.——10 d. 6/8, je multiplie cedit produit par 7, je trouve.

EXEMPLE.

liv.	ſ.	d.				
11——	13——	10.	6/8	} 42	}	8
Par.		7	} 2/8	{ 5 d. }		

liv.	ſ.	d.	
81——	16——	10.	42/8

liv.	ſ.	d.	
81——	17——	3	2/8 ou 1/4

81 l.——16 ſ.——10 d. 42/8.ᵉᵐᵉ pour ſçavoir combien ces 42/8.ᵉᵐᵉ parties de deniers font des deniers. Je diviſe 42 par 8, & je trouve au quotient de ma diviſion 5 deniers ; & 2/8.ᵉᵐᵉ reſtans qui font 1/4 de deniers, ainſi cela fera donc pour leſd. 7/8 : 81 l.——17ſ. ——3 d. 1/4, laquelle ſomme j'ajoute ſous les autres produits de ma multiplication, & je trouve pour ſomme principale 22605 l. ——5 ſ.——1 ɴ d. 1/4 ; même ſomme qu'à l'opération, ce qui fait voir que les deux ré-gles ſont bonnes.

Je ne m'étendrai pas plus ſur ces ſortes de multiplications d'entiers & fractions par livres, ſols & deniers, parce que par les précédentes on peut réſoudre toutes ſortes de queſtions dans le même genre ; je donne-rai ci-après pluſieurs autres exemples de mul-tiplications de fractions, ceux qui ne ſeront pas dans le goût de les apprendre, crainte de la trop grande application les laifferont, & prendront les régles qui leur feront néceffaires ; j'ai expliqué toutes les fractions que j'ai donné, & celles que je vais donner à la fuite le plus nettement & le plus clairement qu'il m'a été poffible, & comme je crois qu'aucun Auteur ne les a mife ni expliquées fi au net, comme je me fuis efforcé de le faire pour l'intelligence, tant des commençans que de ceux qui feront plus verfés dans l'arithmétique. J'ai jugé à propos d'en donner quelques-unes qui ne dégoûteront point l'amateur de ladite arithmétique.

Multiplication pour la toife.

PROPOSITION.

Un Maçon a fait marché avec un particulier de faire chaque toife de maçonnerie pour prix & fomme de 25 l——15 f.——5 d. & en ayant fait 25 toifes 3 pieds 10 pouces 9 lignes 3 points, il demande combien il lui eft dû. Réponfe. 661 liv.——0 f.—— 3 d. peu moins.

OPERATION.

25 toifes 3 pieds 10 pouces 9 lig. 3 points.

liv. 7 f. d. 3 : 2

Produits A 25-15-5 la toife.

de 5 l. 125
de 20 l. ... 50
de 14 f. ... 17—10
de 1 f. .... 1— 5
de 3 d. .... 0— 6— 3
de 2 d. .... 0— 4— 2

dénominateur commun.
3456

de 3 pieds. 12—17— 8. 1/2	1728 pour la 1/2
de 6 pouc.. 2— 2—11. 5/12	1440 pour les 5/12
de 3 pouc. 1— 1— 5. 17/24	2448 pour les 17/24
de 1 pouc.. 0— 7— 1. 65/72	3120 pour les 65/72
de 6 lig... 0— 3— 6. 137/144	3288 pour les 137/144
de 3 lig... 0— 1— 9 137/288	1644 pour les 137/288
de 3 points 0— 0— 1. 2779/3456	2729 pour les 2729/3456

L " 661— 0— 2. 2573/3456.

16397 } 3456
2573 (4 entiers 2573
       3456

EXPLICATION.

Pour faire la régle ci-deffus, il faut premierement multiplier les toifes par le prix de la toife, c'eft-à-dire, par les livres, fols & deniers; enfuite il faut prendre pour 3 pieds la moitié du prix de la toife, puifqu'il faut 6 pieds de Roi pour une toife, pour les 10 pouces qui fuivent, il faut prendre à trois fois pour 6, 3 & un pouces. Pour fçavoir le prix de 6 pouces, il faut premierement fçavoir la valeur d'un pied en prenant

le tiers du produit des 3 pieds, de forte que
le produit defdits trois pieds étant de 12 l.
——17 f.——8 d. 1/2, dont le tiers eft 4 l.——
5 f.—10 d. 5/6, il faut en prendre la moitié
pour lefdits 6 pouces qui eft 2 l.—— 2 f.——
11 d. 5/12, puifqu'il faut 12 pouces pour
1 pied ; enfuite il faut prendre la moitié de
ce dernier produit, (& ce pour 3 pouces)
qui eft 1 l.——1 f.—— 5 d. 17/24 ; & pour 1
pouce qui refte, il faut prendre le tiers de
ce dernier produit, qui eft 7 f.——1 d. 65/72.
Préfentement pour fçavoir le prix des 9 lignes, il faut prendre à deux fois, pour 6 &
pour 3 lignes, parce qu'il faut 12 lignes pour
1 pouce, & ainfi pour 6 lignes il faut prendre la moitié du produit d'un pouce qui eft
3 f.——6 d. 137/144; & pour 3 lignes il faut
prendre la moitié (du produit des iix lignes)
qui eft 1 f.——9 d. 137/288. Et pour favoir
le produit de trois points, il faut favoir le
prix d'une ligne en prenant le tiers du produit de trois lignes, qui eft 7 d. 137/864. Il
faut enfin pour dernier produit, prendre le
quart (de ce dernier produit) qui eft 1 d.
2729/3456, & ce parce qu'il faut 12 points
pour une ligne.

Ayant donc arrangé tous mes produits, il
faut faire addition du total defdits produits
pour en faire un total général ou montant;
& pour ce faire je commence par les frac-

tions. Voyez l'inftruction & opération des additions de fractions ci-devant données, page 44, je trouve que les 25 toifes 3 pieds 10 pouces 9 lignes & 3 points, à raifon de 25 l.——15 f.——5 d. la toife, ont produit au Maçon fix cens foixante-une liv. deux den. & 2573 fois la 3456.eme partie d'un denier.

Je n'ai mis dans cette opération derniere des lignes & points, que pour faire voir les difficultés qui fe rencontrent plus fouvent dans les plus petites parties que dans les grandes. Je crois avoir donné affez d'éclairciffement de cette régle, pour qu'on puiffe bien comprendre celles qui pourroient être propofées dans le même goût.

On pourroit faire la preuve de cette opération par une régle de trois, difant fi 25 toifes 3 pieds 10 pouces 9 lignes 3 points, coutent 661 l. 0 f.——2 d. 2573/3456 parties de denier, combien coutera ou à combien reviendra une toife; pour lors il faudroit réduire le premier terme en fa plus petite dénomination, c'eft-à-dire en points, de même que le dernier terme de ladite régle en points; multiplier le fecond terme par le troifieme, & divifer le produit par le premier terme de ladite régle de trois; mais n'ayant pas encore donné l'inftruction de la régle de divifion, je donnerai la régle de trois qu'en fon lieu, & je vais donner la preuve de cette derniere opération par son contraire, comme j'ai fait aux précédentes, prenant la moitié du nombre proposé, & augmentant d'une fois plus son prix, comme on le voit ci-après.

OPERATION

Pour preuve de la derniere.

12 toises 4 pieds 11 pouces 4 lignes 7 points 1/2.

	liv. 5 s. d. 6 & 4	
A..	51—10—10 la toise.	
Produits		
de 1 liv.....	12	
de 50 liv.....	60	
de 10 sols....	6—	
de 6 deniers..	0— 6	
de 4 deniers..	0— 4	
de 4 pieds...	25—15— 6	
de 1 pied....	8—11— 9—2/3	6912 pour les 2/3
de 6 pouces...	4— 5—10—5/6	8640 pour les 5/6
de 4 pouces..	2—17— 3—2/9	2304 pour les 2/9
de 1 pouce...	0—14— 3—29/36	8352 pour les 29/36
de 4 lignes...	0— 4— 9—29/108	2784 pour les 29/108
de 3 points...	0— 0— 3—1001/1728	6006 pour 1001/1728
de 3 points...	0— 0— 3—1001/1728	6006 pour 1001/1728
de 1 point...	0— 0— 1—1001/5184	2002 pour 1001/5184
de 1/2 point..	0— 0— 0—6185/10368	6185 pour les 6185/10368

	liv. s. d.	
L :	661— 0— 2—2573/3456	

10368

49191
7719
10368
2573
3456

{ 10368
{ 4 den. 2573/3456

EXPLICATION.

La derniere opération, de même que sa précédente, demandent beaucoup d'atten-tion, quand il s'agit de prendre les parties fur les parties de deniers ; comme par exemple dans cette dite derniere opération, il y a pour produit d'un pied 8 l.——11 f.——9 d. 2/3. fix pouces qui font la moitié d'un pied ont produit 4 l.——5 f.——10 d. 5/6. Pour trouver les 5/6 parties de denier & la fomme 4 l.——5 f.——10 d. j'ai pris la moitié du produit d'un pied, & après avoir pris la moitié des deniers, il m'a refté 1/2 d. & pour enfuite prendre la moitié des 2/3, j'ai multiplié le dénominateur 3 defdits 2/3 par le dénominateur 2 de ladite 1/2 reftante, ce qui m'a produit 6 pour dénominateur de la fraction, enfuite pour trouver mon numérateur, j'ai multiplié le dénominateur 3 defdits 2/3 par le numérateur 1 de la 1/2 reftante, ce qui m'a produit 3, & j'y ai ajouté le numérateur 2 defdits 2/3, ce qui m'a produit 5, & par conféquent le numérateur étant 5, & le dénominateur étant 6, cela fait 5/6 parties de denier. Il faut s'y prendre de la même maniere pour trouver toutes les parties de deniers qui font demandées dans cette opération.

Quant à fçavoir ce que toutes ces parties de deniers font d'entiers, il faut trouver un dénominateur commun, où toutes lefdites parties puiffent entrer, & enfuite prendre fur ce dénominateur commun toutes lefdites parties de deniers. Comme par exemple
pour

pour 2/3, il faut d'abord en prendre le tiers & multiplier le produit d'un tiers par 2, ce qui fait le produit de deux tiers; comme auffi pour 5/6, il faut d'abord prendre le fixieme fur le dénominateur commun, & multiplier le produit par 5, ce qui formera le produit de 6/5 : il faut mettre tous les produits fous le dénominateur commun, & enfuite les additionner, & divifer par le dé-nominateur commun pour trouver des en-tiers. Voyez ci-devant l'opération qui en eft faite.

Par cette opération, qui eft la preuve de la précédente, l'on voit que le montant eft égal à ladite précédente opération, qui eft de 661 l.——0 f.——2 d. 2573/3456, ce qui prouve que les deux régles font bonnes & juftes. Je ne donnerai pas plus ample expli-cation de cette derniere, la preuve me pa-roiffant fuffifante pour donner l'éclairciffe-ment de toutes autres qui peuvent être pro-pofées dans le même genre.

V

Multiplications d'entiers & fractions par fractions
composées.

On veut multiplier 517.ᵃᵘⁿᵉ⁹ 5/6 par 7/8,
on en demande le produit. Réponse 453 :
5/48.

OPERATION.

Multiplier .. 517———5/6
Par . . . . . : ———7/8
5/6
5

Pour 1/8..64...35/48   35/48
                            7
          7   ———————————
   ———————   245 ⎰48
      44⁸   5   ⎱5 ᶜⁿᵗ· 5/48
       5———5/48   48 ⎰

Pour 7/8..453———5/48

Pour faire cette opération, il faut premierement prendre 1/8 du nombre propofé, comme ci-deffus, difant, le huitieme
de 51 eft 6, que je pofe au produit, & il
refte 3 qui étant joint avec 7 font 37 ; je dis
le huitieme de 37 eft 4, que je pofe à la fuite
du 6, & il refte 5, par lequel 5 je multiplie
le dénominateur de la fraction propofée, y
ajoutant le numérateur, & difant 5 fois 6
font 30, & 5 du numérateur font 35 ; enfuite de quoi je multiplie les dénominateurs
des deux fractions, l'un par l'autre, difant,
8 fois 6 font 48, de forte que c'eft 35/48, &

je trouve donc, pour le huitieme, 64. 35/48.
Préfentement pour trouver le produit des
7/8, je multiplie le numérateur de la fraction, que j'ai trouvé pour le huitieme, difant 7 fois 5 font 35, je pofe 5 & retiens 3 ;
je continue, & dis, 7 fois 3 font 21, & 3
que j'ai retenu font 24, comme on le voit
à côté de l'opération ci-contre, de forte
que je trouve 245/48, pour fçavoir combien il y a d'entiers, il faut divifer par 48,
les 245, ou bien en prendre la 48eme partie,
& on trouve au quotient 5 entiers, & 5
reftans qui font 5/48 ; enfuite de quoi je
multiplie le produit de mon huitieme, qui
eft 64 par 7, & je trouve 448, y ajoutant
le produit des fractions qui eft 5. 5/48, cela
fait pour lefdits 7/8. 453=5/48, comme
on le voit par les opérations ci-contre.

L'on pourroit auffi donner la preuve de
cette opération, par la régle de trois, mais
puifque j'ai commencé à donner les preuves
par le contraire, je continuerai en prenant
la moitié du multiplicande, & doublant le
multiplicateur, comme il fe voit ci-après.

Preuve de la derniere opération d'entiers, & partie d'entiers par entiers & partie d'entiers.

OPERATION.

Multiplier... 258 . 11/12 par 1 . 3/4

$$
\begin{array}{cc}
12 & 4 \\
\hline
3107 & 7 \\
7 & 12 \\
\hline
21749 \quad 48 & 4 \\
254 & 453 . 5/48 \quad 48 \\
149 \\
\end{array}
$$

5 reftans.

AUTRE OPERATION.

258——11/12
Par........ 1——3/4

	258		48
Pour 3/4...	193——1/2.	...24
Pour 6/12...	0——7/8.	...42
Pour 4/12...	0——7/12.	...28
Pour 1/12...	0——7/48.	...7

Réponfe.... 453——5/48.   101 48

5 2

48

Pour faire cette premiere opération, je réduis tant le multiplicande que le multiplicateur en leurs fractions, commençant par le multiplicateur qui eft 1 entier 3/4, je multiplie le 1 par 4, & y ajoute le numérateur 3, difant 4 fois 1 eft 4 & 3 font 7; enfuite je mul-

tiplie le multiplicande 258. 11/12 par 12,
& y ajoute le numérateur 11, ce qui me
produit 3107, que je multiplie par le multiplicateur réduit en sa fraction qui est 7,
ce qui me produit aussi 21749. Et pour
trouver le nombre que je cherche, je multiplie les dénominateurs des deux fractions
l'un par l'autre, c'est-à-dire 12 par 4, disant
4 fois 12 font 48; ce qui me servira de diviseur pour trouver le nombre que je cherche, je divise donc 21749 par 48, & je trouve au quotient le nombre cherché qui est
453. 5/48; ce qui prouve bien clairement
que mes deux opérations font justes, comme on voit par la seconde.

Multiplications d'entiers & partie d'entiers,
par entiers & partie d'entiers.

On veut multiplier 74 : 7/8 par 47. 3/4,
on en veut sçavoir le produit.

OPERATION.

M. . . . . . 74 : 7/8. par 47. 3/4

8	4

599	191
191	8

599	4
5391	32
599	

114409	32
184	2575. entiers 9/32
240	
169	
9 restant,	

32

PREUVE.

M. . . . . 37 : 7/16. par . . . 95. 1/2
      16   2

       599   191
       191   16

       599   2
     5391   32
      599

   114409   32
     184   3575 entiers 9/32
     240
     169

     9 reftant

     32

Ces régles fe font comme la précédente opération, en multipliant le multiplicande par le multiplicateur réduits dans leur fraction, & divifant le produit par les dénominateurs des deux fractions multipliées l'un par l'autre, comme on le voit ci-deffus & expliqué de l'autre part, pour la premiere opération. Mais la feconde a quelque chofe de plus difficile. Après avoir multiplié 258 par 1——3/4, il faut prendre les 11/12 de 1——3/4; & pour ne point embarraffer l'efprit, il faut prendre d'abord pour 6/12 qui eft 1/2. enfuite pour 4/12 qui eft 1/3, & encore prendre pour 1/12 fur 1=3/4, ou le 1/4 fur le produit de 4/12, comme on voit de l'autre part, à la feconde opération.

*TABLE pour prendre la 1/2, le 1/3, le 1/8,
les 3/4: les 7/8, &c. d'une fraction proposée.*

PREMIERE PROPOSITION.

Pour prendre la 1/2 de 1/8, multipliez
le numérateur de chaque fraction l'un par
l'autre; multipliez de même le dénominateur l'un par l'autre, & le produit sera la
1/2 de 1/8 que l'on cherche, comme on
voit ci-dessous qui est 1/16, c'est-à-dire, la
seizieme partie d'un entier.

EXEMPLE.

Numérateur 1/8 Dénominateur.

1/2

———————————

1/16. Réponse.

DEUXIEME PROPOSITION.

Pour prendre le 1/4 de 5/7, il faut faire
la même chose que ci-dessus, c'est-à-dire,
multiplier les numérateurs les uns par les
autres, & ensuite les dénominateurs & le
produit sera le quart des 5/7, que l'on cherche comme il se voit ci-après qui est 5/28,
c'est-à-dire, cinq fois la vingt-huitieme partie d'un entier.

Exemple de la deuxieme propofition.

Numérateurs 5/7 Dénominateurs.

1/4

———

5/28. Réponfe.

TROISIEME PROPOSITION.

Pour prendre les 3/4 de 7/9, il faut s'y prendre de la mêmé maniere que ci-deſſus, multiplier les numérateurs les uns par les autres, & auſſi les dénominateurs les uns par les autres ; ce qui produïra pour répon-ſe 21/36, ou 7/12, qui eſt de la même valeur deſdits 21/36, prenant le 1/3 comme on voit ci-deſſous.

EXEMPLE.

Numérateúrs 7/9 Dénominateurs

3/4

———

21/36

Le 1/3. . . . . . 7/12 Réponſe.

Multiplications de fraction par fraction, ou pren-dre une fraction d'une autre, comme on le voit à la table des fractions ci-devant.

On veut multiplier 3/4 par un 1/3. Pour ce faire il faut multiplier les dénominateurs l'un par l'autre, & cela fera le dénominateur

de

de la fraction que l'on cherche, il faut aussi multiplier les numérateurs l'un par l'autre., ce qui fera le numérateur de ladite fraction que l'on cherche. Voyez les opérations suivantes.

OPERATION.

Numérateurs Dénominateurs

$$\frac{\begin{array}{c} 3/4 \\ 1/3 \end{array}}{3/12}$$

Réponse.

Cela fait 3/12 ou 1/4.

On veut multiplier 7/8 par 3/4.

OPÉRATION.

$$\frac{\begin{array}{c} 7/8 \\ 3/4 \end{array}}{31/32}$$

Réponse.

Cela fait 21/32.

Ainsi des autres que l'on fait de la même maniere.

Dissertation sur la division.

Par la division on veut sçavoir combien de fois un petit nombre est contenu dans un plus grand.

L'on s'en sert pour partager une somme entre plusieurs, afin qu'ils ayent entr'eux une portion égale. Je ne me servirai dans toutes mes divisions, que de la division à

X

l'italienne brieve, qui eſt la plus abrégée, & la plus intelligible, mettant les chiffres reſtans ſous le dividende, le diviſeur à côté dudit dividende, faiſant une accollade entre ledit dividende, & le diviſeur; ſous lequel diviſeur, je ferai une barre pour y mettre le quotient ou produit, comme il ſe verra ci-après. Cependant pour contenter les ama-teurs de l'arithmétique, & comme tous ne font pas leurs diviſions de la même maniere, je démontrerai & expliquerai en peu de mots les diviſions ſuivantes, 1°. à l'italienne brieve, 2°. à l'italienne longue, 3°. à la portugaiſe, 4°. à l'eſpagnole, 5°. à la fran-çoiſe brieve, 6°. à la françoiſe longue.

La diviſion a trois nombres, 1°. le nombre à diviſer, que l'on nomme dividende, 2°. le nombre par lequel on diviſe, que l'on appelle diviſeur, 3°. le produit, que l'on nomme quotient.

Il faut ſéparer le dividende du diviſeur & du produit, par deux traits de plume, le premier doit être une eſpece de petite accol-lade, entre le dividende & le diviſeur, parce qu'il faut mettre le diviſeur au côté droit; le ſecond trait, eſt une petite barre que l'on fait ſous le diviſeur, pour poſer le quotient ſous cette barre; de ſorte que les trois nombres ſe verront aiſément, comme on va voir par la démonſtration qui en ſera faite.

Il faut obferver qu'on doit prendre autant de chiffres du dividende, qu'il y en a au divifeur, quand il s'agit de l'opération, & fi la même quantité de chiffres du dividende n'eft pas fi fortes que celle du divifeur, il faut prendre un chiffre de plus au dividende, parce qu'il faut toujours que le dividende foit plus fort que le divifeur, comme nous le verrons dans les opérations fuivantes.

Divifions fimples à l'italienne brieve.

On veut divifer 9783. par 9.

OPÉRATION.   PREUVE.

Dividende   Divifeur.   Par multiplication.

9783 ⎰   9   1087
078 ⎱ ‾‾‾‾‾ Produit   9
  63 ⎰ 1087   ‾‾‾‾‾‾
     ⎱ ‾‾‾‾‾   9783
   0

Pour ce qui eft de la divifion ci-deffus, fuivant l'opération qui y eft démontrée, & qui eft 9783, à divifer par 9, il faut prendre le premier chiffre à gauche du dividende, & dire en 9, combien de fois 9, il eft 1, que je pofe au quotient, fous le divifeur; je multiplie le divifeur 9 par 1, difant 1 fois 9 eft 9, à aller à 9 eft quitte; je pofe zero, ci 0, fous 9 du dividende, je baiffe le 7 qui fuit le 9, & je le divife par

X ij

9, je dis en 7 combien de fois 9, il ne peut pas y aller, je pose zero, ou o, au quotient, je baisse le 8 qui est après ledit 7, à côté du 7 qui est déja baissé, je dis en 78 combien de fois 9, il y est 8, je pose 8 au quotient à côté du zero, je multiplie le diviseur par le produit dernier, disant 8 fois 9 font 72 à aller à 78 il y a 6, que je pose sous 78, je baisse le 3 qui est encore au dividende, à côté du 6 qui a resté, de sorte que cela fait 63, je dis en 63 combien de fois 9 il y est 7 fois juste, & sans reste, lequel 7 je pose au quotient, & mon produit est de 1087. Et pour prouver que c'est une somme égale entre neuf partageans, il faut multiplier ce produit, ou quotient 1087, par le diviseur 9, & l'on trouve le montant que l'on avoit à diviser, qui est 9783, comme on le voit par l'opération & la preuve de l'autre part.

DIVISION.

Deuxieme proposition par deux chiffres au diviseur.

La division par deux chiffres est un peu plus difficile que la précédente, qui n'est qu'à un chiffre au diviseur ; mais il ne faut que un peu plus d'attention, & prendre toujours autant de chiffres au dividende, & quelquefois plus qu'il y en a au diviseur, parce qu'il faut que le dividende foit plus fort que le divifeur, comme je l'ai ci-devant dit.

On veut divifer la fomme de 4787 liv. en 37 parts ou perfonnes, fçavoir ce qu'il reviendra à chaque, par portion égale; pour ce faire il faut difpofer la régle comme celle de la premiere propofition, & comme on la voit ci-deffous.

OPERATION.	PREUVE.

Dividende liv.	Divifeur		liv.	fols	den.
4787	37		129 —— 7 —— 6		3
108	129 l.-7 f.-6 d.		37		
347			903		
14			387		
20			11 —— 2		
280			1 —— 17 ——		
21			0 —— 18 —— 6		
12			2 —— 6 reft.		
252			liv. f. d.		
30 den. reftans.			4787 —— 0 —— 0		

Pour l'opération de la régle de l'autre part, je dis, en 4, premier chiffre du dividende, combien de fois 3, premier chiffre du divifeur, il y eft 1, je pofe 1 au quotient ou produit, & je multiplie par ce même 1, le dernier chiffre du divifeur qui eft 7, en difant 1 fois 7 fecond chiffre du dividende

eſt 7, à aller à 7 eſt quitte, je poſe o ſous
7 du dividende ; je continue, & je dis, 1
fois 3 du diviſeur eſt 3, à aller à 4 dudit
dividende, il y a 1, que je poſe ſous 4 d.
je baiſſe enſuite le 8 du dividende, parconſéquent, j'ai 108 à diviſer par 37, je dis,
en 10 combien de fois 3, il ne peut y aller
que 2*, je poſe 2 au quotient, je multiplie
le diviſeur à l'entier par ledit 2, commençant
toujours par le dernier chiffre, & diſant 2
fois 7 font 14, à aller à 18 du dividende, il
reſte 4, que je poſe ſous 8, je continue, &
je dis 2 fois 3 font 6 & 1 que j'ai emprunté
pour faire valoir le 8, font 7, à aller à 10
il y a 3 que je poſe ſous 10, il reſte donc
34; je baiſſe le 7, dernier chiffre du dividende, cela fait 347, à diviſer par 37, &
comme les deux premiers chiffres du dividende ne ſont pas ſi forts, c'eſt-à-dire, ne
valent pas tant que les deux du diviſeur,
j'en prends deux du dividende pour en faire
parler un du diviſeur, & je dis en 34, combien de fois 3, il y va 9 fois, je multiplie
le diviſeur par 9, diſant 9 fois 7 font 63, à
aller à 67, il y a 4, que je poſe ſous 7 du
dividende, & je retiens 6, & dis, 9 fois 3
font 27, & 6 que j'ai retenu font 33, à
aller à 34 il y a 1, que je poſe ſous 4 du
dividende, & il me reſte 14 liv. qui ne peuvent plus ſe diviſer par 37, pour qu'ils ayent

des livres, & je trouve au produit 129 liv.
mais comme il reste 14 liv. il faut les réduire
en sols, en les multipliant par 20, parce
que la livre est composée de 20 sols, de
sorte que les 14 liv. font 280 sols, qu'il faut
diviser par le même diviseur 37 ; je dis donc,
en 28 combien de fois 3, il ne peut y aller
que 7 fois, lequel 7 je pose au quotient, au
rang des sols, après les livres que j'ai trouvé, je multiplie le diviseur à l'entier par 7,
disant 7 fois 7 font 49, à aller à 50 il y a 1,
que je pose sous le 0 du dividende, & je retiens 5 ; je continue, & je dis, 7 fois 3 font
21, & 5 que j'ai retenu font 26, à aller à 28,
il y a 2 que je pose devant 1 qui a déjà resté,
de sorte quil me reste 21 sols, qui ne se peuvent pas diviser par 37, parconséquent je
réduis ces 21 sols en deniers, en les multipliant par 12, parce quil faut 12 deniers
pour 1 sol, cela me produira 252 deniers,
qu'il faut diviser par le même diviseur 37,
je dis donc, en 25 combien de fois 3, il n'y
va que 6 fois, lequel 6 je pose au quotient,
au rang des deniers, après les sols. Je multiplie tout le diviseur par ledit 6, disant 6 fois
7 font 42, à aller à 42, il ne reste rien, je pose
0 sous le 2 du dividende, & retiens 4 ; je continue, & je dis, 6 fois 3 font 18, & 4 que
j'ai retenu font 22, à aller à 25 il y a 3, que
je pose devant le zero qui a déjà resté, ainsi

c'est 30 deniers qui restent, & qui ne peuvent se diviseur par 37, lesquels 30 deniers
il faudra ajouter à la preuve, qui se fait par
multiplication, pour trouver la somme prin-
pale que j'avois à diviser, comme il se voit
par ladite preuve, à côté de l'opération,
page 165, & j'ai trouvé qu'ils ont chacun
129 l. —— 7 f. —— 6 d. 30/37.

La preuve de cette dite derniere opération se fait par multiplication, en multipliant le quotient ou produit par le diviseur,
de sorte que multipliant 129 l. —— 7 f. —— 6 d.
30/37, l'on trouve la somme proposée que
l'on avoit à diviser par 37 parts, ou personnes, laquelle dite somme principale se
trouve juste, y ayant ajouté les 30 deniers
restans, comme il se voit à la preuve de
l'opération ci-devant, dont le montant est
4787 l. même nombre proposé. Voyez la
page 165.

Division composée de livres, sols & deniers, par trois chiffres au diviseur.

TROISIEME PROPOSITION.

On veut diviser ou partager par égale
opération la somme de 4736 ℔ —— 17 f.—
7 den. en 287 parts, on demande le produit.

OPERATION.

OPERATION.   PREUVE.

liv.	f.	d.		
4736	17	7	{	287
1866				———
144				f. d.
20				16--10--1

———
2897
27
12
———
331
44/287 d. restans.

287
liv. f. d.
16--10--1
———
4592
143
1-- 3--11
3-- 8 rest.
———
liv. f. d.
4736--17-- 7

Pour faire l'opération de cette troisieme propofition, il faut s'y prendre de la même maniere qu'à la 2 eme propofition, la différence eft, qu'il y a trois chiffres au divifeur de celle-ci, & qu'à la précédente il n'y en a que deux, la difficulté n'eft pas plus grande à trois, à quatre & à 5 chiffres au divifeur, qu'à deux, la différence eft, qu'il faut prendre autant de chiffres au dividende qu'il y en a au divifeur, comme en cette opération, il y a trois chiffres au divifeur, je prendrai trois chiffres fur le dividende, & fi lefdits trois chiffres ne valoient pas tant que les trois du divifeur, j'en prendrois quatre fur ledit dividende, comme on a vu par les opérations précédentes, & comme on verra par les fuivantes. Je dirai donc en 4, premier chiffre du dividende, combien de fois 2, premier

Y

du diviſeur, il n'y va que 1 ; je poſe 1 au
quotient, je multiplie tous les chiffres du
diviſeur, les uns après les autres, par ledit 1,
commençant par le dernier chiffre, de gauche à droite, & je dis 1 fois 7 eſt 7, à aller à
13, il y a 6 que je poſe ſous 3 du dividende,
& je retiens 1 ; je continue, & je dis, 1 fois
8 eſt 8 & 1 de retenu eſt 9, à aller à 17 il y
a 8, que je poſe ſous le 7 du dividende,
& je retiens 1 que j'ai emprunté, je dis encore, 1 fois 2 eſt 2, & 1 que j'ai emprunté
c'eſt 3, à aller à 4 eſt 1, que je poſe ſous 4 du
dividende, & devant le 8 qui eſt déja reſté ;
de ſorte qu'il reſte 186 ; & pour diviſer ce
nombre, il faut baiſſer le chiffre ſuivant du
dividende qui eſt 6 ; de ſorte que ce ſera
1866 à diviſer par 287, & comme les trois
premiers chiffres de ce dernier dividende,
ne ſont pas ſi forts que les trois du diviſeur,
j'en prends deux à la fois, de ce dernier dividende, pour en faire parler un du diviſeur,
je dis donc en 18, combien de fois 2, il n'y
va que 6 ; je multiplie le diviſeur à l'entier
par ce 6, diſant 6 fois 7 font 42, à aller à 46
il y a 4 que je poſe ſous le premier chiffre du
dividende, & retiens 4 ; je continue, & dis 6
fois 8 font 48, & 4 de retenu font 52, à aller
à 56, il y a 4, que je poſe ſous le ſecond chiffre du dividende, & je retiens 5 ; je dis encore 6 fois 2 font 12, & 5 de retenu font 17,

à aller à 18 il y a 1, que je pofe fous 8 du dividende; de forte que je trouve à mon quotient ou produit 16 liv. & il me refte 144 liv. qui ne peuvent pas fe divifer par 287; ainfi il faut réduire ces 144 l. en fols, ayant foin d'y ajouter les 17 fols que j'ai à mon dividende, pour lors je multiplie les 144 liv. par 20, parce que la livre eft compofée de 20 f. y ayant ajouté les 17 f. cela me produit 2897 f. que je divife par le même divifeur 287; & je dis pour trouver des fols en 2 combien de fois 2 il y va 1, que je pofe aux dixaines de fols, je multiplie auffi par ce 1 tout le divifeur, difant une fois 7 eft 7 à aller à 9 il y a 2, que je pofe fous 9 du dividende, je continue & dis 1 fois 8 eft 8, à aller à 8 eft 0; je dis encore 1 fois 2 eft 2, à aller à 2 eft 0, & il ne me refte que 2, je baiffe le chiffre fuivant du dividende qui eft 7, ce qui fait 27 pour deuxieme dividende des fols; mais comme ayant baiffé ce 7, je vois que 27 ne peuvent fe divifer par 287, je pofe 0 au quotient, de forte que je trouve 10 f. audit quotient, & il me refte 27 f. qu'il faut que je réduife en deniers, en les multipliant par 12, parce qu'il faut 12 den. pour un fol; & j'ai foin d'y ajouter au produit de cette derniere multiplication les 7 d. que j'ai à mon dividende. Je trouve donc 331 deniers à divifer par 287, je dis en 3 com-

bien 2 fois 2 il y va 1 que je pose au quotient après les sols ; je multiplie tout le diviseur par ledit 1 , disant une fois 7 est 7 , à
aller à 11 il y a 4 , que je pose sous 1 du
dividende & je retiens 1 ; je continue & je
dis 1 fois 8 est 8 , & 1 que j'ai retenu font 9,
à aller à 13 il y a 4 , que je pose devant l'autre 4 qui a déja resté & je retiens 1 , je dis
encore 1 fois 2 est 2 & 1 que j'ai retenu font
3 , à aller à 3 est quitte, & je trouve au produit 1 den. & 44 deniers restans, qui ne se
peuvent diviser par 287 : je trouve donc
pour chaque portion 16 l.——10 s.——1 den.
44/287.eme

La preuve de cette régle se fait par multiplication , multipliant le diviseur par le
quotient, & y ajoutant les 44 den. restans.
Voyez l'opération & la preuve ci-devant
démontrées , page 169.

Division à l'italienne longue.

PROPOSITION.

L'on a la somme de 387046 l.——18 s.——
4 den. à diviser en 469 parts ; je pose selon
la démonstration suivante , le diviseur sur la
même ligne du dividende , & le quotient
sous le diviseur.

OPERATION.

		liv.	f.	d.
Divifeur 469	387046	18	4

Produit 825 liv.

```
        11861
         242
         1

            20
```

Divifeur 469

Produit 5 f.

```
        2438 f. dividende
          93
          12
```

```
        1116
          4 d.
```

Divifeur 469

Quotient 2 uen.

```
        1120 d. dividende
        182 d. reftans
```

$$182 \left. \begin{cases} 12 \\ 62 \\ 2 \end{cases} \right\} 15 \text{ f. } 2 \text{ d.}$$

Preuve de l'opération de la régle ci-deffus.

		liv.	f.	d.
Multiplier . . .	825	5	2
Par	469		

```
      7425
      4950
     3300
         93—16
         23— 9
          3—18—2
            15—2 reftans
```

	liv.	f.	d.
387046	18	4

Pour faire l'opération de l'autre part, selon sa position & démonstration, je dis en 38 combien de fois 4, il ne peut y être que 8 fois, je pose 8 sous le premier chiffre du diviseur, & je multiplie par ledit 8, le diviseur 469 commençant par le dernier chiffre, & je souftrais en même-tems son produit sur les 3870, disant 8 fois 9 font 72, de 80 reste 8 que je mets sous 0; j'ai pris le dernier chiffre 0 du dividende, & ai emprunté 8 dixaines pour faire 80, & je retiens les 8 dixaines que j'ai empruntées; je continue disant 8 fois 6 font 48, & 8 de retenu font 56; de 57 reste 1, que je pose sous 7 & retiens 5, je dis 8 fois 4 font 32, & 5 de retenu font 37, de 38 reste 1 que je pose sous 8, & il reste 118, je fais un petit point sous le chiffre 4 pour faire connoître qu'il doit être joint avec le restant. Pour faire la seconde opération je dis en 11 combien de fois 4, il y est 2 fois, je pose 2 au produit, je multiplie par le même 2 tout le diviseur, disant 2 fois 9 font 18, de 24 reste 6, que je pose sous 4 du dividende, & je retiens 2 que j'ai emprunté; continuant je dis 2 fois 6 font 12 & 2 de retenu font 14, de 18 reste 4 que je pose sous 8 de la seconde opération, & je retiens 1 que j'ai emprunté, je continue disant 2 fois 4 font 8, & 1 de retenu font 9 de 11 reste 2, que je pose sous les 11

de la seconde opération du dividende, de
sorte qu'il reste 246, & y ajoutant le dernier
chiffre du dividende fera 2466, qu'il faut
diviser par le même diviseur 469. Pour
trouver la troisieme opération, je dis en 24
combien de fois 4, il ne peut y être que 5
fois, je pose donc 5 au produit, & je multiplie par ledit 5 tout le diviseur, commençant par le dernier chiffre, & je souftrais de
suite, en disant 5 fois 9 font 45, de 46 reste
1, que je pose sous 6 du dividende, & je retiens 4 que j'ai emprunté ; continuant je dis
5 fois 6 font 30, & 4 de retenu font 34, de
36 reste 2, que je pose sous 6 de la seconde
opération, je retiens 3 que j'ai emprunté,
je continue & dis 5 fois 4 font 20, & 3 de
retenu font 23, ôtés de 24 reste 1 que je
pose sous le 4 de la troisieme opération ;
ayant toujours soin de barrer les chiffres que
j'ai fait parler, les regardans comme inutiles; de sorte qu'il reste 121 liv. qu'il faut réduire en sols, en les multipliant par 20 pour
faire la sous-division, & y ajoutant les 18 s.
lesquelles 121 l.——18 s. se trouvent réduites à 2438 sols qu'il faut sous-diviser par le
même diviseur 469, exécutant les mêmes
opérations pour les sols que l'on a fait pour
les livres, & comme il est expliqué ci-dessus,
de même qu'à la sous-division des deniers,
il se trouve 93 sols restans qu'il faut réduire

en deniers en les multipliant par 12, & y joignant les 4 deniers du premier dividende, ce qui produit 1120 deniers, qu'il faut diviser par ledit diviſeur 469. L'on trouve 2 deniers au produit, & 182 deniers reſtans qu'il faudra joindre à la preuve qui ſe fait par multiplication, comme elle ſe voit à la page 165. Chaque part ſe trouve avoir 825 l.———5 ſ. ———2 d. la multipliant par le diviſeur 469, il ſe trouve la ſomme principale 387046 liv.———18 ſ.———4 d. qui étoit propoſée à diviſer, y ayant ajouté les 182 deniers reſtans, qui font 15 ſ. 2 d. Voyez l'opération, & la preuve p. 173.

Diviſion ſimple à la Portugaiſe.

Pour faire cette régle de diviſion à la portugaiſe, il faut mettre le produit à côté du dividende ſur le diviſeur, faiſant une barre ſous le dividende & ſous le produit, & une autre barre entre le produit & le dividende, mettant le diviſeur ſous ledit quotient, comme il eſt démontré dans l'opération ſuivante.

PREMIERE

PREMIERE PROPOSITION.

On veut diviser 97978 en 275 parts.

OPERATION.

```
      1
     187  ╲ 7          quotient    185          teste 20 d.
      42   } rest.                1560 l.  5 f.  2220      8 a.
Divid. 97978╱ 8                    12
        20                        2220
      ─────    diviseur  ────────────
      1560     275      1378   275  2220   275
      828
     1378
     1650
```

PREUVE.

```
              liv.    2 f.   d.
        356 ─── 5 ─── 8
        275
     ──────────────────
        1780
        2492
        712
           55
           13 ─── 15
            9 ─── 3 ─── 4
            o ─── 1 ─── 8  restant
```

```
              liv.    f.    d.
   L : 97978 ─── o ─── o
```

Pour expliquer & démontrer la régle ci-dessus, il faut commencer par le premier chiffre du dividende, & dire en 9 combien de fois 2, aussi premier chiffre du diviseur, il ne peut y être que 3 fois; je pose 3

Z

au quotient, & je multiplie par ledit 3 le
diviſeur à l'entier, commençant par le dernier chiffre de gauche à droite, & poſant le
produit de cette multiplication ſous les trois
premiers chiffres du dividende ; je dis donc
3 fois 5 font 15, je poſe 5 ſous le 9, troiſieme
chiffre du dividende, & je retiens 1 ; je continue diſant 3 fois 7 font 21 & 1 que j'ai retenu font 22 ; je poſe 2 ſous le chiffre 7 du
dividende & je retiens 2 : enſuite je dis 3
fois 2 font 6, & 2 retenus font 8, je poſe 8
ſous le 9, premier chiffre du dividende.
N'ayant plus de chiffres à multiplier, je ſouſtraits les trois premiers chiffres du dividende,
d'avec les trois chiffres de deſſous, qui ſont
le produit du diviſeur multiplié par le quotient 3 ; & commençant par le produit de
ladite multiplication, je dis 5 à aller à 9 il y
a 4, que je poſe ſous 9 dudit dividende ; je
prens les autres chiffres de ſuite, & je dis,
2 à aller à 7 il y a 5, que je poſe ſur 7 ; enfin
dis 8 à aller à 9 il y a 1, je poſe 1 ſur 9, premier chiffre du dividende : j'ai toujours ſoin
de barrer les chiffres, tant du dividende que
ceux du produit de la multiplication, à fur
& à meſure que je les fais parler ; de ſorte
qu'il reſte 154 y joignant le chiffre ſuivant
qui eſt 7, cela fait 1547 ; & je dis, en 15
combien de fois 2, il ne peut y aller que 5,
je poſe 5 au quotient, je multiplie par ledit

5 le diviseur à l'entier, disant 5 fois 5 font
25; je pose 5 sous le 7 du dividende & retiens 2 ; je continue & dis 5 fois 7 font 35,
& 2 de retenus font 37, je pose 7 devant 5 ;
qui est déja posé, & retiens 3 : je dis encore
5 fois 2 font 10 & 3 retenus font 13, je pose
13, ensuite j'ôte ce produit 1375 de 1547, disant 5 à aller à 7 il y a 2, que je pose sur 7,
je continue & dis 7 à aller à 4 ne peut, j'emprunte 1 qui vaut 10 & 4 font 14, & je dis
donc 7 à aller à 14 il y a 7, que je pose sur
ledit 4 du dividende ; je dis ensuite, 3 à aller
à 4 il y a 1, parce que le 5 ne vaut plus que
quatre, à cause de 1 que j'ai emprunté sur
ledit 5 ; je dis encore 1 à aller à 1 est quitte,
je ne pose rien, & il me reste 172, qui étant
joint au 8 restant 1728 ; je dis en 17 combien
de fois 2 il y va 6 fois, je pose 6 au quotient,
& je multiplie tout le diviseur par ledit 6,
comme j'ai fait ci-dessus, disant 6 fois 5 font
30, je pose 0 sous 8 du dividende & retiens 3 ;
je dis 6 fois 7 font 42, & 3 de retenu font 45 ;
je pose 5 à la suite du 0 qui y est déja, & retiens 4 ; je continue & dis, 6 fois 2 font 12
& 4 de retenus font 16, je pose 16 ; de sorte
que j'ai 1650 à soustraire 1728, & je dis,
de 0 à aller à 8 il y a 8, que je pose sur le
même 8 du dividende ; je continue & dis, 5
à aller à 12 il y a 7, que je pose sur 2 du dividende, & comme j'ai emprunté 1 sur 7

Z ij

qui eſt devant 2, par conſéquent le 7 ne vaut
plus que 6 ; je dis 6 à aller à 6, il ne reſte rien,
& je dis encore 1 à aller à 1 eſt quitte, & il
me reſte 78 liv. qu'il faut réduire en ſols, &
me produiront 1560 ſols, qu'il faut mettre
après l'accollade des livres, poſer le même
diviſeur 275 à côté dudit dividende 1560
ſous la barre, & le quotient ſur le diviſeur ;
je dis donc en 15 combien de fois 2, il ne
peut y aller que 5 fois, je poſe 5 au rang des
ſols, & je multiplie tout le diviſeur par 5 ;
j'en mets le produit ſous le dividende, diſant
5 fois 5 font 25 ; je poſe 5 ſous o du dividende,
& retiens 2, je dis 5 fois 7 font 35, & 2 de
retenu font 37, je poſe 7 & retiens 3 ; je dis
encore 5 fois 2 font 10, & 3 de retenu font
13, je poſe 13 ; de ſorte que j'ai 1375 à ſouſtraire de 1560, & je dis 5 du produit de la
derniere multiplication, à aller à 10 du dividende il y a 5, je poſe 5 ſur le o du dividende ; enſuite je dis 7 à aller à 15 il y a 8, je
ne dis que 15 ſur 16, parce que j'ai emprunté 1, je poſe donc le 8 ſur 6 du dividende ;
je dis encore 3 à aller à 4, parce que le 5 ne
vaut plus que 4 à cauſe de 1 que j'ai emprunté, il y a donc 1 que je poſe ſur 5 du
dividende, & enfin je dis 1 à aller à 1 eſt
quitte, je ne poſe rien, & il me reſte 185 ſ.
qu'il faut réduire en deniers, & qui me produiſent 2220 den. à diviſer, de même que

les fols par le même divifeur 275 ; je trou-
verai au quotient 8 deniers, & il me reftera
20 deniers. La preuve fe fait par multiplication, multipliant le produit qui eft 356 l.
—5 f.—8 d. par 275 & y ajoutant le reftant
20 d. qui font 1 f.-8 d. on trouvera le nombre que l'on avoit à divifer qui eft 97978 l.
comme on le voit par l'opération & la preuve, page 177.

Divifion compofée de fols & deniers à la Portugaife.

On veut divifer 4787 l.——17 f.——9 d. en
376 parts, & on demande combien il y
aura pour chaque part.

$$
\begin{array}{r}
255 \\
12 \\
\hline
3045
\end{array}
$$

OPERATION.

PREUVE.

$$376 \text{ liv.} \quad 7 \text{ f.} \quad \text{d.}$$
$$12 \text{——} 14 \text{——} 8$$

$$4512$$
$$263 \text{——} 4$$
$$12 \text{——} 10 \text{——} 8$$
$$3 \text{——} 1 \text{ reftant.}$$

$$\text{liv.} \qquad \text{f.} \qquad \text{d.}$$
$$4787 \text{——} 17 \text{——} 9$$

Il fe trouve par cette régle qu'il y a pour
chaque part 12 l.——14 f.——8 d. & 37 den.
reftans qui ne peuvent fe divifer. Cette régle fe fait comme la précédente, excepté
que quand on réduit les livres en fols, il
faut y ajouter les fols qui font propofés, de
même que quand on réduit les fols en deniers, il faut y ajouter les deniers qui font
dans le nombre propofé, comme on voit
ci-deffus.

Divifion fimple & compofée à l'Efpagnole.

On veut divifer la fomme de 478978 liv.
——15 f.——7 d. en 487 portions, il faut la
difpofer comme celle à la françoife brieve,
page 186, excepté qu'à celle à la françoife, on commence à multiplier par le produit le premier chiffre à gauche du divifeur,
& qu'à celle à l'efpagnole on commence à

multiplier par le dernier du diviseur, comme on va voir dans l'opération ci-dessous;
il faut faire une barre ou raye sous le dividende, & une à côté tirée en ligne mixte,
& le diviseur se mettra sous le dividende.

OPERATION.

```
    2
  175
 40617
 478978. liv. 15 f. 7 d.    quotient {  028        {       018     {
        20                   938 liv.  { 8 185  10 f.{  3 427  7 d.
                                       { 4877         {  487
 48777                                     12
   5155                                   3427
```

PREUVE.

```
        liv.    5 f.    d.
     983 ——— 10 ——— 7
     487
 ————————————————————————
        6881
       7864
      3932
        243 ——— 10
          8 ——— 2 ——— 4
          6 ——— 1 ——— 9
                1 ——— 6 restant.
 ————————————————————————
        liv.      f.     d.
     478978 ——— 15 ——— 7
```

Pour faire la régle ci-dessus, je la dispose
comme on la voit à l'opération, & je dis en

47 combien de fois 4, il y eft 9 fois, que je
pofe au produit; je multiplie le divifeur à l'entier par ledit 9, commençant par le 7 dudit
divifeur, qui eft le dernier chiffre de gauche
à droit, & je dis 9 fois 7 font 63, à aller à 69
il y a 6, qu'il faut pofer fur le 9 du dividende,
& je barre mes chiffres que j'ai fait parler,
c'eft-à-dire, le 7 du divifeur & le 9 du dividende; je continue à multiplier le divifeur
par le produit 9, en difant 9 fois 8 font 72,
& 6 empruntés font 78, à aller à 78 il n'y
a rien, je pofe o fous le 8 dudit dividende
& retiens 7; je continue, difant 9 fois 4 font
36, & 7 retenus font 43, à aller à 47 il y a 4,
que je pofe fur le 7 du dividende, & je barre
exactement mes chiffres, à mefure que je les
fais parler; ainfi il refte 406, & le 7 fuivant
y étant joint fera 4067, qu'il faut divifer par
le même divifeur 487, ainfi que les autres
opérations, reculant toujours le dernier
chiffre 7 du divifeur fous le chiffre du dividende, que l'on doit joindre avec le reftant.
S'il refte quelques chiffres après toutes les
opérations des livres, il en faut faire une
fous-divifion, c'eft-à-dire, réduire les livres
reftantes en fols, & les divifer par le même
divifeur, comme il fe voit dans l'opération
ci-devant, où il y a 257 l. reftantes, réduites
en fols, font 5140 fols, & y ajoutant les
15 fols, qui font au nombre propofé, cela
fait

fait 5155 fols, que l'on voit ci-devant divifés par le même divifeur 487, & ont produit
10 fols, & 285 fols reftans que j'ai réduit en
deniers, & qui ont produit 3427 deniers, y
ayant ajouté les 7 deniers du nombre propofé ; & étant divifés par ledit divifeur 487,
ont donné au quotient 7 deniers & 18 deniers reftans ; pour cefdites fous divifions,
il faut fuivre les mêmes principes qu'à la premiere divifion ; de forte que l'on voit qu'il y
a pour chaque portion 983 l. —— 10 f. —— 7 d.
18/487. La preuve fe fait par multiplication,
y ajoutant les 18 den. reftans, & l'on trouve
la fomme principale à divifer, qui eft 478978
liv. —— 15 f. —— 7 d. ce qui prouve que la
régle eft bonne.

Divifion à la Françoife briève.

On a la fomme de 15783 l. —— 12 f —— 9 d.
à divifer ou partager en 38 parts ; je pofe
premierement mon dividende, ou ma fomme
à divifer, & je fais une barre deffous, mon
divifeur fous ladite barre, & mon produit ou
quotient à côté dudit dividende, comme il
eft démontré dans l'opération ci-après.

A a

OPERATION.

$$\begin{array}{l} 2\diagdown^{1}| \\ \cancel{50}|_{3} \end{array}\quad \cancel{15783}^{\text{liv.}}\underline{\quad}12^{\text{f.}}\underline{\quad}9^{\text{d.}}\quad\Big) \quad 415^{\text{liv.}}\,2\overset{6}{7}\overset{}{2}\,\Big\{\,7^{\text{f.}}\,\Big\{\,\dfrac{|\,5}{8\,1}\Big\{\,2^{\text{d.}}$$

$$\cancel{3888}\quad \underline{13^{\text{liv.}}\,12^{\text{f.}}}\quad\big(\text{produit}\;\,\cancel{38}\qquad\qquad\cancel{38}$$

$$\begin{array}{c}20\\\hline\end{array}\qquad\qquad\qquad 6^{\text{f.}}\underline{\quad}9$$

$$272\qquad\qquad\qquad\qquad\dfrac{12}{81}$$

Preuve de l'opération ci-deſſus.

	liv.	3 f.	d.
415	— 7 — 2		
38			

$$3320$$
$$1245$$
$$11\;—\;\mathbf{8}$$
$$1\;—\;18$$
$$0\;—\;6\;—\;4$$
$$5\;\text{reſtans.}$$

	liv.	f.	d.
15783	— 12 — 9		

Pour faire l'opération ci-deſſus, je dis en 15 combien de fois 3, il y eſt 4 fois, je poſe 4 au quotient, je multiplie par ce même 4 le premier chiffre du diviſeur, diſant 4 fois 3 font 12, à aller à 15 il y a 3 de reſte: je continue, diſant 4 fois 8 font 32, à aller à 37 il y a 5, que je poſe ſur le 7 du dividende; j'ai pris le 3 qui reſtoit, je ne poſe rien ſur le 5 du dividende, je recule le 8, dernier chiffre

du diviseur sous le chiffre 8 du dividende,
que je dois prendre, & je dis en 5 combien de fois 3, il y est 1, que je pose au
quotient; je dis 1 fois 3 est 3, à aller à 5
il y a 2, que je pose sur 5 ; je dis 1 fois 8 est
8, à aller à 8 il n'y a rien, je pose o sur 8,
je recule le 8, dernier chiffre du diviseur
sous le 3 du dividende, que je joints avec
les 20 restans, & cedit 3 étant joint, fait
203 ; je dis en 20 combien de fois 3, il n'y
est que 5 fois, je pose 5 au quotient & je
multiplie, disant 5 fois 3 font 15, à aller à
20 il y a 5, que je retiens en ma mémoire ;
je continue, disant 5 fois 8 font 40, à aller à
43 il y a 3, que je pose sur 3 du dividende, &
ne pose que 1 au-dessus de la colonne du 8 du
dividende, parce que sur 5 qui étoit restant,
j'en ai pris 4 reste pour 1 , ce qui fait justement 13 liv. restantes, qu'il faut réduire en
sols, les multipliant par 20 , parce que la
livre est composée de 20 sols, lesdites 13 liv.
produiront 260 sols, & y ajoutant les 12 sols
qui sont au nombre proposé, cela fera 272
sols, qu'il faut diviser par 38 , même diviseur, disant en 27 combien de fois 3, il y est
7 fois, je pose 7 au quotient, & je multiplie
pour cedit produit 7, le diviseur entier, disant 7 fois 3 font 21, à aller à 27 il y a 6 ,
que je retiens en moi-même ; je continue disant 7 fois 8 font 56, à aller à 62 il y a 6 ,

que je pofe fur 2 du dividende, & ne pofe
rien fur 7, parce que j'ai pris le 6 qui me
reftoit, ou que je retenois en ma mémoire;
de forte qu'il ne me reftoit que 6 fols qu'il
faut réduire en deniers, les multipliant par
12, me produiront 72 deniers : mais y ajoutant les 9 deniers qui font au nombre propofé, cela fera 81 deniers, les divifant par
le même divifeur 38, il fe trouve au produit 2 deniers & 5 deniers reftans. Chaque
part a donc 415 l.——7 f.——2 d. 5/38; de
forte que 38 fois cette même fomme, fait la
fomme principale, comme on voit par la
preuve de ci-devant, que multipliant 415 l.
——7 f.—— 2 d. par 38, & y ajoutant les 5
deniers reftans, on trouve la fomme principale à divifer qui eft 15783 l.--22 f. --9 d.
Voyez l'opération page 186 & la preuve.

Divifion à la Françoife longue.

Il faut féparer le dividende du divifeur
& du produit par trois traits de plume; le
premier doit être droit fur la ligne oblique
entre le divifeur & le dividende, parce qu'il
faut mettre le divifeur devant le dividende:
le fecond en deffous à la grandeur du dividende, & le troifieme doit être courbé &
au côté droit dudit dividende pour y pofer
le quotient; de forte que les trois nombres
fe trouveront de fuite & fur la même ligne,
comme il fe voit par l'opération fuivante.

On veut divifer 4978 l.——17 f.——4 d. en 39 parts, fçavoir ce qu'il y aura pour chaque part.

OPERATION.

39	liv. f. d.	liv. f. d.
	4978——17——4 }	127—13—3

```
        1 ϕ 7
        2 ϕ 8
          2 5
          2 0
    ─────────────
          5 17
          1 27
          1 0
          1 2
    ─────────────
          1 24
```
7 deniers reftans.

PREUVE.

```
          liv.   6 f.   d.
          127——13——3
          39
    ─────────────────
          1143
          381
            23——— 8
             1——19
             0——— 9——9
    ─────────────────
                      7 reftans.
          liv.    f.    d.
    L : 4978——17——4
```

Pour faire l'opération de la régle de l'autre part, je dis en 4 combien de fois 3 il y
eſt une fois, je poſe 1 au quotient, & je
multiplie par le même 1 tous les chiffres du
diviſeur les uns après les autres, & poſe
au-deſſous du dividende tout ce qui reſte,
comme en l'opération de l'autre part, je dis
1 fois 3 eſt 3, à aller à 4 il y a 1 que je poſe
ſous 4; je continue à multiplier l'autre chiffre du diviſeur, diſant 1 fois 9 eſt 9, à aller
à 9 il n'y a rien, je poſe 0 ſous le ſecond
chiffre du dividende qui eſt 9, & je baiſſe
le chiffre 7 qui ſuit : ce qui fait 107 ; je dis
en 10 combien de fois 3 il ne peut y aller
que 2, je poſe 2 au quotient, & je multiplie par le même 2 les chiffres du diviſeur,
diſant 2 fois 3 font 6, à aller à 10 il y a 4,
que je retiens en ma mémoire ; je continue
à multiplier, & dis 2 fois 9 font 18, à aller
à 27 il y a 9, que je poſe ſous 7 du dividende, & ne mets que 2 devant ledit 9,
parce que ſur le 4 que j'avois retenu en ma
mémoire j'en ai pris 2, reſte 2, & étant joint
avec le 9 auſſi reſtant font enſemble 29, &
baiſſant le 8 ſuivant feront 298; je dirai donc
en 29 combien de fois 3 il ne peut y être
que 7, je poſe 7 au quotient, je multiplie
le diviſeur entier par ledit 7, diſant 7 fois
3 font 21, à aller à 29 il y a 8 que je retiens
en ma mémoire ; je continue à multiplier,

& dis 7 fois 9 font 63, à aller à 68 il y a
5, je pose 5 sous le 8 du dividende ; j'ai
pris 6 sur 8 que j'ai retenu, il ne reste donc
plus que 2, joint avec 5 aussi restant, feront
25 liv. lesquelles il faut réduire en sols en
les multipliant par 20 ; & ajoutant les 17
sols qui sont au dividende, cela fera 517 s.
comme il se voit à l'opération ci-devant,
lesquels il faut diviser par le même diviseur 39, & dire en 5 combien de fois 3 il y
est 1 fois, je pose 1 au quotient des sols, &
je multiplie le diviseur entier par le même
1, disant 1 fois 3 est 3, à aller à 5 il y a 2,
que je retiens dans ma mémoire ; je continue & dis 1 fois 9 à aller à 11 il y a 2, que
je pose sous le 1 du dividende : & du 2 que
je retenois en mémoire, je ne pose plus que
1 devant ledit 2 restant, parce que j'en ai
pris 1 pour joindre avec le chiffre dudit dividende ; je baisse le 7 suivant, ce qui fait
127, & je dis en 12 combien de fois 3, il
ne peut y être que 3 fois ; je pose 3 au quotient, & je multiplie par le même 3 le diviseur, disant 3 fois 3 font 9, à aller à 12 il
y a 3 ; je continue & dis 3 fois 9 font 27, à
aller à 27 il n'y a rien, je pose 0 sous 7 du
dividende & ne mets que 1 devant, parce
que sur 3 qui restoit j'en ai pris 2 ; il ne reste
donc plus que 1, lequel étant joint avec le
0 qui reste, fait 10, lesquels 10 sols restans,

il faut réduire en deniers en les multipliant par 12, & y ajoutant les 4 deniers qui font au premier dividende ; ce qui produira 124, deniers, qu'il faut auffi divifer par 39 pour trouver au quotient des deniers : je dis donc en 12 combien de fois 3, il ne peut y être que 3 fois, je pofe 3 au quotient, & je multiplie par ce même quotient tout le divifeur, difant 3 fois 3 font 9, à aller à 12 il y a 3 ; je continue & dis 3 fois 9 font 27 ; à aller à 34 il y a 7, que je pofe fous 4 du dividende, & ne mets rien devant ledit 7 reftant, attendu que j'ai pris le 3 qui reftoit ; ainfi c'eft 7 deniers qui reftent, qu'il faudra ajouter à la preuve qui fe fait par multiplication, comme elle fe voit fous l'opération page 189 ; de forte que pour chaque portion il y a 127 l.——13 f.——3 d. laquelle multipliée par 39, il fe trouvera la fomme propofée à divifer par lefdits 39, y ayant ajouté les 7 deniers reftans. Voyez l'opération & la preuve, page 189.

Je crois avoir amplement traité de toutes les manieres de divifer, foit à l'italienne, à la portugaife, à l'efpagnole & à la françoife. Je vais préfentement faire toutes mes divifions à l'italienne briève, qui eft la meilleure maniere, la plus intelligible & la plus en ufage ; c'eft celle dont je me fervirai dans toutes les régles de divifion fuivantes.

Divifions

Divisions avec fraction au nombre à diviser.

PREMIERE PROPOSITION.

On veut diviser 317 : 4/9 d'entiers par 7 entiers, on demande combien ils produiront d'entiers & fraction, c'est-à-dire, & partie d'entiers.

OPERATION.

Diviser 317 : 4/9 par 7 entiers.

$$
\begin{array}{cc}
9 & 9 \\
\hline
2857 & 63 \\
337 \quad\}45 & \text{entiers. } 22/63 \\
22 \text{ restans.} &
\end{array}
$$

PREUVE.

$$
\begin{array}{c}
63 \\
45 \\
\hline
315 \\
252 \\
22 \text{ restans.} \\
\hline
2857
\end{array}
$$

Pour faire l'opération ci-dessus, il faut réduire le dividende en la fraction proposée, de même que le diviseur en la même fraction dudit dividende, comme l'on voit ci-dessus; où je commence par le di-

vidende, & je multiplie par le dénominateur de la fraction, qui est 9, les 317 propofés, & y ajoute le numérateur 4; difant
9 fois 7 font 63, & 4 du numérateur font
67, je pofe 7 au produit du multiplicateur
& retiens 6; je continue & dis 9 fois 1 font
9, & 6 que j'ai retenu font 15, je pofe 5
& retiens 1; je dis encore 9 fois 3 font 27
& 1 de retenu font 28, je pofe 8 & avance
2, de forte que je trouve pour dividende
2857. Je multiplie auffi le divifeur 7 par
le même dénominateur de la fraction, qui
eft 9, difant 9 fois 7 font 63, lefquels 63
feront mon divifeur; je divife donc à l'italienne briève de la maniere que je l'ai enfeigné à la page 163, &c. & je trouve au
quotient de cette derniere divifion 45 entiers, & 22 reftans qui font 22/63.mes parties d'entiers.

Pour la preuve, il faut multiplier le produit 45 par 63 divifeur, ou 63 par 45,
& y ajouter les 22 reftans, vous trouverez
fous 2857 neuviemes, qui valent autant que
317. 4/9 d'entiers; c'eft ce qui fait la certitude de la régle, comme il fe voit par l'o-
pération & la preuve ci-devant.

DEUXIEME PROPOSITION.

On veut diviſer 4567. 5/7 par 32 entiers, on demande le produit. Réponſe, 142 entiers, 83/112.ᵉᵐᵉ

OPÉRATION.

Div. 4567. 5/7. par 32 entiers.

$$\overline{7} \qquad \overline{7}$$

$$\begin{array}{l} 31974 \\ 957 \\ 614 \\ 166 \text{ reſtans.} \end{array} \left\{ \begin{array}{l} 224 \quad 224 \\ 142.^{\text{enr.}} \ 166/224 \text{ ou } 83/112.\text{eme} \end{array} \right.$$

PREUVE.

$$\begin{array}{r} 224 \\ 142 \\ \hline 448 \\ 3136 \\ 166 \text{ reſtans.} \\ \hline 31974 \end{array}$$

L'opération ci-deſſus ſe fait comme la précédente, en réduiſant le nombre propoſé en ſa fraction, c'eſt-à-dire, multipliant tout le nombre par le dénominateur de la fraction, & y ajoutant le numérateur. Le produit de cette multiplication ſera le dividende, il faut de même réduire le diviſeur en la même fraction, & ce ſera le diviſeur com-

mun, comme on le voit de l'autre part, où il
reste 166. Et à la preuve il faut ajouter ces
166. restans pour avoir le dividende.

*Divisions d'entiers & fraction par entiers &
fraction.*

PREMIERE PROPOSITION.

On veut savoir le produit de 113. 4/7 divisés par 2. 5/9 d'entiers. Réponse, 44. entiers 71/161.

OPERATION.

Diviser 113. 4/7 par 2. 5/9.

$$\frac{7}{795} \qquad \frac{9}{23}$$

$$\frac{9}{7155} \Big\} \frac{7}{161}$$

$$715 \Big\{ 44^{\text{ent.}} \; 71/161 \; ^{\text{part. d'entiers.}}$$

71 restans.

PREUVE.

$$\begin{array}{r} 161 \\ 44 \\ \hline 644 \\ 644 \\ \hline 7084 \\ 71 \text{ restans.} \\ \hline 7155 \end{array}$$

Pour faire l'opération ci-contre, il faut multiplier 113. 4/7 par le dénominateur 7 de la fraction, & y ajouter 4, numérateur, disant 7 fois 3 font 21 & 4 font 25, je pose 5 & retiens 2 ; je continue, & dis 7 fois 1 font 7 & 2 retenus font 9, je pose 9, je dis encore 7 fois 1 font 7, je pose 7 ; ensuite je vas au diviseur que je réduis aussi en sa fraction, disant 9 fois 2 font 18 & 5 du numérateur font 23 ; mais comme il y a des fractions, tant au dividende qu'au diviseur, il faut les réduire en même dénomination, c'est-à-dire, multiplier le dividende par la fraction du diviseur, & le diviseur par le dénominateur de la fraction du dividende, de sorte qu'ayant trouvé 795 au dividende ; étant multiplié par le dénominateur de la fraction du diviseur qui est 9, cela fera 7155 pour dividende commun : ensuite ayant trouvé 23 au diviseur, étant multipliés par le dénominateur de la fraction du dividende qui est 7, cela fera 161 pour diviseur commun, & je trouve au quotient (ayant divisé comme à l'ordinaire à l'italienne briève) 44 entiers 71/161. partie d'entiers.

La preuve se fait par multiplication, en multipliant le diviseur 161 par le produit 44, & y ajoutant les 71 restans, on trouve les 7155 qui est le nombre à diviser. Voyez l'opération & la preuve ci-contre.

DEUXIEME PROPOSITION.

On veut divifer 413. 5/6 d'aunes de drap
par 7 aunes 7/8 d'aune, fçavoir le produit.
Réponfe, 52 aunes 208/378. ou 104/189
partie d'aune.

OPERATION.

Divifer 413. 5/6 d'aune par 7. 7/8 d'aune.

$$\underset{6}{\quad} \qquad \underset{8}{\quad}$$

2483	63
8	6

19864 ⎰ 378   378
964 ⎱
208 reftans.   52 aunes 208/378. ou 104/189
partie d'aune.

PREUVE.

378
52
_____
756
1890
208. reftans.
_____
19864.

Il n'y a pas plus de difficulté dans l'opération ci-deffus qu'en la précédente; il faut
de même réduire le dividende & le divifeur

en même dénomination, c'eſt-à-dire, premierement en leurs fractions propoſées, ſecondement réduire le dividende en la fraction du diviſeur, & le diviſeur en la fraction du dividende, comme on le voit ci-contre, & comme il eſt expliqué en la précédente opération, p. 196 & 197. Voyez l'explication qui y eſt faite.

Diviſions de fractions.

On veut diviſer 7/9 partie d'entiers par 1/3 d'entier, ſçavoir ce qu'il y aura d'entiers. Réponſe, 2 entiers 1/3

OPERATION.

Diviſer 7/9 par 1/3

$$3/1$$

21 $\{$ 9

2 entiers 3/9 ou 1/3.

3 reſtans.

PREUVE.

9

2 : 1/3

18

3

21 dividende.

Pour faire l'opération ci-deſſus, il faut multiplier le numérateur de la fraction pro-

pofée à divifer ou du dividende, par le dénominateur du divifeur, ce qui produit le dividende commun, comme l'on voit de l'autre
part, où j'ai dit 3 fois 7 font 21 pour ledit
dividende ; enfuite pour avoir le divifeur,
je multiplie le dénominateur du dividende
par le numérateur du divifeur, difant 1 fois
9 eft 9, qui eft le divifeur commun ; je divife donc 21 par 9, je trouve au quotient
2 entiers 3/9 ou 1/3.

Pour la preuve, je multiplie le divifeur
par le produit pour trouver le dividende
commun, comme l'on voit de l'autre part,
qu'ayant multiplié 9 qui eft le divifeur par
2: 1/3, je trouve 21 qui eft le dividende
commun.

DEUXIEME PROPOSITION.

On veut divifer 17/24 par 5/12 d'entiers,
on en demande le produit. Réponfe, 1 entier 7/10 d'entiers.

OPERATION.

Divifer 17/24 par 5/12 d'entiers.
12 . 5
$$
\begin{array}{r}
204 \ )120 \\
84 \ )1 \text{ entiers } 7/10.^{eme} \\
120 \\
21/30 \text{ ou } 7/10
\end{array}
$$

PREUVE.

PREUVE.

$$120$$
$$1\text{--}7/10.^{eme}$$

$$120$$
$$84$$

Dividende 204 $\Big\{$ Le 10.eme eſt ... 12

$$7$$
Pour les 7/10 ... 84

L'opération ci-contre eſt comme la précédente, il faut multiplier le numérateur du dividende par le dénominateur du diviſeur, pour trouver le dividende commun ; enſuite pour trouver le diviſeur commun, il faut multiplier le dénominateur du dividende par le numérateur du diviſeur, & le produit eſt le diviſeur commun, comme on voit ci-deſſus, & je trouve 1 entier 7/10, qui étant multiplié par le diviſeur commun, produit le dividende commun . 204.

Diviſion avec fraction prouvée par la multiplication.

On veut diviſer 134 aunes 2/3 par 4 aunes 4/5 d'aune, ſçavoir combien cela produira au quotient de la diviſion. Réponſe, 28 entiers ou aunes, & 1/18.eme d'aune.

Cc

OPÉRATION.

Diviser 134.ᵃᵘⁿ· 2/3 par 4.ᵃᵘⁿ· 4/5

$$3 \qquad\qquad 5$$

$$404 \qquad\qquad 24$$

$$5 \qquad\qquad 3$$

$$2020 \quad\left\{ \begin{array}{l} 72 \quad \left\{ 72 \right. \\ 580 \; \left\{ 28.^{\text{aun.}}\; 4/72 \text{ ou } 1/18.^{\text{eme}} \right. \end{array} \right.$$

4 restans.

$$72$$

PREUVE.

Multi-
plier. 28.ᵃᵘⁿ· 1/18 par 4.ᵃᵘⁿ· 4/5.ᵉᵐᵉ·

$$18 \qquad\qquad 5$$

$$505 \qquad\qquad 24.$$

$$24$$

$$2020 \qquad\qquad 18$$

$$1010 \qquad\qquad 5$$

$$12120 \;\left\{ 90 \qquad\quad 90 \right.$$

$$311 \;\left\{ 134.^{\text{aun.}}\; 60/90 \text{ ou } 2/3.$$

$$420$$

$$60/90$$

Pour faire l'opération ci-dessus, il faut
opérer de la même maniere qu'à la division
d'entiers & fraction, par entiers & frac-

ction, page 196, réduisant le nombre proposé à diviser en sa fraction, & celui par lequel on divise aussi en sa fraction ; ensuite
multiplier le produit du nombre à diviser par
le dénominateur de la fraction du diviseur,
& aussi multiplier le produit du diviseur par
le dénominateur de la fraction du nombre à
diviser ; ensuite de quoi, il faut diviser le
dernier produit du nombre à diviser, par le
dernier produit du diviseur, c'est-à-dire, du
nombre par lequel on divise, comme on le
voit ci-contre.

Mais pour la preuve par multiplication,
voyez les multiplications d'entiers & fractions, page 157, dans lesquels il faut multiplier ou réduire les entiers en leurs fractions, ensuite multiplier les produits l'un
par l'autre, & ce dernier produit le diviser
par les deux dénominateurs des deux fractions multipliés l'un par l'autre, comme on
le voit ci-contre, que 18. dénominateur de
la fraction du nombre, étant multipliés par
5. dénominateur de la fraction du multiplicateur font 90, qui seront mon diviseur de
12120. mon dividende. Je trouve au quotient le nombre que je cherche, qui est
134 aun. 2/3. Voyez l'opération & la preuve
ci-contre.

TABLE pour la division.

Afin de faciliter la connoiffance des nombres qui font convenables, pour abréger,
tant la multiplication que la divifion. Voyez
la table fuivante d'où il s'enfuit, que fi vous
voulez divifer par une feule figure, comme
par 2. 3. 4. 5. 6. 7. 8. 9. on tirera du nombre
à divifer, fçavoir

Divifer par 2, il faut prendre la moitié,
                    ci. . . . . la 1/2
        par 3   le tiers . . . . le 1/3
        par 4   le quart . . , le 1/4
        par 5   la cinquieme partie le 1/5
        par 6   la fixieme . . . le 1/6
        par 7   la feptieme . . le 1/7
        par 8   la huitieme . . le 1/8
        par 9   la neuvieme . . le 1/9

Mais quand vous aurez un nombre à divifer par un divifeur, compofé de parties
aliquotes, vous obferverez l'ordre de la table fuivante, fçavoir.

Quand vous aurez à divifer par 12, prenez le tiers du quart du nombre à divifer,
ou la douzieme partie,

Par 14 prenez la moitié de la 7.me partie.

Quand vous aurez à divifer par 15, prenez le tiers de la cinquieme partie.

par 16 le quart du quart.

par 18 le tiers de la sixieme partie
par 20 le quart de la cinquieme partie.
par 21 le tiers de la septieme.
par 24 le quart de la sixieme.
par 25 le cinquieme de la cinquieme.
par 27 le tiers de la neuvieme.
par 28 le quart de la septieme.
par 30 le cinquieme de la sixieme.
par 32 le quart de la huitieme.
par 35 la cinquieme de la septieme.
par 36 le sixieme de la sixieme.
par 40 la cinquieme de la huitieme.
par 42 la sixieme de la septieme.
par 45 la cinquieme de la neuvieme.
par 48 la sixieme de la huitieme.
par 49 la septieme de la septieme.
par 50 la cinquieme de la dixieme.
par 54 la sixieme de la neuvieme.
par 56 la septieme de la huitieme.
par 60 la sixieme de la dixieme.
par 63 la septieme de la neuvieme.

Quand vous aurez à diviser par 64, prenez la huitieme de la huitieme.

par 70 la septieme de la dixieme.
par 72 la huitieme de la neuvieme.
par 80 la huitieme de la dixieme.
par 81 la neuvieme de la neuvieme.
par 90 la neuvieme de la dixieme.

PREMIERE PROPOSITION.

Un Marchand a acheté 32 poinçons d'eau-
de-vie, qui lui coûtent 2688 livres, on demande à combien revient le poinçon. Réponfe, 84 liv. pour chaque poinçon.

OPERATION.	PREUVE.

$$
\begin{array}{r}
84 \\
8 \\
\hline
672 \\
4 \\
\hline
2688
\end{array}
$$

2688 liv.

La huitieme. 336
Le quart de la 8.eme . . 84 l. pour chaque poinçon.

Pour cette opération je prends la huitieme partie defdits 2688 liv. qui eft 336 liv.
dont je tire le quart qui eft 84 liv. pour la
valeur de chaque poinçon.

La preuve de cette opération fe fait en
multipliant les 84 liv. par 8 & le produit
par 4, on trouve au produit les mêmes
2688 liv. Voyez l'opération & la preuve
ci-deffus.

DEUXIEME PROPOSITION.

Un Marchand Drapier a vendu 63 aunes
de drap la fomme de 940 l.——5 f.——6 d.

on demande à combien revient l'aune. Réponfe, 14 l.——18 f.——6 d. l'aune.

OPERATION.   PREUVE.

$$
\begin{array}{ccc}
\text{liv.} & \text{f.} & \text{d.} \\
14 & 18 & 6 \\
\end{array}
$$

$$
9
$$

$$
134 — 6 — 6
$$

$$
7
$$

$$
\begin{array}{lccc}
& \text{liv.} & \text{f.} & \text{d.} \\
& 940 & 5 & 6 \\
\text{Le } 1/9 \ldots\ldots & 104 & 9 & 6 \\
\end{array}
$$

$$
\begin{array}{ccc}
\text{liv.} & \text{f.} & \text{d.} \\
940 & 5 & 6 \\
\end{array}
$$

Le 1/7 dud. 1/9.eme 14—18—6 pour chaque aune.

Pour cette opération je prends la neuvieme partie defdits 940 l.——5 f. —— 6 d. qui eft 104 l.-9 f.-6 d. dont la feptieme partie eft 14 l.--18 f.--6 d. pour prix de chaque aune.

Pour la preuve je multiplie les 14 l.—— 18 fols —— 6 den. par 9, ce qui me produit 134 l.—— 6 f. ——6 d. lefquelles je multiplie par 7, ce qui me produit ma principale fomme de 940 l.——5 f.——6 d.

Ces deux propofitions me paroiffent fuffifantes pour donner l'ufage de la table ci-devant, pages 204 & 205, tant pour la divifion que pour la multiplication.

Régles marchandes par la multiplication à une figure.

PREMIÈRE PROPOSITION.

Un Marchand de Draps a vendu 8 aunes

de drap à raison de 17 l.——18 f.——9 den.
l'aune, fçavoir combien coûteront lefdits 8
aunes. Réponfe, 143 l.——10 f.

OPERATION.

8 aunes

	liv.	f.	d.	
A	17—	18—	9	l'aune.

	liv.	f.	d.
	143—	10—	0

PREUVE *par la divifion.*

liv.	f.		8
143—	10	{	liv. f. d.
63			17——18——9
7			
20			

150
70
6

12

72

0

Pour faire cette opération, je multiplie
tout d'un coup les 8 aunes par le prix de
l'aune, & je trouve la valeur des 8 aunes,
qui eft 143 l.——10 f. & ce multipliant de
la même maniere que je l'ai enfeigné ci-
devant, page 139, à 141.

L

La preuve de l'opération ci-contre, se fait en divisant le prix coûtant des 8 aunes, qui est 143 l.——10 s. par lesd. 8 aunes pour avoir le prix de l'aune que l'on trouve au quotient. Voyez l'opération & la preuve ci-contre, qui vous feront voir la certitude de la régle.

DEUXIEME PROPOSITION.

On demande combien coûteront 9 aunes de drap à 12 l.——17 s.——4 den. l'aune. Réponse, elles coûteront 115 l.——16 s.

	OPERATION.		PREUVE *par la divifion.*

Pour faire l'opération ci-dessus, je m'y prends de la même maniere qu'à la précédente, en multipliant le prix de l'aune par les 9 aunes proposées. Et pour la preuve je

D d

divife la valeur des 9 aunes par lefd. 9 aunes pour avoir le prix de l'aune, qui eft
12 l.——17 f.——4 d. comme vous le voyez
de l'autre part.

Régle marchande très-briève par multiplication à deux figures.

PROPOSITION.

On a acheté 21 aunes de toile de Hollande à 12 l. —— 17 f. ——9 d. l'aune, favoir
combien coûteront lefdits 21 aunes. Réponfe, 270 l.——12 f.—— 9 d.

OPERATION.

PREUVE
par divifion.

21 aunes
liv. f. d.
A .. 12-17--9 l'aune
        3 aunes
_____
   liv. f. d.
38-13--3
        7 aunes
_____
   liv. f. d.
270-12--9

liv. f. d.
270--12--9
60
18
20
_____
37²
162
15
12
_____
189
00

21
_____
liv. f.
12--17--9

Pour faire cette opération, il faut voir fi
le nombre qui doit être multiplié eft contenu au livret de multiplication, comme à la
régle ci-deffus, dont 7 fois 3 font 21 ; il faut

premierement multiplier le prix ou la valeur de l'aune par 3, enfuite il faut multiplier le produit dudit 3 par 7, de la même maniere qu'aux opérations précédentes, & comme il a été enfeigné à la page 140; ce fecond & dernier produit fera le montant des 21 aunes. Et fi au lieu de 21, il y avoit 23 aunes, nombre qui n'eft point contenu au livret de multiplication, il faudroit ajoûter au produit de 21 la valeur de deux aunes, & par-là on trouveroit la valeur totale des 23 aunes, ou autres marchandifes propofées. Il faut faire les mêmes remarques pour tous les autres nombres qui feroient propofés.

La preuve fe fait par la divifion. Voyez l'opération & la preuve ci-contre.

Régle marchande par la multiplication par fols.

PROPOSITION.

J'ai acheté 478 ℔ net de café à raifon de 18 fols la livre; je veux favoir, en multipliant par les fols mêmes, combien me coûteront de fols les 478 ℔ de café, & enfuite combien de livres.

OPERATION.   PREUVE.

A.. 478 ℔
18 f. la livre.
———
8604 fols
liv.   f.
430——4

liv.   f.
430——4
20
———
8604
3824
000

478
18 fols.

Dd ij

Le nombre proposé de l'autre part qui eſt 478 ℔ de café, étant multiplié par le prix de la livre qui eſt 18 ſols, ont produit 8604 ſ. Pour les réduire en livres, il faut prendre la moitié deſdits ſols, barrer le dernier chiffre & le poſer aux ſols, tel qu'il eſt, comme il ſe voit dans l'opération ci-devant ; c'eſt ce qu'on appelle la réduction des ſols en livres.

Je ne donnerai pas d'autres éclairciſſe-mens pour la réduction des ſols en livres, parce que cela eſt très-intelligible : cette opération doit ſervir de modele pour toutes les autres. La preuve ſe fait comme aux pré-cédentes opérations par la diviſion. Voyez ci-devant.

Régle Marchande par la multiplication par deniers.

PROPOSITION.

On demande combien vaudront 4788 oranges à 8 den. la piece. Réponſe, 159 l. —— 12 ſ.

OPERATION. PREUVE.

$$
\begin{array}{ll}
A \ldots\ldots & 4788. \\
& 8^{d.} \\
\hline
& 38304^{d.} \\
\text{La 12.}^{eme} \ldots & 319|2^{ſols} \\
\text{La 1/2} \ldots & 159 \, l. - 12 \, ſ.
\end{array}
$$

$$
\begin{array}{l}
159 \overset{liv.}{} - 12 \overset{ſ.}{} \\
20 \\
\hline
3192 \\
12 \\
\hline
38304 \\
0000
\end{array}
\quad
\begin{array}{l}
4788 \\
\hline
8 \, den.
\end{array}
$$

Pour faire la régle ci-contre, de même que toutes autres qui seroient proposées dans le même genre à multiplier par les deniers, il faut multiplier les chiffres du nompre proposé par le prix de la chose proposée, comme l'on voit dans l'opération ci-contre, dont il faut réduire les 4788. oranges en deniers, les multipliant par 8 deniers, prix de chaque orange; & ensuite pour les réduire en sols, il faut prendre le douzieme du produit, parce qu'il faut 12 deniers pour un sol, en disant le douzieme de 38, c'est-à-dire en 38 combien de fois 12? est 3; lequel 3 je pose sous 8, & il reste 2, étant joint avec le chiffre 3 qui suit font 23; je dis le douzieme de 23 est 1, que je pose sous 3, & il reste 11, étant joints avec le chiffre o qui suit font 110; je dis le douzieme de 110 est 9, & il reste 2, lequel 2 étant joint avec le 4 suivant, feront ensemble 24; je dis encore le douzieme de 24 est 2 sans aucun reste, ce qui fait 3192 f. Pour les réduire en livres, il faut prendre la moitié, comme il est démontré par la précédente opération. Pour les autres deniers, on peut suivre les mêmes opérations que ci-dessus; mais pour abréger l'on trouvera la table des deniers, page 114, qui est préférable à toute autre maniere, & dont je me servirai dans toutes mes régles marchandes.

Régle Marchande par la multiplication par livres, fols & deniers.

Les régles marchandes ne font établies que pour favoir le prix d'une marchandife que l'on a vendues ou achetées, à raifon de tant la livre, le cent, le millier, la toife, l'aune ou le tonneau, &c. comme on le verra à la fuite.

PROPOSITION.

On demande combien coûteront 36 ton-neaux de vin à 115 l.——19 f.——7 den. le tonneau, tous frais payés.

Réponfe : L : 4175——5 f.

OPERATION.

36. tonneaux.

$$
\begin{array}{lcccc}
 & \text{liv.} & \underline{9}\ \text{f.} & \text{d.} \\
A \ldots\ 1 1 5 & \text{——} 1 9 & \text{——} 7
\end{array}
$$

$$
\begin{array}{r}
180 \\
396 \\
32\text{——}8 \\
1\text{——}16 \\
0\text{——}12 \\
0\text{——}9 \\
\end{array}
$$

$$
\begin{array}{cc}
\text{liv.} & \text{f.} \\
4175\text{——} & 5
\end{array}
$$

PREUVE.

```
        liv.   f.  ⎧      36
  4175 ──── 5  ⎨  ──────────────────
    57          ⎩   liv.      f.      d.
   215         ⎭   115 ──── 19 ──── 7
    35
    20
  ─────────────
   705
   345
    21
    12
  ─────────────
   252
    00
```

Pour faire l'opération ci-contre, je me fers de la multiplication par livres, fols & deniers ci-devant expliquée, page 136, & de la table pour les fols, page 102, de même que de celle des deniers, page 114, comme je m'en fervirai à toutes les autres régles fuivantes.

J'ai ci-devant dit que j'aurois donné la preuve de la multiplication par la divifion ; j'ai auffi prouvé toutes les précédentes régles marchandes par divifion, de même que la derniere où je trouve ma régle bonne, parce que le prix du tonneau fe trouve au quotient de ma divifion. Je donnerai donc la preuve de toutes les multiplications p a la divifion, & la preuve de divifion je la donnerai par multiplication.

Régle Marchande avec fraction par la multipli- cation.

PREMIERE PROPOSITION.

Suppofé qu'on ait acheté 47. aunes 1/4 de drap, à raifon de 12 l. ——17 f. —— 8 d. l'aune, y compris tous les frais, on deman- de combien coûteront les 47. aunes 1/4 de drap. Réponfe, 608 l.——14 f.——9 d.

OPERATION.

$$47.^{\text{aunes}}\ 1/4$$

	liv.	s f.	d.
A ..	12 ——	17 ——	8

```
        564
      37 —— 12
       2 ——  7
       1 —— 11 —— 4
       3 ——  4 —— 5
```

liv.	f.	d.
608 ——	14 ——	9

47.^{aunes} 1/4 }
4

189

liv.   f.
2434——19

544
166

20

3339
1449
126
12

1512
000

liv.   f.   d.
608——14——9
4

liv.   f.   d.
2434——19——0

189

liv.   f.   d.
12——17——8

Pour faire l'opération ci-contre, ce n'est qu'une multiplication par fraction au multiplicande; ainsi voyez à la page 142, ce qu'il en est dit & démontré.

Pour la preuve par division, comme le multiplicande est composé de fraction, c'est-à-dire, de 47 aunes 1/4, il faut les réduire en quarts, ce qui produira 189 quarts; il faut aussi réduire le prix coûtant de 47 aun. 1/4, qui est 608 l.——14 f.——9 d. en quarts, afin que le dividende soit en même dénomination que le diviseur; ce qui produira 2434 l.——

E e

19 f. qui font regardés comme livres & fols, quoique quarts de 608 l.——14 f.——9 den. lefquels 2434 l.—— 19 f. étant divifés par les 189 quarts, produifent au quotient de la divifion le prix de l'aune qui eft 12 l.——17 f.——9 d. comme on voit ci-devant.

DEUXIEME PROPOSITION.

On demande combien coûteront 10 aunes 3/4 de batifte, achetées 1 l.——15 f.——7 d. l'aune. Réponfe, 19 l.——2 f.——6 d.

OPERATION.

```
            10 aunes 3/4
               liv.   7 f.       d.
A. . . .    1——15——  7  l'aune.
────────────────────────────────────
        10
         7——— 0
         0———10
         0———  3——— 4
         0———  2——— 6
         0———17——— 9———1/2
         0——— 8——10———3/4
────────────────────────────────────
           liv.    f.        d.
        19——— 2——— 6———1/4
```

PREUVE.

		liv.	f.	d.
10 aunes 3/4		19——2——6 1/4		
4				4
43		liv.	f.	d.
		76——10——1		

	liv.	f.	d.
76——10——1	43		
33	liv.	f.	d.
20	1——15——7		
670			
240			
25			
12			
301			
00			

L'opération ci‐contre fe fait comme la précédente, excepté qu'il y a les 3/4 d'au‐ nes, à prendre fur la valeur d'une aune ; il faut premierement prendre la moitié pour 2/4, & enfuite la moitié de cette moitié, pour l'autre quart, comme l'on voit ci‐con‐ tre; & comme il eft enfeigné & démontré aux multiplications par livres, fols & de‐ niers, avec fraction au multiplicande, page 144.

Pour la preuve par la divifion, il faut ré‐ duire les 10 aunes 3/4 en quarts, ce qui fait 43 quarts, qui ferviront de divifeur ; il faut auſſi réduire les 19 l.—— 2 ſ. —— 6 d. 1/4 en quarts : mais s'il y avoit une autre fraction, c'eſt-à-dire 1/3 ou 1/8 , &c. il faudroit réduire le diviſeur & le dividende en la même fraction, tant l'un que l'autre, afin qu'ils fuſſent en même dénomination, comme on a vu ci-devant. Par les multiplications & diviſions de fractions, je trouve donc pour dividende de cette preuve 76 l.——10 ſ.——1 d. pour diviſeur 43 , & au quotient je trouve le prix de l'aune de la batiſte , qui eſt 1 l.-15 ſ. 7 d. ce qui fait la certitude de la régle. Voyez ci-devant.

Régles Marchandes par la diviſion.

PREMIERE PROPOSITION.

17. buſſes de vin ont coûté 812 l.-10 ſ. on veut ſavoir à combien revient la buſſe. Réponſe , 47 l.——15 ſ. —— 10 d. 10/17.

OPERATION.

liv.	ſ.			
812—10		17		
132				
13		liv.	ſ.	d.
20		47—15——10 10/17		
270				
100				
15				
12				
180				

10 den. reſtans.

PREUVE.

liv. 7 f.   d.

47———15———10 10/17

17

—————————————————

799

11———18

0———17

      8———6

      5———8

      10 reſtans.

—————————————————

liv.   f.   d.

L : 812———10——— 0

—————————————————

Pour faire l'opération ci-contre, il faut diviſer le prix coûtant des 17 buſſes par 17, pour ſçavoir à combien revient la buſſe de vin ; l'on voit qu'elle revient à 47 l.——— 15 f.———10 d. 10/17.

Pour la preuve, il eſt cenſé que, puiſque la buſſe coûte 47——— l. 15 f.——— 10 d. 10/17, 17 fois 47 l.———15 f.———10 d. 10/17, feront le prix coûtant des 17 buſſes, qui eſt 812 l.— 10 ſols. Il ne s'agit donc que de multiplier 47 l.———15 f.———10 d. 10/17, par 17. Voyez l'opération & la preuve ci-contre & ci-deſſus.

DEUXIIEME PROPOSITION.

724 aunes de . . . . . ont coûté 13572 liv.
--11 l.--9 d. on demande combien coûtera
l'aune de la pareille étoffe.

OPERATION.

liv.	f.	d.	724
13572--11--9			
6332			liv. f. d.
540			18--14--11
20			

10811
3571
675
―――――
12
8109
869
145/724 d. reftans.

PREUVE.

724 aunes

liv. 7 f. d. 145/724
A . . . 18--14--11

13032
506--16
24-- 2--8
9-- 1
12--1 reftans.
――――――
liv. f. d.
13572--11--9

Pour l'opération ci-contre, il faut s'y prendre comme à la précédente propofition, c'eft-à-dire, divifer le prix coûtant des 724 aunes par lefdits 724 pour avoir la valeur d'une aune, qui eft 18 l. —— 14 f. —— 11 d.

$\frac{145}{724}$ den. reftans.

Pour la preuve, il faut multiplier les 724 aunes par 18 l. —— 14 f. —— 11 d. & y ajouter les deniers reftans, pour avoir la valeur ou le prix coûtant defdits 724 aunes, comme on voit ci-contre.

Régle Marchande par la divifion avec fraction.

PROPOSITION.

Suppofé qu'un Marchand de draps ait dans la boutique deux reftans de pieces de draps, qui confiftent en 36 aun. trois quarts & un demi-quart d'aune, lefquelles lui reviennent, tous frais payés, à 585 l.—9 f.-6 d. il veut favoir à combien lui revient l'aune de ces deux reftans. Réponfe, à 15-l.-17 f.-6 d. 162/295 parties de deniers.

	liv.	f.	d.
36 aunes 3/4 . 1/2	585 ——	9 —	6
4			4
147	2341 ——	18 ——	0
2		2	
Divifeur 295	4683 ——	1 6	dividende

OPERATION.

$$\begin{array}{l}\text{liv.} \quad \text{f.}\\ 4683 \text{---} 16 \end{array} \left\{ \begin{array}{l} 295 \\ \hline \begin{array}{lll}\text{liv.} & \text{f.} & \text{d.}\end{array} \\ 15 \text{---} 17 \text{---} 6 \end{array} \right. \left\{ \frac{162}{295} \right.$$

$$\begin{array}{l} 1733 \\ 258 \\ 20 \\ \hline 5176 \\ 2226 \\ 161 \\ 12 \\ \hline 1932 \end{array}$$

162/295 den. reftans.

Preuve de l'opération ci-deffus.

$$36 \text{ aunes } 3/4 . 1/2$$

$$\begin{array}{lll}\text{liv.} & \text{f.} & \text{d.}\end{array}$$

A . . . . . . 15 — 17 — 6 162/295

	540			
	28—16			
	1—16		dénominateur commun,	
	0—18		2360	
Pour les 162/295 ..	0— 1—7.	227/295 ..	1816	
Pour 1/2 aune . . .	7—18—9.	162/590 . .	648	
Pour 1/4	3—19—4.	752/1180 ..	1594	
Pour la 1/2 du 1/4 .	1—19—8.	752/2360	752	

$$\begin{array}{lll}\text{liv.} & \text{f.} & \text{d.}\end{array}$$

L : 585 — 9—6   4720 } 2360

0000 } 2 entiers

Pour faire l'opération ci-deffus, il faut réduire les aunes en quarts, & les quarts en demi-quarts, c'eft-à-dire, multiplier les aunes par 4, & y ajoûter 3; enfuite par 2, &

& y ajoûter 1, comme on voit à côté de l'opération, qui est ci-contre. Il faut aussi multiplier la somme principale en quarts & en demi-quarts, par 4, & ensuite par 2, afin que le dividende soit en même dénomination que le diviseur, ladite somme principale étant réduite en quarts & en demi-quarts, il faut la diviser par 36 aunes 3/4. 1/2 réduites en quarts & en demi-quarts, pour trouver la valeur d'une aune, comme il se voit par l'opération ci - contre, & on trouve au quotient ou produit 15 liv. —— 17 s.——6 d.—— 162/295. pour prix & valeur d'une aune.

La preuve ci-contre de l'opération précédente, page 124, est un peu difficile pour ceux qui n'entendent pas bien les fractions; je vais l'expliquer en peu de mots. Après avoir multiplié les 36 aunes par les livres, sols & deniers, il faut prendre la valeur d'un denier sur les 36 aunes, qui sera 3 sols; il faut faire une régle de trois sur un brouillard pour trouver la valeur des 162/295 partie d'un denier, & dire par cette régle de trois, si 295 (qui représentent 1 denier) donnent 3 sols, combien donneront 162. Reponse, 1 s. 7 den. 227/295 partie de denier, qu'il faut mettre au produit de la multiplication; il faut ensuite prendre pour une demi-aune, qui est 2/4, la moitié du prix

F f

de l'aune, de même que de la fraction de deniers. Pour l'autre quart, il faut prendre la moitié des deux quarts, & pour le demi-quart, il faut prendre la moitié de ce dernier quart, comme il se voit ci-devant ; ensuite de quoi, il faut faire addition du total, commençant par les fractions. Voyez les additions de fractions, page 47 ; on voit par l'addition totale, que la somme est juste à celle dont reviennent lesdits 36 aunes 3/4. 1/2 tous frais payés, qui est 585 l.——9 s.—— 6 d. ce qui fait que l'opération précédente, de même que la preuve, font justes & prouvées l'une par l'autre.

Comme les régles marchandes ne font que des multiplications ou des divisions, je ne m'étendrai pas beaucoup sur ces régles, parce que je crois avoir expliqué & démontré amplement les multiplications & divisions de toutes especes ; on peut y avoir recours en cas de besoin.

Régles pour le commerce du bled & des parties du tonneau par la division.

PREMIERE PROPOSITION.

15. tonneaux de bled ont coûté 4370 l. ——15 s. on demande combien coûteront le tonneau, le septier & le boisseau, mesure nantaise, dont 10 septiers font le tonneau, & 16 boisseaux le septier.

PREMIERE OPERATION
pour le tonneau.

```
4370——15  |  15
137        |  ————————————
  20       |  liv.   f.   d.
   5       |  291——7——8
  20       |
———————    |  Réponse.
 115       |
  10       |
  12       |
———————
 120
  00
```

PREUVE
pour le tonneau.

```
        liv.   3  f.   d.
        291——  7——8
         15
———————————————————————
        4365
          4——10
          0——15
          0——10
———————————————————————
          liv.    f.
L : 4370——15——
```

DEUXIEME OPERATION.

Pour le septier.

	liv.	f.	d.
	291 — 7 — 8		
	91		
	1		
	20		

} 10

	liv.	f.	d.
	29 — 2 — 9		

Réponse.

27
7
12

92
2 den. restans.

PREUVE

Pour le septier.

liv. 5 f. d.
29 — 2 — 9. 2/10
10

290
1 — 0
5
2 — 6
2 restans.

liv. f. d.
291 — 7 — 8

TROISIEME OPERATION.

Pour le boiſſeau.

```
   liv.  ſ.   d.
  29——2——9. 1/5 ⎞  16
  13             ⎟  ────────────────
  20             ⎬  liv.   ſ.    d.
  ───────        ⎟  1——16——5
  262            ⎠  ────────────────
  102               Réponſe.
   6
  12
  ───────
   81
  1/16 reſtant.
```

PREUVE

Pour le boiſſeau.

```
  16
       liv. _8_ ſ.   d.
       1——16——5
  ────────────────────
  16
  12——16
       4
       2——8
           1. 1/5 reſtans.
  ────────────────────
       liv.   ſ.   d.
  L : 29—— 2——9. 1/5
```

Pour faire ces opérations, il faut premie‑
rement diviſer la ſomme principale par les
15 tonneaux, pour ſçavoir combien coûtera

le tonneau ; l'on voit par le quotient ou produit, qu'il coûte 291 l. —7 f. —8 d. fecondement, pour fçavoir combien coûtera le
feptier à proportion du tonneau, il faut divifer les 291 l. —7 f. —8 d. prix du tonneau
par 10, parce qu'il faut 10 feptiers pour un
tonneau, & les 29 l. —2 f. —9 d. 2/10 que
vous trouverez au quotient, feront le prix
du feptier. Troifiemement, pour favoir combien coûtera le boiffeau, il faut divifer 29 l.
—2 f. —9 d. 2/10, prix du feptier par 16,
parce qu'il faut 16 boiffeaux pour un feptier,
vous trouverez au quotient de votre divifion
1 l. —16 f. —5 d. pour le prix du boiffeau.

La preuve de chaque opération fe fait par
multiplication, en multipliant le divifeur
par le produit, & y ajoûtant les deniers reftans de la divifion, comme l'on voit par les
opérations & les preuves ci-devant.

Autre régle pour le commerce du bled.

DEUXIEME PROPOSITION.

Un Marchand a acheté 37 tonneaux, 6
feptiers, 9 boiffeaux de bled, la fomme de
5748 l. —15 f. —9 d. il veut fçavoir à combien lui revient le tonneau, le feptier & le
boiffeau, même mefure nantaife.

37. ton. 6. fept. 9 bx. } I ton. { 5748—15—9
  10   10   160
  ―――――   10   919680
  376   16   112—0
  16   8
  ―――――――   4
  6025 boiſſeaux.   } 160 bx. {   2
                                ――――――――――
                                     919806—0

PREMIERE OPERATION.

Pour le tonneau.

919806 } 6025
31730 {
16056   152—13—3
4006
2   Réponſe.
――――――
80120
19870
1795
12
―――――――
21540 } 12
3465 den. {
106 reſt.   288—9
105
9 d.   14—8—9

PREUVE.

6025

liv. 6 f. d.

152——13——3

_____

12050

90375

3615——0

301——5

75——6——3

14——8——9 reſtans.

_____

liv.

919806——0——0

_____

DEUXIEME OPERATION.

Pour le ſept...

liv.	f.	d.
152——13——3		
52		
2		
20		

10

liv.	f.	d.
15——5——3		

Réponſe.

53

3

12

_____

39

9 den. reſtans.

PREUVE.

Pour le septier.

10 septiers

	liv.	2 f.	d.
A . . .	15—	5—	3

150
2— 0
0—10
2—6

9 restans.

liv.	f.	d.
152—	13—	3

TROISIEME PROPOSITION

pour le boisseau.

liv.	f.	d.
15—	5—	3
20		

305
145
1

12

15/16 d. restans.

16

f.	d.	
19—	0—	15/16

Réponse.

G g

PREUVE *pour le boisseau.*

16 boisseaux

$$
\begin{array}{ccc}
 & 9\ \text{f.} & \text{d.} \\
\text{A}\ldots\ 0 & 19 & 0\ \ 15/16 \\
\hline
 & 14 & 8 \\
 & 0 & 16 \\
\hline
 & 1 & 3\ \text{reftans.} \\
\hline
\text{liv.} & \text{f.} & \text{d.} \\
\text{L}:15 & 5 & 3
\end{array}
$$

Pour faire les opérations de l'autre part, il faut commencer par réduire les tonneaux proposés en septiers, en les mult pliant par 10, & y ajoûtant les septiers, qui font au nombre proposé ; enfuite de quoi il faut réduire les septiers en boiffeaux, en les multipliant par 16, & y ajoûtant les boiffeaux qui font audit nombre proposé : de forte que l'on trouve 6025 boiffeaux qui ferviront de divifeur. Mais comme on veut fçavoir le prix du tonneau, il faut le réduire en même dénomination, c'eft-à-dire, en boiffeaux, & l'on trouve que 1 tonneau eft compofé de 160 boiffeaux, par lefquels 160, il faut multiplier la fomme principale qu'ont coûté les 37 tonneaux 6 feptiers 9 boiffeaux, & on trouvera pour produit de cette multiplication 919800 liv. laquelle fomme fera le dividende de 6025 de divifeur. Voyez ci-devant, page 231.

comment j'ai opéré pour cette dite réduction, de forte que pour trouver la valeur du
tonneau, je divife 919806 liv. par 6025, &
le quotient eft la valeur du tonneau. Je fais
les opérations & les preuves de la même
maniere qu'à la précédente propofition,
page 233. Voyez ci-devant les opérations &
preuves de cette derniere propofition, dont
la valeur du tonneau eft au quotient de la premiere opération, la valeur du feptier eft au
quotient de la feconde opération, & la valeur
du boiffeau eft au quotient de la troifieme
opération, & toutes les trois opérations bien
prouvées.

*Régle pour le vin & des parties du tonneau par
la divifion.*

PROPOSITION.

27 Tonneaux de vin nantais ont coûté
1890 liv. —— 9 f. —— 9 d. tous frais payés,
on demande à combien revient le tonneau, la
barrique & le pot, dont 4 barriques font le
tonneau, & 120 pots la barrique.

PREMIERE OPERATION
Pour le tonneau.

liv.	f.	d.		27
1890 ——	9 ——	9		
000 ——	11			liv. f. d.
117				70 —— 0 —— 4
9 reft.				

G g ij

PREUVE *pour le tonneau.*

27 tonneaux

	liv.	f.	d.
A......	70	0	4

1890

0——9

0——9 d. reftans.

liv.	f	d.
1890	9	9

DEUXIEME OPERATION

Pour la barrique.

liv.	f.	d.
70	0	4
30		
2		
20		

4

liv.	f.	d.
17	10	1

40

00

4 den.

0

PREUVE *pour la barrique.*

liv.	f.	d.
17	16	1

4 barriques.

liv.	f.	d.
70	0	4

III. OPERATION
pour le pot.

PREUVE
pour le pot.

liv.	f.	d.		
17	10	1	{ 120	120 pots
20				liv. d.
			f. d.	A .. 0—2—11 le pot
			2—11	
350				12—0—:
110				4—0—:
12				1—10
1321				0—1 d. restant
121				liv. f. d.
1 den. restant.				17—10—1

Pour faire ces opérations pour le tonneau
de vin, il faut s'y prendre de la même maniere qu'aux opérations de bled, p. 226, &c.
c'est-à-dire, qu'il faut diviser le prix coûtant
des 27 tonneaux par lesdits 27 pour trouver
la valeur du tonneau. Ensuite diviser la valeur
du tonneau par 4, pour trouver la valeur de
la barrique, puisqu'il faut 4 barriques pour
un tonneau, & enfin diviser la valeur de la
barrique par 120 pots, pour trouver la valeur du pot; ce que l'on voit par le quotient
ou produit de chaque opération. Je mettrois
bien ici une régle du tonneau de vin & de ses
parties, comme j'ai fait pour le tonneau de
bled; mais cela me paroît affez inutile, parce
que l'on peut se conformer aux précédentes,
pour résoudre toutes propositions qui seroient dans le même genre.

Régle du ÷.

PROPOSITION.

Combien faut-il payer pour 746 ℔ de caſſonnade à raiſon de 45 l.——18 ſ.——9 d. le cent? ci ÷. Réponſe, 352 l.-13 ſ.-10 d.

OPERATION.

$$746 \text{ ℔}$$

	liv.	ſ.	d.	
A....	45——18——9			le ÷

$$3730$$
$$2984$$

$$671——8$$
$$18——13$$
$$9——6——6$$

$$342|69——7——6$$
$$20$$

$$13/87$$
$$12$$

$$1|050 \quad \text{ou } 1/2$$
$$100$$

PREUVE *par la division.*

$$
\begin{array}{c}
\text{liv.} \quad \text{f.} \quad \text{d.} \\
34269 \!-\! 7 \!-\! 6 \\
4429 \\
699 \\
20
\end{array}
\Big\}
\begin{array}{c}
746 \\
\hline
45^{\text{liv.}}
\end{array}
$$

$$
\begin{array}{c}
13987 \\
6527 \\
559 \\
12
\end{array}
\Big\}
\quad
\begin{array}{c}
\text{liv.} \quad \text{f.} \\
18 \!-\! 9
\end{array}
$$

$$
\begin{array}{c}
6714 \\
000
\end{array}
$$

Pour faire cette opération, il faudroit diviser le produit de la multiplication par 100;
mais pour abréger, on tranche deux figures
à main droite, & celles qui font au-deſſus de
raye font le prix de la marchandiſe propoſée,
comme on le voit ci-deſſus, que 749 liv. caſ-
ſonnades à 45 l. —— 18 ſ. —— 9 d. le $\frac{0}{0}$ coûtent
342 liv. —— 13 ſ. 10 deniers 1/2.

La régle de cent ci $\frac{0}{0}$ ou o/o n'a pas plus
de difficulté que la régle de multiplication
ſimple ou compoſée ; il ne s'agit que, ſur le
produit de la multiplication, de trancher
deux chiffres, c'eſt-à-dire, laiſſer deux chiffres à droite, parce que dans 100, il y a deux
zeros qui ſont regardés comme inutiles, &
que c'eſt la même choſe que ſi l'on diviſoit
par 1. Voyez ci-contre.

Quand on a un nombre tel qu'il puisse être, à diviser par 10, 100, 1000, ou 10000, il faut trancher autant de caractère du nombre à diviser qu'il y a de 0 au diviseur, le reste des caractères qui se trouvent à gauche, feront le quotient ou produit, qui est le contraire de l'autre méthode de diviser; parce que pour retrancher les figures, on les compte en allant de droite à gauche : que si les figures retranchées, c'est-à-dire, celles qui sont à droite, sont des livres, on les multipliera par 20 pour les réduire en sols, que l'on retranchera de même que les livres, en laissant toujours deux figures à la droite; & pareillement pour le restant des sols, que l'on multipliera par 12, pour trouver des deniers, & dont on retranchera de même deux figures à droite, & ce qui sera à gauche sera des deniers que l'on cherche, comme on voit par l'opération de ci-devant. La preuve de cette opération peut se faire de deux manieres; la premiere, comme elle est ci-devant, en divisant le produit de la multiplication par le poids proposé pour trouver le prix du cent. La seconde, en multipliant 342 l.———13 f.———10 d. 1/2, prix des 746 ℔ cassonnades par 100, pour avoir le produit de la premiere multiplication; & cedit produit le diviser par 746. pour avoir le prix du cent, qui est 45 l.———18 f.———9 d. comme je l'ai

l'ai dit ci-devant, & comme il eſt démontré
par l'opèration précédente.

Régle du $\frac{0}{0}$ réduit à la livre.

PROPOSITION.

On demande à combien reviendra la livre
de ſavon, le cent ayant coûté 47 l.——15 ſ.
Rèponſe, 9 ſ.——6 d. 3/5.

OPÉRATION.	PREUVE.

liv.   ſ.

47——15——:

20
_____

9/55

12
_____

6|6/0 ⁄ ou 3/5

100

100 ℔

   ſ.   d.

A...... 9——6
_____

900

50

5 ſ reſtans
_____

955 ſ.
_____

liv.   ſ.

47——15

Pour faire cette opèration, il faut diviſer
47 l.——15 ſ. par 100 : mais comme il ne ſe
peut trouver de livres, attendu que 47 n'eſt
pas ſi fort que 100, il faut réduire les 47 l.
en ſols, & y ajoûter les 15 ſols ; ce qui fera
955 ſ. dont il faut en trancher deux figures
à droite, & celle qui eſt à gauche au-deſſus
de la raye eſt des ſols ; ainſi l'on voit que la
livre de ſavon vaudra 9 ſ.——6 d.

H h

Régle de la livre réduite au $\frac{0}{0}$.

PROPOSITION.

A 3 l.——10 f. la livre de cotton, combien
eft-ce le cent, ci $\frac{0}{0}$.

OPERATION.	PREUVE.

```
        100 ℔                3/50      100
           liv.   f.           20        liv.    f.
A...    3——10                10/00    3——10
        300
        50
        350 l. Rép.
```

AUTRE.

A 15 f.——9 den. la livre de caffonnade,
combien 100 ℔.

OPERATION.	PREUVE.

```
        100                           liv.   f.
           liv.   7 f.   d.          78——15
A...    0——15——9 la ℔                  20
        70—— 0                      fols. 15/75
        5                               12
        2——10                       den. 9/00
        1——  5
           liv.   f.
        78——15 Réponse.
```

Les opérations ci-deffus font fi faciles,

qu'il n'est presque pas nécessaire d'en donner des instructions; car il n'y a qu'à multiplier 100 par le prix de la livre, & on trouve le produit ou valeur des 100 ℔.

Pour la preuve, il n'y a qu'à trancher deux figures sur ledit produit, c'est-à-dire, en laisser deux à droite & celles qui sont au-dessus de la raie que l'on fait entre les deux chiffres laissés à droite, sont la valeur de la livre, comme on voit par les opérations & les preuves ci-contre.

Régle du $\frac{o \ o}{o}$.

PROPOSITION.

Combien faut-il payer 4787 ℔ de chanvre, à raison de 89 l.—17 s.—9 d. le $\frac{o \ o}{o}$.
Réponse, 430 l.—5 s.—9 d.

OPERATION.

$$4787 \text{ ℔}$$

A . . . 89——17——9 le $\frac{o\ o}{o}$.
        liv.   s.   d.

$$43083$$
$$38296$$
$$3829 \text{——} 12$$
$$239 \text{——} 7$$
$$119 \text{——} 13 \text{——} 6$$
$$59 \text{——} 16 \text{——} 9$$

liv.   s.   d.
430/291 —— 9 —— 3
        20

5/829

12

9/951/1000

PREUVE.

	liv.	f.	d.		4787
430291	9	3			
47331				liv.	f.	d.
4248				89	17	9

20

84969

37099

3590

12

43083

0000

La régle du millier, ci $\frac{0}{0}$°, eft comme la régle du $\frac{0}{0}$, il n'y a de différence que, pour celle du millier, il faut trancher trois chiffres, parce que en 1000 il y a trois zeros, que l'on regarde comme inutiles. Voyez l'explication de la régle du cent, page 238, & ci-après.

L'opération de la propofition de l'autre part, fe fait comme celle de la propofition du cent, excepté qu'à celle-ci qui eft pour le millier, il faut trancher trois figures fur le produit de la multiplication, & qu'à celle du cent on n'en tranche que deux, & les chiffres à gauche au-deffus de la barre que l'on fait font le produit, comme l'on voit de l'autre part que les 4787 l. de chanvre, à raifon de 89 l. 17 f. 9 d. le $\frac{0}{0}$ fe mon-

tent à 430 l.—5 f.—9 d. $\frac{911}{1000}$ l. Pour la preuve, il faut diviser le produit de la multiplication par le poids de la marchandise pour
trouver le prix du millier ; ce que l'on voit
ci-devant.

Régle du $\frac{o\_o}{o}$ réduit à la livre.

PROPOSITION.

A 74 l.—17 f.—6 d. le millier pesant de
chanvre, à combien revient la livre. Réponse, à 1 f. 5 d. 97/100 partie den.

OPÉRATION.	PREUVE.

$$
\begin{array}{lll}
\text{liv.} & \text{f.} & \text{d.} \\
74 & 17 & 6
\end{array}
$$
$$20$$
---
sols . 1/497
$$12$$
---
den. 5/970 den. restans.

$$970 \begin{cases} 12 \\ 80 \text{ f.} \end{cases}$$
d. 10 { 4 l.—0 f.—10 d.

1000 ℔

	liv.	f.	d.
A . . .	o—	1—	5

50
12—10
8— 6— 8
restant 4— 0—10 rest.

liv.	f.	d.
74—17— 6		

Cette opération ci-dessus n'a pas besoin
d'instruction après avoir vu l'opération de
la régle du $\frac{o}{o}$ réduite à la livre ci-devant,
p. 238. Excepté qu'à celle-ci-dessus (après
avoir réduit le prix du millier en sols, y
ajoûtant les sols proposés, parce qu'il ne
peut pas s'y trouver de livres) il faut trancher trois figures ; & ensuite pour trouver

des deniers, il faut multiplier ces trois figures tranchées qui font à droite par 12, &
du produit en retrancher de même trois figures, & ce qui eft au-deffus de la petite
barre, que l'on fait eft le produit. Voyez l'o-
pération avec fa preuve ci-devant.

Régle de la livre réduite au $\frac{\circ\,\circ}{\circ}$.

PROPOSITION.

A 3 l.——17 f. la livre d'indigo, combien
coûtera le millier, ci $\frac{\circ\,\circ}{\circ}$? Réponfe, 3850 l.

OPERATION.	PREUVE.

1000 ℔ indigo   Livres.... 3/850

liv. f.	20
A... 3——17	Sols...., 17/000

```
    3000
    800——0
     50——0
    liv.
   3850——"
```

Pour l'opération de la propofition ci-
deffus, il faut multiplier 1000 par 3 liv.——
17 f.——pour avoir au produit la valeur des
1000 l. qui eft 3850 l.

Et pour la preuve, il faut divifer 3850 l.
par 1000, ou plutôt trancher trois figures,
de forte qu'il ne reftera qu'une figure qui
eft 3 l. enfuite il faut réduire les trois figures

tranchées en fols, en les multipliant par 20,
ce qui produit 17000 fols. Tranchez-en
trois figures, il reftera 17 f. ainfi c'eft donc
31—17 f. qui eft le prix de la livre. Voyez
l'opération & la preuve ci-contre.

Régle du $\frac{\circ}{\circ}$ réduit au $\frac{\circ\circ}{\circ}$.

PROPOSITION.

A 85 l.—17 f.—10 d. le $\frac{\circ}{\circ}$ de café créol,
combien eft-ce le millier, ci $\frac{\circ\circ}{\circ}$. Réponfe,
858 l.—18 f.—4 d.

OPERATION.	PREUVE.

	liv.	f.	d.
Mult. 85--17--10 le $\frac{\circ}{\circ}$			
Par 10			

liv. f. d.
858--18-- 4

	liv.	f.	d.
	858--18--	4
Le 10.ᵉᵐᵉ 85--17--10		

Pour faire cette opération ci-deffus du $\frac{\circ}{\circ}$
réduit au millier, il faut multiplier le prix
du cent par 10, parce qu'il faut 10 fois 100
pour faire 1000, ainfi le produit de cette
multiplication eft la valeur des 1000 ℔
comme on voit ci-deffus, que 1000 ℔ à rai-
fon de 85—17 f.—10 d. le $\frac{\circ}{\circ}$ font 858 l.—
18 f.—4 d.

Pour la preuve, il faut divifer cette dite
fomme de 858 l.—18 f.—4 d. par 10 pour
avoir le prix du cent, ou tout d'un coup trancher une figure, comme je l'ai dit ci-devant,

quand on avoit à diviser par 10 ou encore comme j'ai fait ci-devant, j'ai pris le dixieme, & j'ai trouvé juste les 85 l.--17 s.-- 10 d. pour le prix du cent; ce qui fait voir que ma régle est bonne.

Régle du $\frac{o \cdot o}{o}$ réduit au $\frac{o}{o}$.

PROPOSITION.

A 710 l.--15 s.--9 d. le $\frac{o \cdot o}{o}$, combien est-ce le $\frac{o}{o}$? Réponse, 71 l.--1 s.--6 d. 9/10.

OPERATION.	PREUVE.

liv.	s.	d.		liv.	s.	d.
710	15	9		71	1	6. 9/10
					10	

Le 10.ᵉᵐᵉ 71-- 1--6 9/10

liv.	s.	d.
710	15	9

Pour faire l'opération de ci-dessus, & pour sçavoir le prix du cent sur le prix du millier, il faut prendre la dixieme partie sur le prix du millier, parce qu'il faut dix cens pour faire un millier; & pour la preuve il n'y a qu'à multiplier le prix du cent par 10 pour trouver le prix du millier, ce qui fera voir que les deux régles se trouvent bonnes, si le produit de cette derniere multiplication est égal au prix du millier; comme on voit ci-dessus par l'opération & la preuve.

Régle

Régle de rachat de rente.

PREMIERE PROPOSITION.

Une perſonne qui paye 456 l.——10 ſ. de rente, veut ſçavoir (ſi elle pouvoit en faire le rachat au denier 20) combien il faudroit qu'elle payât pour le rembourſement. Ré-ponſe, 9130 liv.

OPERATION.　　　PREUVE.

liv.	ſ.				
456——10		9130 liv.		20	
20		113			
		130		liv.	ſ.
9120		10		456——10	
10		20			
9130 liv.		200			
		000			

Pour faire le rachat au denier 20 d'une rente que l'on paye, il faut multiplier ladite rente par 20. pour trouver la ſomme princi-pale qu'on nous a donné pour en tirer la rente, comme on voit ci-deſſus.

Pour la preuve, il faut diviſer la ſomme principale qu'on nous a donné par 20, qui eſt le denier dit, pour trouver la rente. Voyez l'opération & la preuve ci-deſſus.

On entend de 20 deniers de principal 1 de-nier de rente　　　　de 20 ſols . . 1 ſols de 20 livres . . . . . 1 liv,

I i

C'eft-à-dire il faut prendre la vingtieme partie du principal pour avoir la rente de quelque fomme que ce foit.

DEUXIEME PROPOSITION.

Un particulier a donné à rente conftituée
à fond perdu 4586 liv. au denier 10. 1/2,
on demande combien il aura de rente pendant fa vie. Fond perdu, veut dire qu'après
la mort du donneur, le preneur jouit de ladite fomme donnée en propre, fans en payer
d'intérêt à perfonne. Reponfe, 436 l.——15
f.——2 d. 6/7 par an, à la vie durante.

OPERATION.

$$
\begin{array}{c}
\left.\begin{array}{c}
10.\ 1/2 \\
2 \\
\hline
21
\end{array}\right\}
\end{array}
$$

Il faut réduire le
denier propofé en
1/2, de même que
la fomme, c'est-à-
dire, multiplier par
2, tant l'un que l'au-
tre.

$$
\left\{\begin{array}{c}
4586\ l. \\
2 \\
\hline
9172 \\
77 \\
142 \\
16 \\
20 \\
\hline
320 \\
110 \\
5 \\
72 \\
\hline
60 \\
18/21
\end{array}\right.
$$

$$
\left\{\begin{array}{c}
21 \\
\hline
\text{liv.\ f.\ d.} \\
436\text{-}15\text{-}2.\ 6/7
\end{array}\right.
$$

PREUVE.

liv.	f.	d.
436——15——2 6/7		

21

436

872

14——14

1—— 1

0—— 3——6

1——6 restans.

liv.	f.	d.
9172—— 0——0		

Régle de tarre pour $\frac{o}{o}$ *ou dans le* $\frac{o}{o}$.

PROPOSITION.

Quelle est la tarre (*a*) de deux barriques
de sucre pesantes 2758 ℔ ord. (*b*) à 13 ℔
pour $\frac{o}{o}$? & combien faut-il payer pour le
poids net à raison de 48 l.——17 f.—— 6 d. le
$\frac{o}{o}$? Réponse, il y a 358 ℔ de tarre, & le
poids net coûtera 1173 liv.

(*a*) Tarre doit s'entendre par la diminution qu'il y a à faire
fur le poid pour la futaille ou embalage, &c.

(*b*) Ord. doit s'entendre du poids général, c'est-à-dire,
tant de la marchandise que de la futaille ou embalage, &c.
Tous écrivent ort. je crois qu'il vaut mieux écrire ord. parce
que ce mot peut dériver d'ordure, attendu que l'embalage ou
futaille doit être regardée comme rien, c'est-à-dire, comme
de l'ordure en comparaison de certaines marchandises qui font
dans les embalage & futaille.

I i ij

OPERATION.

```
2758 ℔                    2758. ℔ ord.
   13 pr. 0/0              358. tarre à 13 pour 0/0.
─────────              ─────────────────────
358/54                   2400. ℔ net.
                              liv.   B f.   d.
                    A . . .  48 ── 17 ── 6 le 0/0.
                    ──────────────────────────
                    ·    19200
                         9600
                          1920 ── 0
                           120 ── 0
                            60 ── 0
                    ──────────────────────
                      1173/00 ── :
```

PREUVE.

```
                ⎧ 2400
                ⎪ ─────────────────
   ‖17300       ⎨     liv.    f.    d.
   21300        ⎪ 48 ── 17 ── 6
   2100         ⎩
        20
   ─────────
   42000
   18000
   1200
      12
   ─────────
   14400
   0000
```

Nota. On peut tirer auſſi la tarre à tant ſur 1C0, comme à
3 ou 4, &c. ſur 100, c'eſt-à-dire, de 103 ou 104 livres n'en
payer que cent liv. cela ſe fait ſelon convention de Marchand
à Marchand. En ce cas il faut faire une régle de trois, comme par exemple de 800 liv. voulant tarer à 4 ſur 100, il faut
dire ſi 104 liv. ſont réduites à 100 l. à combien ſeront réduites 800 liv. ainſi des autres propoſitions à tant ſur 100.

Pour faire cette régle de tarre, il faut premierement multiplier le poids ord. par la tarre que l'on donne pour cent. Du produit de cette multiplication, il faut en trancher deux figures que l'on regarde comme inutiles, ensuite de quoi il faut souftraire la tarre du poids ord. & le reftant sera le poids net qu'il faut multiplier par le prix du cent, & du produit de cette multiplication. Il faut en trancher deux figures, comme on voit par l'opération ci-contre.

Pour la preuve il faut divifer le produit de la derniere multiplication par le poids net pour trouver le prix du cent, ce que l'on voit par les opérations & la preuve ci-contre, dont les deux barriques, qui ont pefé 2758 ℔ ord. ont 358 ℔ tarre à 13 ℔ pour ⁰∕₀, parconféquent il refte 2400 ℔ net de fucre, qui étant vendu 48 l.——17 f.——6 d. le ⁰∕₀, fe montent à la fomme de 1173 liv. Voyez ci-contre.

Régle pour les factures.

PROPOSITION.

J'ai acheté les marchandifes fuivantes, combien faut-il payer pour le tout. Réponfe, 2301 l.——13 f——9 d. 1/4.

SÇAVOIR,

	liv.	f.	d.		liv.	f.	d.	
150. aunes de revêche.....à	3	11	6 l'aune. L.	536	5		
86. aun. 1/2 id. moyenne à	2	17	9	.....	249	15	4. 1/2
184 aunes 3/4 de plûche ..à	4	18	9	.....	1405	19	0. 3/4
18 aun. 2/3 de rat. de Lyon à	5	17	6	.....	109	13	4.

	liv.	f.	d.
	2301	12	9. 1/4

Cela peut fervir de modéle d'un petit
⊗ Bordereau d'aunage. ⊗

I.re OPERATION.   PREUVE.

150 aunes

	liv.	f.	d.		liv.	f.			
A ..	3	11	6		536	5	{	150	
	450				86			liv.	f.	d.
	75	0			20			3	11	6
	7	10								
	3	15			1725					
		liv.	f.		225					
	536	5			75					
					12					
					900					
					000					

II. OPERATION.   PREUVE.

86 aunes 1/2

	l.	8. f.	d.						l.	f.	d.
A	2	17	9		86 aunes 1/2				249	15	4. 1/2
	172				2				2		
	68	16			173				499	10	9
	4	6			l.	f.	d.		173		
	2	3			449	10	9		l.	f.	d.
	1	1	6		153				2	17	9
	1	8	10. 1/2		20						
		lv.	f.	d.	3070						
	249	15	4. 1/2		1340						
					149						
					12						
					1557						
					000						

III. OPÉRATION. PREUVE.

284 aun. 3/4
1. 9 f. d.
A. . 4—18—9
─────────
1136
255—12
7— 2
3—11
2— 9—4. 1/2
1— 4—8. 1/4
─────────
liv. f. d.
1405—19—0. 3/4
─────────

284 aun. 3/4
4
─────────
1139

5623—16—3
1067
20
─────────
21356
9966
854
12
─────────
10251
0000

1405—19—0. 3/4
4
─────────
562—16—3

liv. f. d.
5623—16—3

1139
l. f. d.
4—18—9

IV. OPÉRATION. PREUVE.

18 aunés 2/3
1. 8 f. d.
A. . 5—17—6 l'aune
─────────
90
14— 8
0—18
9
1—19—2
1—19—2
─────────
l. f. d.
109—13—4

18 aun. 2/3
3
─────────
56

329
49
20
─────────
980
420
28
12
─────────
336
00

l. f. d.
109—13—4
3
─────────
— 00—0

56
l. f. d.
5—17—6

Toutes ces opérations de la derniere propofition ne font autre chofe que des multiplications par livres, fols & deniers, pour
les preuves fe font par la divifion, en divi-

fant le produit de la multiplication par les aunes propofées pour trouver la valeur pro-pofée de l'aune, comme on le voit par la preuve de la premiere opération. La preu-ve de la feconde opération eft différente, attendu qu'il y a des 1/2, tant au dividende qu'au divifeur, il faut les réduire tous deux en demie, & divifer comme de coutume. La preuve de la troifieme opération eft com-pofée de 3/4, tant pour le dividende que pour le divifeur, il faut réduire tant l'un que l'autre en quarts, y ajoûtant 3 & divi-fer comme à l'ordinaire. La preuve de la quatrieme opération, eft compofée de 2/3 pour le divifeur ; il faut le réduire en tiers y ajoûtant 2, il faut auffi réduire le dividende en tiers, afin qu'ils foient en même déno-mination, & divifer comme à l'ordinaire. Voyez les opérations ci-devant avec leurs preuves.

Modele d'une petite facture.

DOIT Monſieur Larieux à C. G.
L : 8943 l.——12 ſ.——2 d. pour les mar‑
chandiſes ſuivantes.

SÇAVOIR:

Deux caiſſes de ſavon marquées comme
en marge, numérotées & peſantes comme
ſuit :

Nº. 4. poids 217 ℔ ord. tare 21		
5. · · · 198 20		

415   41
45   4 trait à 2 ℔ p. caiſſe.

370 ℔ net à . 47 l.
=10 ſ. le ⁰∕₀ . . . c'eſt . . L : | 175 | 15 ſ. |
Une barrique d'huile peſante
1402. ℔ ord. 210. ℔ tarre &
trait à 15 ℔ pour ⁰∕₀ 1192 ℔ net
à 71 ℔ =15 ſ. le ⁰∕₀ . . . . L : | 855 | 5 | 2 d.
Trois barriques de ſucre pe‑
ſantes & numérotées comme
ſuit :
Nº. 6.   975 ℔ ord.
7. 1037
8. 1126

3138 ℔ ord.
376 tare à 12 ℔ pour ⁰∕₀

2762 ℔ net à 42 ℔ 10 ſ.
le ⁰∕₀, c'eſt . . . L : | 1173 | 17 |

L : 2204‑17 ſ.   2 d.

			l.	f.	d.
Juin	17	Suite & montant de l'autre part	2204	17	2
		Deux boucauts indigo pefans			
		Nº. 5. 1007 ℔ ord.			
		6. 946			
		1953			
		156 tare à 8 l. pour $\frac{0}{0}$			
		1797 net à 3 l.–15 f. la livre . . c'eft . . L:	6738	15	
		TOTAL . . . . L:	8943	12 f.	2 d.

Bordereau de payement.

PROPOSITION.

J'ai en caiffe les efpeces fuivantes, defquelles il s'agit de faire un payement, fçavoir à combien fe montent lefdites efpeces.
Réponfe, elles fe montent à 8008 liv.

SÇAVOIR;

50 louis d'or à 24 l. chaque. L: 1200-
962 écus de . . . 6 . . f. 5772-
127 pieces de . . 1—4 . . . . . 152- 8
1636 pieces de . . 0—2 163-12
12 facs de fols marqués de 6
    liards de 30 l. chaque. . . . 360-
15 facs de liards de 24 l. cha-
    que 360-

TOTAL . . . . L: 8008-

OPERATIONS.

50 louis
A.. 24 l.
——————
1200 l.

962 écus
A.. 6 l.
——————
5772 l.

127 pieces
A.. 1 l.—2 f.
————— 4
127
25—8
————
152 l.-8 f.

1636 pieces
de. 0 — 1 f.— 2
——————
163 l.-12 f.

12 facs
A.. 30 l.
——————
360 l.

15 facs
A.. 24 l.
——————
360 l.

Ces fix opérations fe font par multiplication, comme on voit ci-deffus.

Réductions de monnoye.

PREMIERE PROPOSITION.

Combien faut-il d'écus de 6 l. pour payer
la fomme de 17964 l. Réponfe, il en faut
2994.

OPERATION.   **PREUVE.**

liv.
17964 { 6
59 {
56 { 2994
24 {
0

2994. écus
A..... 6 l.
——————
17964

Pour cette opération ci-deffus, il faut
divifer 17964 liv. par 6, & l'on trouve au
quotient 2994 écus de 6 liv.

K κ ij

Pour la preuve, il faut multiplier les 2994 écus par 6 l. pour trouver la somme propoſée, comme on voit ci-devant.

DEUXIEME PROPOSITION.

Combien faut-il de pieces de 3 l.——15 ſ. pour payer la ſomme de 4786 l. Réponſe, 1276 pieces de 3 l.——15 ſ. & 1 l. reſtante.

OPERATION. PREUVE.

liv.   ſ.   4786   1276 pieces
3——15   20   75   liv. 7 ſ.
20   ————   1276   A . . . 3--15
————   95720   ————
75 ſ.   207   3828
572   893———4
470   63——16
20 ſ. reſtans.   1. reſtante.
                                ————
                             4786 l.--0

Pour faire l'opération de la deuxieme propoſition ci - deſſus, il faut réduire les 3 liv. 15 ſ. en ſols, ce qui fait 75 ſols, & qui ſerviront de diviſeur, il faut auſſi réduire les 4786 l. en ſols, qui font 95720 ſols, & qui ſerviront de dividende ; pour trouver des pieces de 3 l.——15 ſ. l'on trouve au quotient 1276. pieces & 20 ſols reſtans.

Pour la preuve il ne s'agit que de multiplier les 1726 pieces par 3 l. 15 ſ. & y ajoûter les 20 ſ. reſt. qui diſent 1 l. on trouve au pro●●● de la multiplication 4786 l. nombre propoſé, ●●ez ci-deſſus.

Mais si on proposoit des pieces composées de livres, sols & deniers, il faudroit les réduire en sols, ensuite en deniers, & le produit seroit le diviseur ; il faudroit de même réduire la somme proposée en sols & deniers, le produit serviroit de dividende ; & le quotient donneroit les pieces qu'on chercheroit. Il faut remarquer que quand le diviseur est réduit en deniers, le dividende doit aussi y être réduit, afin qu'ils soient tous deux en même dénomination ; comme on le verra en plusieurs propositions suivantes dans les régles de trois, & dans la question suivante.

Question sur les réductions de monnoye.

PROPOSITION.

Combien peut-on avoir de barriques de vin de 27 l.——11 s.——9 den. chaque barrique, tous frais payés, pour la somme de 7478 l.——17 s.——9 d. Réponse, 271. barriques, & 214/2207 partie de barrique.

OPÉRATION.

PREUVE.

271. barriques 214/2207

liv.   f.   d.

A . . . . . 27——11——9

1897
542
135——10
13——11
6——15——6
3—— 7——9
2——13——6. restans.

liv.   f.   d.

7478——17——9

Pour faire l'opération ci-devant, il faut premierement réduire le prix de la barrique en fols & en deniers, de même que la fomme propofée, comme je l'ai dit ci-devant, de forte que la fomme propofée réduite en deniers, doit être divifée par ledit prix de la barrique, reduit en deniers, pour trouver le nombre de barriques que l'on doit avoir pour le prix propofé de chaque. Ce que l'on voit au produit de la divifion, qui eft 271. barriques & 214/2207.eme partie de barrique, de forte que les multipliant par le prix de la barrique, qui eft 27 l. 11 f. 9 d, y ajoûtant le reftant 2 l.——13 f.——6 d, pour les 214/2207.eme, on trouve au produit de

ladite multiplication, le nombre proposé de
7478 l.——17 f.——9 d. Voyez l'opération & la
preuve ci-devant.

Régles pour les échanges des monnoyes.

PREMIERE PROPOSITION.

Un Négociant a 4976. écus de 6 l. qu'il
veut changer pour des louis de 24 l. fçavoir
combien il en pourra avoir pour lefdits écus.
Réponfe, 1244. louis de 24 l. chaque.

OPERATION.   *PREUVE.*

De la propofition ci-deffus.

Pour cette opération, il faut réduire les
écus de 6 liv. en livres. Le produit de cette
multiplication par 6, eft des livres qu'il faut
divifer par 24 pour avoir des louis de 24 l.
ce que l'on voit au quotient de la divifion
qui eft 1244 louis de 24 l. Pour la preuve,
il faut multiplier le quotient de la divifion,

par le diviſeur 24, l'on trouvera au produit de cette multiplication des livres, & pour trouver des écus de 6 l. il faut les diviſer par 6, ou bien prendre le ſixieme, comme on voit de l'autre part.

DEUXIEME PROPOSITION.

Un Marchand a 1278 pieces de 24 ſ. qu'il veut changer pour des écus de 3 l.-15 ſ.-6 d. ſçavoir combien il en aura pour leſdites pieces de vingt-quatre ſols? Réponſe, 406 écus de 3 l.——15 ſ.——6 d. & 19 ſ. reſtans.

OPERATION.

```
                                    liv.    ſ.    d.
        1278. pieces        )     3——15——6
             liv.  2  ſ.     )       20
De . . . 1——4               )    ――――――――――
    ―――――――――――――           )      75
        1278                )      12
        255——12             )    ――――――――――
    ―――――――――――――           )      906
        1533——12            )
          20                )
    ―――――――――――――
        30672    )  )  906
         12      )  )  ――――
    ―――――――――    )  )            liv.   ſ.   d.
        368064   )  406 écus de 3――15――6
         5664
        228 d. reſtans qui font 19 ſ.
```

PREUVE.

PREUVE.

406.   Δ
llv.   7 ſ.   d.

A . . . 3——15——6 ⎯⎯⎯⎯⎯

1218
284—— 4
20—— 6
10—— 3
19 reſtans.

1533——12 ⎰ 1278
255   ⎱ 1 l.——4 ſ.
20

5112
0000

Pour faire l'opération ci-deſſus, il faut multiplier les pieces propoſées par leur prix, enſuite réduire le produit de cette multiplication en ſols & en deniers, parce que l'écu eſt compoſé de livres, ſols & deniers, & diviſer ce dernier produit de deniers par l'écu de 3 l.——15 ſ.——6 d. auſſi réduit en ſols & en deniers, afin de ſçavoir ce que ledit Marchand aura d'écus pour ſeſdites pieces de vingt-quatre ſols : on voit par le quotient de cette diviſion qu'il en aura 406 & 19 ſols en argent, comme il ſe voit par l'opération ci-contre.

Pour premiere preuve, il faut multiplier

les 406 écus par 3 l.——15 f.——6 d. & ajoûter au produit les 228 den. reſtans qui font 19 f. on trouve au produit principal les mêmes 1533 l.——12 f. produit de la multiplication de ladite opération ci-devant. Pour ſeconde preuve, il faut diviſer les 1533 l. 12 f. par le nombre des pieces, qui eſt 1278, & on trouvera au produit de la diviſion 1 l. 4 f. qui eſt le nombre que l'on cherche.

Régle de trois ſimple droite.

PROPOSITION.

36. barriques de vin ayant coûté 4797 l. 10 f. on demande combien en coûteront 57. barriques du pareil vin. Rép. 7596 l. 0 f. 10 d.

OPERATION.

l.　5 f.
Si 36 bar. ont coûté 4797-10 comb. 57 barriques?

$$57$$

$$33579$$
$$23985$$

$$28——10$$

liv.　　f.
273457——10

214
345
217
1
20

30
12

360
000

liv. f. d.
7596=0=10

36

On nomme cette régle, régle de trois, parce qu'elle a trois termes connus, par lefquels on en cherche un quatrieme inconnu ; on la nomme auffi régle de proportion ou régle d'or, parce que par cette régle on peut réfoudre toutes fortes de queftions. J'ai mis ci-après la preuve par fon contraire, comme je ferai à toutes les régles de trois, & ce pour donner clairement les principes de cette régle.

PREUVE

De l'Opération ci-contre.

Si 57. bar, coût. 7596—0—10 combien 36 barriq.

$$
\begin{array}{r}
\text{l.} \quad \text{f.} \quad \text{d.} \\
7596{-}0{-}10 \\
36 \\
\hline
45576 \\
22788 \\
0{-}18 \\
0{-}12 \\
\hline
273457{-}10 \\
454 \\
555 \\
427 \\
28 \\
20 \\
\hline
570 \\
000
\end{array}
$$

57

liv. f.
4797—10—

Pour faire l'opération ci-devant, il faut la difposer, comme on la voit, enfuite multiplier le fecond terme par le dernier ; divifer le produit de cette multiplication par le premier terme de ladite régle de trois, & on trouve au produit de la divifion le quatrieme terme inconnu, que l'on cherche, comme on voit ci-devant.

La preuve fe peut faire en multipliant le produit de la divifion par le divifeur, enfuite divifer le produit de cette multiplication par le dernier terme de la premiere régle de trois pour trouver fon fecond terme. Mais j'ai jugé à propos de donner cette preuve par fon contraire, en prenant le dernier terme de la premiere régle de trois, pour premier de la feconde. Pour fecond terme fon prix ou valeur, & pour troifieme terme, le premier de la premiere régle de trois en l'opération.

Régle pour les eaux-de-vie par régle de trois
fimple.

PROPOSITION.

Combien faut-il payer pour vingt-cinq barriques d'eau-de-vie jaugeantes, 978. veltes? à raifon de 128 l.——11——9 d. la barrique de 29 veltes. Réponfe, 4336 liv.——10 f.——0 d. 18/29.

OPERATION.

Si 29. veltes coût. 128—11—9 comb. 978. veltes?

$$\frac{978}{}$$

1024
896
1152

489— 0
48—18
24— 9
12— 4—6

$$\left.\begin{array}{l} 29 \\ \text{liv. f. d.} \\ 4336\text{---}10\text{---}0 \end{array}\right.$$

liv. f. d.
125758—11—6

97
105
188
14
20

291
001
12

18 d. reftans.

PREUVE.

liv. f. f.
Si 978. veltes coût. 4336—10 combien 29. veltes?

29

39024
8672

14—10

1—6 d. reftans.

liv. f. d.
125758—11—6
2795
8398
574
20

$$\left.\begin{array}{l} 978 \\ \text{liv. f. d.} \\ 128\text{---}11\text{---}9 \end{array}\right.$$

11491
1711
733
12

8802
000

Cette opération n'a point de différence entre la précédente, excepté que l'on demande combien vaudront vingt-cinq barriques d'eau-de-vie jaugeantes 978. veltes, à raison de 128 l.——11 f.——9 d. la barrique de 29 veltes. Ainsi il faut commencer pour premier terme par une barrique de 29 veltes, pour sçavoir combien vaudront les 978 veltes, disant, comme on voit ci-devant, si 29. veltes coûtent 128 l.——11——9 d. combien coûteront 978. veltes, & on trouve au quotient 4336 l.——10 f.——0—— 18/29, pour prix & valeur desdites 978 veltes.

La preuve se fait par son contraire, comme je l'ai dit ci-devant, pour trouver la valeur d'une barrique de 29 veltes.

Régle de trois avec fraction au premier terme.

PROPOSITION.

Un particulier a acheté 38. aunes 1/2 de
. . . la somme de 416 l.—17 f.—9 d. il
veut fçavoir combien lui en coûteront 117
aunes de la même étoffe. Réponse, 1266 l.
18 f.—1 den.

OPERATION.

Si 38.ᴺᵉˢ 1/2 coûtent 416—17—9 comb. 117ᵃᵘⁿᵉˢ

$$
\begin{array}{ccc}
\dfrac{1}{77} & \begin{array}{r} \text{liv. } 8 \text{ f. d.} \\ 234 \\ \hline 1664 \\ 1248 \\ 832 \\ 187\text{—}4 \\ 11\text{—}14 \\ 5\text{—}17 \\ 2\text{—}18\text{—}6 \end{array} & \dfrac{2}{234}
\end{array}
$$

$$
\left\{ \begin{array}{l} 77 \end{array} \right.
$$

liv. f. d. liv. f. d.
9755 1—13—6 {1266—18—1
205
515
531
69
20
—————
1393
623
7
12
—————
90
13 den. reſtant.

PREUVE.

Si 117. aun. coûtent 1266-18-1 comb. 38. aun. 1/2

l. 9 s. d.

8	77.	2
234	8862	77.
	8862	
	69—6	
	0—6—5	
	1—1 d. restans.	

liv. s. d.
97551—13—6 { 234
395
1611   liv. s. d.
207   416—17—9
20
4153
1813
175
12
2106
000

Comme à l'opération de l'autre part, il y a
une demi-aune au premier terme de la régle
de trois, il faut le réduire en demie, y ajoûtant la demie proposée ; il faut de même réduire le troisieme terme de ladite régle en
demie, sans y ajoûter de demie, parce qu'il
n'y en a point ; mais afin qu'ils soient réduits
en même dénomination ; ensuite multiplier
& diviser comme on a fait aux précédentes,
& comme on voit ci-devant.

La preuve se fait comme les précédentes
par le contraire, en prenant le dernier terme
de la premiere régle de trois, pour premier
terme

terme de cette feconde, les réduifant comme
à cette derniere opération en demie. Voyez
ci-contre,

Régle de trois avec fraction, au premier & troifieme
terme.

PROPOSITION.

Suppofé qu'un Marchand ait vendu 47.
aunes 1/3 de toile, la fomme de 74 l. 17 f. 9
d. il veut fçavoir combien il vendra 67. aunes 3/4 de pareille toile. Réponfe, 107 l.
3 f. 9 d. 249/568.

OPERATION.

Si 47. aun. 1/3 coût, 74—17—9 combien 67. aunes 3/4.

l.   8 f.   d.

3	813	4
142	222	271
4	74	3
568	592	813
	650— 8	
	40—13	
	20— 6—6	
	10— 3—2	

liv.   568

6088—10—9   liv. f. d.
4083   107—3—9
107
20

2150
446
12

5361   12

249 d. reftans.   20 f. —9 d. reftans.
009

M m

PREUVE.

aunes   l,   l.   f.   d.

Si 67. 3/4. coût. 107=3=9 comb. 47. aunes 1/3.

aunes	l. f. d.	
4	568	3
271	856	142
3	648	4
813	535	568
	56=16	
	28= 8	
	14= 4	
	7= 2	
	1= 0=9	

liv.   f.   d.

60883=10=9 $\Big\{$ 813

3973   liv.   f.   d.

721   74=17=9

20

14430

6300

609

12

7317

000

Pour faire l'opéra**on** ci-devant, il faut
réduire le premier terme de la régle de trois
en fa fraction propofée, de même que le
troifieme terme auffi en fa fraction, y ajoûtant les numérateurs defdites fractions; enfuite de quoi il faut multiplier le produit
de fractions du premier terme, par le dénominateur de la fraction du troifieme terme,
lequel dernier produit fervira de divifeur:

il faut de même multiplier le produit de fraction du troisieme terme par le dénominateur
de la fraction du premier terme, & ce dernier produit servira de multiplicateur pour
le second terme : il faut multiplier & diviser
comme à l'ordinaire ; il en faut faire la même
chose à la preuve, c'est à-dire, réduire le
premier & le troisieme terme en même dénomination. Voyez ci-devant.

Régle de trois par fraction aux trois termes.

PROPOSITION.

Supposé que l'on ait acheté 5 aunes 1/4.
la somme de 9 l.—7/8, ou 17 f. 6 d. on veut
sçavoir combien on en achetera 15 aunes
5/6. Réponse, 29 l.--197/252. partie de livre, c'est-à-dire, 29 l. --15 f. --7 d. 13/21.

OPERATION.

Si 5. aunes 1/4. coût. 9 l.—7/8. comb. coûteront 15 aun. 5/6.

4	380 . . . . . le 8.eme 47.4/8	6
21	720	95
6	27	4
126	332.—1/2	380
2	3752.—1/2	
252	2	

28/8

13

332-4/8 ou 1/2

252

7505
2465
197

29 l. 197/252 part. de liv.
ou 15 f.-7 d. 13/21.

Réponse.

PREUVE.

Si 15. aun. 5/6. coût. 29 l.—197/252. combien 5. aunes 1/4.

6	126	4
———	———	———
95	174	21
4	58	6
———	29	———
380	———	126
2	98—1/2	
———	———	Si 252. don. 126. comb. 197.
760	3752—1/2	197
	2	———
	———	882
	7505 { 760	1134
	665 { 9 l.—7/8. Rép.	126
	———	———
	760	24822 { 252
Le 5.eme 133/152	133 { 7	2.142 { 98. 1/2
Le 19.eme 7/8	63 { } l.19	126/252
	133 { 19	———
	00 { 7	152 { 19/8
		00

Pour faire l'opération ci-devant, il faut réduire le premier & le troisieme terme en même dénomination, comme on a fait à la précédente opération, page 273 ; ensuite multiplier le second terme de la régle de trois par le troisieme réduit en fractions, sur lequel multiplicateur il en faut prendre les 7/8. Pour ce faire, il faut premierement prendre le huitieme & le multiplier par 7, pour trouver les 7/8, comme on voit ci-devant, que les 7/8 ont produit 332 entiers & 1/2 ; de sorte que additionnant les produits de la multiplication, on trouve 3752——1/2 ; & comme on veut trouver des livres & parties de livres en fractions, il faut réduire ce produit de multiplication en sa demie, de même que le diviseur 126 ; de sorte qu'on aura pour dividende 7505, & pour diviseur 252, & on trouvera au quotient 29 l. 197/252 partie de livres, comme on voit ci-devant.

La preuve se fait de la même maniere que l'opération ; & quand on veut trouver la valeur des 197/252 partie de livres, il faut faire à côté une petite régle de trois, disant si 252 qui représentent l'entier donnent 126, qui est le multiplicateur, combien 197, qui est le numérateur de la fraction, on trouve au quotient 98. 1/2 qu'il faut mettre aux produits de la multiplication, on trouve pour produit total de la multiplication 3752. 1/2, qu'il faut réduire en demie, de même que le diviseur 380. & les produits des deux étant divisés l'un par l'autre, on trouve au quotient 9 l.——7/8, qui est la solution de la régle.

Régle de trois à doubles fractions.

PROPOSITION.

Supposé qu'un Marchand de vin ait vendu 47. veltes 1/2 & 1/8 d'eau-de-vie, à raison de 127 l.——10 s. —— : la barrique de 29. veltes, il veut sçavoir à combien se mon-

tent lefdites 47. veltes 1/2 & 1/8. Réponfe,
à 209 l.—2 f.—2 d.

OPERATION.

761 liv. 5 f.

Si 29. velt. coût. 127=10 comb. 47. v. 1/2. 1/8.

```
    2                   2
  ___               ___
   58      5327       95
    8      1522        8
  ___       761      ___
  464      380=10     761
           _____     ___
          97027=10    464
           4227     { _____
             51       209 l.=2 f.=2 d.
             29
           _____
           1030
            102
             12
          _____
296 d. { 12  1224
  56   {
  8 d. { 24 f. 8 d.  296 den. reftans.
```

PREUVE.

Si 47. veltes 1/2. 3/8 coûtent 209—2—2 comb. 29. veltes.

464 1 f. d.

```
    2                   2
  ___      4176       ___
   95       928        58
    8        46—8       8
  ___      3—17—4     ___
   761     1— 4—8. reft. 464
          _____  { 761
          97027=10=0   { 127 liv.=10 f.
            2092
            5707
             380
              20
          _____
            7610
            0000
```

L'opération ci-contre n'a point de difficulté après avoir fait les précédentes opérations; il faut premierement réduire le troisieme terme de la régle de trois en ses fractions, c'est-à-dire en demie, & ensuite le produit en huitieme, & ce dernier produit servira de multiplicateur; il faut réduire le premier terme de ladite régle de trois en même dénomination, c'est-à-dire en demie & en huitieme par 2, & ensuite par 8 sans y rien ajoûter, & ce produit du premier terme servira de diviseur. On en fera de même pour la preuve. Voyèz l'opération & la preuve ci-contre.

Régle de trois prouvée par fraction.

PROPOSITION.

Un Marchand de draps a eu 3/7 d'aune de velours pour 5/9 d'aune d'écarlate, il demande combien il en aura pour 7/8. d'aune de ladite écarlate. Réponse, 189 ou 27/40.eme.   280.

OPERATION.

Si 5/9 d'aunes don. 3/7 d'aune, comb. 7/8 d'aune.
$$\frac{7/3}{35/27}$$
                                    $$\frac{27.35}{189/280}$$
                    Le 7.eme ... 27 / 40

PREUVE.

Si 7/8. d'aune coûtent 27/40, comb. 5/9. d'aune,

40/27   216/280
_____   _____
280:216   108/0/252/0

   C'est 1080/2520, ou 3/7.   54/126
                                27/63
                                 9/21
                               _____
                                 3/7

L'opération ci-devant se fait en multipliant le numérateur du premier terme de la régle de trois par le dénominateur du second terme, & multipliant aussi le dénominateur du premier terme par le numérateur du second terme; ensuite il faut multiplier le numérateur du troisieme terme par le produit du dénominateur du premier terme; il faut aussi multiplier le dénominateur du troisieme terme par le produit du numérateur du premier terme; & le produit de ces deux multiplications, sera la fraction que l'on cherche, ou plutôt les parties d'aune.

La preuve se fait de la même maniere que l'opération. Voyez ci-devant l'opération avec sa preuve ci-dessus.

Des fractions de fractions sur l'unité.

PREMIERE PROPOSITION.

J'ai les trois quarts d'un entier & la moitié d'un quart, je veux sçavoir combien ces deux

deux parties d'entier font en une feule partie d'entier. Réponfe, fept huitiemes, ci 7/8.

OPERATION.

Ajoûter 3/4. avec la 1/2. d'un quart.

3/4	Il ne s'agit que d'additionner le nu-
1/2	mérateur & le dénominateur de la forte
———	fraction, comme par exemple 3/4, qui
7/8	font 7, parce que 3. numérateur & 4.
	dénominateur font 7, & il faut multi-
	plier les deux dénominateurs, difant 2
	fois 4 font 8.

PREUVE.

1/4	3/4 . .	$\frac{8}{6}$	En cette preuve j'ai pris la
1/2	1/8 . .	1	1/2 de 1/4, c'eſt 8, j'ai addi-
———		———	tionné 3/4 & 1/8, ce qui a fait
1/8		7/8	pour preuve 7/8.

DEUXIEME PROPOSITION.

Je, les 7/8 d'un entier & les 5/6 d'un hui-tieme, fçavoir combien cela fera de partie d'entier. Réponfe, 47/48.ᵉᵐᵉ.

OPERATION.	PREUVE.

Ajoûter 7/8 avec 5/6ᵉᵐᵉ d'un 8.ᵉᵐᵉ.			48
5/6	1/8	7/8 . . 42	
———	5/6	5/48 . . 5	
47/48	———	———	
	5/48	47/48.	

Pour faire les deux opérations ci - def-fus, il faut, pour la premiere opération,

multiplier les trois quarts par le demi-quart,
commençant par les deux dénominateurs,
difant 2 fois 4 font 8, lequel 8 fera le dénominateur de la fraction que l'on cherche.
Ensuite on multiplie le numérateur de la fraction, qui eft en-deffus par le dénominateur
de la fraction du demi-quart, & on y ajoûte
le numérateur 1. du demi-quart, difant 2
fois 3 font 6, & 1 dudit numérateur font 7,
de forte que cela fera 7/8 d'entier, pour
réponfe de ce qu'on cherche. La preuve fe
fait en prenant la moitié d'un quart, qui
eft un huitieme, enfuite on fait addition de
trois quarts & un huitieme, comme on l'a
démontré aux additions de fractions, page
43, &c. cela produira les mêmes fept huitiemes, ci 7/8.

Pour la feconde opération de la deuxieme
propofition de l'autre part, afin de fçavoir
combien 7/8 & 5/6 d'un huitieme font en
une feule fraction, il faut multiplier 7/8 par
5/6, comme on a dit ci-deffus pour la premiere opération; on commence par multiplier les deux dénominateurs l'un par l'autre, difant 6 fois 8 font 48, qui feront le
dénominateur de la fraction que l'on cherche. Enfuite on multiplie le numérateur 7
par le dénominateur 6, & on y ajoûte le numérateur 5, difant 6 fois 7 font 42, & 5,
numérateur de 5/6, font 47, de forte que
c'eft 47/48 pour réponfe.

La preuve se fait comme celle de la premiere opération ci-contre expliquée, prenant les 5/6.ᵉᵐᵉ d'un huitieme, qui est 5/48, on additionne 7/8 & 5/48, cela fera les 47/48 que l'on cherche. Voyez de l'autre part les opérations avec leurs preuves.

Fractions de fractions sur l'unité de fraction.

OPERATION.

J'ai les 4/7.ᵉᵐᵉ d'un entier, 3/5.ᵉᵐᵉ d'un septieme & 4/9.ᵉᵐᵉ d'un desdits cinquiemes, je veux sçavoir combien lesdites fractions font en une seule fraction. Reponse 47/63. parties d'entiers.

PROPOSITION.

Les 4/7. d'un entier, 3/5 d'un septieme, & 4/9 d'un cinq.

C'est :
$$\left\{ \begin{array}{c} 47 \\ 63 \end{array} \right.$$

N n ij

PREUVE.

11025, dénominateur commun.

1/7	4/7 . . . 6300	7
3/5	3/35 . . 945	35
3/35	4/45 . . 980	245
1/5		45
4/9	8225	1225
4/45	110	980
	1645	11025
	2205	40
	329	52
	441	35
		0, &c.

$$\frac{7}{1575} \qquad 4$$

6300. prem. prod.

Le 7.emo. . . . . 47/63. pour réponfe à l'opération.

Pour faire l'opération de l'autre part, il faut multiplier les 4/7 par 3/5, commençant par les deux dénominateurs, & difant 5 fois 7 font 35, qui feront le dénominateur de la fraction que l'on cherche, enfuite il faut multiplier le numérateur 4 des 4/7 par le dénominateur 5 des 3/5, difant 5 fois 4 font 20, & y ajoûter le numérateur 3 defdits 3/5, cela fera 23/35 ; enfuite pour trouver les 4/9.eme d'un cinquieme, il faut multiplier 1/5 par 4/9, c'eft-à-dire, les deux dénominateurs l'un par l'autre, de même que les deux numérateurs l'un par l'autre, cela fera 4/45. Préfentement, il faut additionner les 23/35 & les 4/45, pour fçavoir combien cela fait en une feule fraction.

Voyez l'explication de l'addition des fractions, page 43. & de la preuve ci-contre où
il eſt expliqué la maniere de réduire les fractions qui y ſont propoſées.

Pour la preuve de l'opération de l'autre
part, il faut premierement prendre les 3/5
d'un ſeptieme, ce ſera 3/35 ; enſuite il faut
prendre les 4/9.ᵉᵐᵉ d'un cinquieme, ce ſera
4/45.ᵉᵐᵉ. Il faut donc additionner 4/7 : 3/35
& 4/45.ᵉᵐᶜ, ce qui fera 47/63, comme on
le voit par l'opération de la preuve ci-contre. Pour réduire ceſdites fractions en une
ſeule, il faut multiplier les trois dénominateurs deſdites fractions les uns par les autres pour trouver un dénominateur commun, qui eſt 11025. Sur lequel dénominateur commun il faut prendre les 4/7, commençant par en prendre un ſeptieme, c'eſt-
à-dire le diviſant par 7, & on trouve au
quotient 1575 pour 1/7, multipliant cedit
quotient par 4 qui eſt les 4/7, le produit de
cette multiplication qui eſt 6300 eſt pour la
valeur des 4/7 priſe ſur le dénominateur
commun. Il faut enſuite prendre les 3/35
ſur ledit dénominateur commun, en le diviſant par 35, & multipliant le quotient par
3 pour les 3/35, cela produira 945. que
l'on poſe ſous 6300 : il faut encore prendre
les 4/45 ſur le dénominateur commun, en
le diviſant par 45, le quotient donnera 1/45,

multipliant cedit quotient par 4, ce sera le
produit des 4/45 qui est 980, additionnant
ces trois produits, ils feront 8225/11025,
qui se trouvent réduits en 47/63 pour réponse & pour preuve. Voyez l'opération &
la preuve ci-devant.

Régle de trois toute fractionnaire.

PROPOSITION.

Jai acheté 7/8 d'annes qui ont coûté 5/6
de livres, combien en coûteront 3/4 d'aunes de cette même étoffe.

OPERATION.

Si 7/8 d'aun. coûtent 5/6 de l. comb. en coût. 3/4

$$6 : 5 \brace 42 : 40 \quad \text{Rép. c'est 120/168 parties de liv.} \atop \text{ou .. 5/7. prenant le 24.}^{eme} \quad {40 : 42 \atop 120/168}$$

PREUVE

De l'opération ci-dessus.

Si 3/4. d'aunes coûtent 5/7.eme de livres combien 7/8. d'aun.

$$\frac{7 : 5}{21 : 20} \qquad\qquad \frac{20/21}{140/168}$$

· Rép. 5/6 dé livres $\quad {\text{le } 1/4 \ldots 35/42 \atop \text{le } 7.^{eme} \ldots 5/6}$

L'opération & la preuve se font de la
même maniere que celles de la régle de
trois, prouvée par fraction page 275, dont
les instructions y sont expliquées.

Question sur la régle de trois ou multiplication de livres, sols & deniers par livres, sols & deniers.

PROPOSITION.

On veut sçavoir à combien doivent se monter 7 l.——5 s.——6 d. étant multipliés par 5 l.——13 s.——9 d. Réponse, 41 l. —— 7 s.—— 6 d. 3/8.

PREMIERE OPERATION
par régle de trois.

l. 1365 2 s. d.   l. s. d.
Si 1. donne 7-5=6 combien donneront 5-13-9
20   20

    9555   113
20   273   12
12   68—5·
    34—2—6 { 240   1365
240 —————— 41 l.-7 s.-6 d. 3/8
   9930—7—6 {
   530
    90
    20

   1807
   127
   12

   1530
  9/0/24/0
  3/8

On peut faire la preuve de cette opération par son contraire, en prenant le dernier terme de cette dite opération pour premier terme de la preuve, le produit pour second terme & le premier pour troisieme terme, comme on a vû aux précédentes régles de trois.

Autre question sur la multiplication de livres, sols & deniers, par livres, sols & deniers.

PROPOSITION.

	liv.	f.	d.
	447=	17=	7
Par	37=	15=	9

	3129			
	1341			
Pour 14 f.	312=	18		
Pour 1 f.	22=	7		
Pour 6 d.	11=	3=	6	
Pour 3 d.	5=	11=	9	240
Pour 10 f.	18=	17=	10=	1/2. . 120
Pour 5	9=	8=	11=	1/4. . 60
Pour 2	3=	15=	6=	9/10. 216
Pour 0-6 d. . . .	0=	18=	10=	29/40. 174
Pour 0-1	0=	3=	1-189/140. 189

	liv.	f.	d.	39/240. 759
	16924=	4=	8=	13/80 . . 39

Après avoir multiplié les 447 l. par 37 l. 15 f.-9 d. il faut prendre pour les 17-f.-7 d. les parties de livre sur lesdits 37 l.-15 f-9 d. c'est-à-dire il faut prendre pour 10 f. la moitié pour 5 f. le quart, pour 2 f. la dixieme. pour 6 den. le quart de la dixieme, & pour 1 den. la sixieme du produit de 6 d. ensuite additionner

additionner tous ces produits & le montant,
eſt le réſultat de la propoſition, comme on
voit ci-devant, il eſt vrai qu'il faut ſçavoir
les fractions & les réduire à leur plus petite dénomination ; mais cette opération
eſt plus courte & plus intelligible que les
ſuivantes, quoiqu'elles ſoient données dans
le propre ſens de l'arithmétique ordinaire.

DEUXIEME OPERATION.

Par multiplication d'entiers & fractions par entiers & fractions.

	liv.	ſ.	d.	liv.	ſ.	d.
Multiplier	7	5	6	par 5	13	9
		12			12	

66/240   165/240
22/80   33/48

Ceſt.... 7 l. 11/40. Par 5 l. 11/16
         40   16
         291   9 l.
         9 l.

         291   40
         2619   16
         2648 l.   ⎰ 640 diviſeur.
         88 l.   ⎱ 4 l.—7 ſ.—6 d. 3/8
         24 l.
         20

         4820
         340
         12

         4080
         24/0/64/0
Le 8.ᵉᵐᵉ. 3 / 8   O o

TROISIEME OPERATION

Par multiplication d'entiers & fractions par livres,
sols & deniers.

Multi-
plier 7-11/40   Le 40.ᵐᵉ de 5 l.—13 f.—9 d.
                                    20

Par.. 5-13-9   113   40   est
                                     33
    35   12   2 f.—10d.1/8
    4- 4   11
    0- 7
    0- 3-6   405   11. 11f. 3d.3/8
    0- 1-9   00. 5/40   pour les 11/40
    1-11-3.3/8   1/8

      l. f. d.
    41- 7-6.3/8

Pour la seconde opération de l'autre part,
il faut réduire les sols, tant du multiplicande
que du multiplicateur, en deniers; de sorte
que les 5 f. 6 d. du multiplicande font 66 d.
qui feront 66/240 parties de la livre, parce
qu'il faut 240 deniers pour 1 l. & étant réduites en plus petite dénomination, cela
fera 11/40 parties de livres qui font de la
même valeur que les 66/240, parconféquent
fe fera 7 l. 11/40 pour multiplicande; il faut
de même réduire en deniers les fols du multiplicateur, & y ajoûter les deniers; de forte
que les 13 f. 9 den. dudit multiplicateur font
165 deniers qui feront 165/240, & qui fe
trouvent réduits à 11/16 parties de livres
de même valeur que lefdits 165/240, auffi
parties de livres : ce fera donc 5 liv. 11/16

pour multiplicateur. Enfuite il faut opérer
de la même maniere qu'il eft enfeigné ci-devant aux multiplications d'entiers, & fractions, page 157.

Pour la troifieme opération ci-contre,
il faut (après avoir multiplié l'entier du
multiplicande par les livres, fols & deniers) prendre la 40.eme partie fur le multiplicateur, c'eft-à-dire, fur les livres, fols
& deniers, ou bien divifer les livres réduites en fols, y ayant ajoûtés les fols, par 40,
& le quotient donne la valeur d'un quaran-
tieme, enfuite il faut multiplier cedit quotient ou produit de la divifion par 11, &
on trouvera le produit des 11/40.eme qui eft
31 f. 3 d. 3/8 que l'on rapporte au produit
de la premiere multiplication; enfuite il faut
additionner tous ces produits qui fe montent à là même fomme de la premiere opération. Voyez ci-contre la 3.eme opération,
& pour plus grand éclairciffement, voyez
les multiplications d'entiers & fractions
par livres, fols & den. page 144.

Régle pour le Change.

PREMIERE PROPOSITION.

On demande le change de 7989 l. à 1/2 pour cent par mois, ou plutôt quel sera le bénéfice pour un mois ? Réponse, 39—l. 18 f.—10d. 4/5.

OPERATION.	PREUVE.

7989 liv.	liv. 9 f. d.
39/94——10	39——18——10 4/5
20	100
——————	——————
18/90	3900
12	90—— 0
——————	2——10
10/8ɸ	1——13——4
10ɸ 4/5	6——8.reſt·
	——————
	3994——10——0 d.
	2
	——————
	liv.
	7989—— 0—— :

Pour faire cette opération, il faut prendre la moitié de la ſomme propoſée, & du produit, il en faut trancher deux figures du côté droit, comme à la régle du cent ſimple, & les figures tranchées à gauche ſont la ſomme demandée, comme on voit ci-deſſus.

Pour la premiere preuve, il faut multiplier la ſomme trouvée par 100. pour ſeconde preuve, il faut multiplier le produit de cette premiere multiplication par 2, qui eft la 1/2, & on trouvera la fomme principale qui a été propofée. Voyez ci-contre l'opé-ration & fa preuve.

DEUXIEME PROPOSITION.

Quel eft le change de 3786 liv. 17 f. 3 d. à 3/4 pour ÷ par mois, & ce pour 9 mois 15 jours. Réponfe, 269 liv. 16 f.

OPERATION.

```
                    liv.      f.      d.
                3786——17—— 3
Les 3/4. . . . . 28/40——2——11   1/4
                    20

                   8/02
                   . 12

                    35
         100        4
    1/4    25
    41/100.41     1/41/100
```

66/100. ou 33/50.ᵉᵐᵉ partie de denier.

PREUVE

D'un mois ci-deſſous.

               liv.   ſ.

Pour un mois. . . . 28—— 8——0

                      9 mois 15 jours.

---

                    liv.   ſ.

Pour 9 mois. . . . 255——12

Pour 15 jours. . . 14—— 4

---

               liv.   ſ.

TOTAL. . . . 269——16 p.ᵗ 9 m. 15 j.

Preuve d'un mois.

          liv.   ſ.   d.

Les 3/4. . . . 2840—— 2——11. 1/4

    1/4. . . . 946——14—— 3. 3/4

---

                 liv.   ſ.   d.

Sommes totales 3786——17—— 3. 0

Pour faire l'opération ci-deſſus, il faut prendre les trois quarts de la ſomme propoſée, & du produit en trancher deux figures à droite, comme aux régles du cent, & les figures qui ſeront à gauche ſeront le produit d'un mois. Pour avoir le produit des neuf mois quinze jours, il faut multiplier ledit produit d'un mois par 9 mois, & pour les 15. jours il faut prendre la moitié d'un mois, additionner ces deux ſommes, & le montant de l'addition ſera le produit des neuf mois quinze jours, comme on voit ci-contre.

Pour la preuve, il faut ajoûter un quart de la fomme propofée, aux trois quarts que l'on a déja trouvé, pour voir fi ces deux montans feront la fomme principale que l'on a propofé, ce que l'on voit ci-contre.

Dans cette opération ci-contre, je n'ai pas jugé-à-propos d'y joindre les fractions reftantes, c'eft-à-dire, les parties de deniers qui pourroient y entrer pour un mois, parce que en fait de commerce on n'exige pas 1/4 ni 1/3 de denier. Pour les prouver, il faudroit cependant les y joindre ; mais je les ai négligé, penfant que celui qui aura fait & fuivi avec attention les régles précédentes, fçaura réfoudre toutes fortes de fractions, telles qu'elles foient propofées.

TROISIEME PROPOSITION

Du Change & rechange, ou l'intérêt de l'intérêt.

Suppofé qu'un quelqu'un prenne à change 4786 l.——15 f.——3 d. pour 4 mois à 2. 1/2 pour $\frac{0}{0}$, de fa perte pour les 4 mois, on demande combien il doit payer tant pour le principal que pour le change, au bout defdits 4 mois. Réponfe, 4906 l.—— 8 f.—— 7 den.

I. OPERATION.

liv. f. d.
$$4786 = 15 = 3$$
$$2\ 1/2$$
————————————
liv. f. d.
$$9573 = 10 = 6$$
$$2393 = 7 - 7\ 1/2$$
————————————
l. f. d.
$$119/66 - 18 = 1\ 1/2$$
$$20$$
————
$$13/38$$
$$12$$
————
$$4/57 \qquad 20$$
$$2 \quad 1/2 \quad \overline{10}$$
$$\overline{1/15/100} \quad 3/20 \quad \frac{3}{13/20}$$
$$2$$

---

l. f. d.
$$4786 - 15 - 3$$
$$119 - 13 - 4\ 13/20$$

l. f. d.
Rép. L : 4906 - 8 - 7 13/20

Mais le terme étant venu, le débiteur n'a point d'argent, il demande à son créancier qu'il prolonge encore pour quatre mois les 4906 l. 8 f. 7 den. à condition de lui en payer le change à la même raison de 2. 1/2 pour $\frac{0}{0}$. On demande quel sera le principal & l'intérêt desdits 4906 l. 8 f. 7 d. 13/20.

Réponse, 5029 l. 1 f. 10 d. 3/10. Voyez l'opération ci-après.

II. OPERATION.

liv. f. d.
$$4906 - 8 - 7$$
$$2.\ 1/2.\ \text{p.r}\ \frac{0}{0}$$
————————————
liv. f. d.
$$9812 - 17 - 2$$
$$2453 - 4 - 3.\ 1/2.$$
————————————
f.
$$122/66 - 1 - 5.\ 1/2.$$
$$20$$
————
$$13/21$$
$$12 \qquad\qquad 20$$
————
$$2/57 \qquad 1/2..\ 10.$$
$$2 \qquad 3/20..\ 3$$
$$\overline{1/15/100} \qquad 13/20$$
$$2 \quad 3/20$$

---

liv. f. d.
$$4906 - 8 - 7.\ 13/20.\ 13$$
$$122 - 13 - 2,\ 13/20.\ 13$$

liv. f. d.
Rép. 5029 - 2 - 10. 3/10.

Et si à la fin du terme le débiteur ne peut encore payer, il demandera sans doute encore un même terme de quatre mois, & y comprendra le change, comme ci-dessus : ainsi des autres.

Les

Les opérations précédentes ne font pas difficiles ; il ne s'agit que de multiplier la fomme propofée par le prix du change, & pour la demie prendre la moitié dudit nombre propofé ; enfuite du produit total en trancher deux figures, comme à la régle de cent, & les figures à gauche font la fomme que l'on cherche pour le change, lefquelles il faut ajoûter à la fomme principale. Pour le rechange, il faut y comprendre ledit premier change, & multiplier comme on a fait pour le premier, ainfi des autres. Voyez l'operation ci-devant.

Comme plufieurs nomment ces fortes de change, change en dehors, & qu'ils nomment auffi l'efcompte fur une certaine fomme (change en dedans) j'ai jugé à propos d'en donner la différence en peu d'exemples par les régles d'efcomptes.

Pour le change en dedans, comme on le verra ci-après. On dit change en dedans, parce que l'intérêt ou le change eft compris dans le capital.

Comme, par exemple, fi un Marchand avoit une lettre de change d'un autre Marchand, de 300 liv. feulement, à fournir à un Banquier de Paris, fçavoir combien le Banquier lui devroit compter d'argent, diminuant le change à 3 pour 100.

Plufieurs pourroient fe tromper en cette

rencontre, ne prenant pas garde qu'il y a
un escompte à faire, diminueroient 3 pour
100 seulement, & par conséquent diminueroient 9 l. sur 300 l. & payeroient le reste ; ce
qui n'est pas juste à l'égard de celui qui fournit sa lettre, comme je le ferai voir par la
régle d'escompte, dont je traiterai ci-après.

QUATRIEME PROPOSITION

Par régle de trois.

Quelqu'un veut prendre 4500 l. pour trois
mois, le change étant arrêté à 3. 1/4 pour
$\frac{o}{o}$, on demande combien il doit payer en
principal. Réponse, 4646 l.——5 s.

OPERATION.

Si pour 100 on paye 103 liv. 1/4.
combien pour 4500 liv.

$$103 = 1/4$$

13500
4500
1125

4646/25
20

5/00

L'opération & la preuve n'ont pas besoin d'explication, ce ne sont que deux régles de trois prouvées l'une par l'autre.

PREUVE.

Si pour **4500** on a **4646**=5 combien pour **100**

100

————————————————

464600

25

————————————————

464625 } 4500

14625 }

1125 } liv. 103=1/4

————————————————

4500. 1/4.

TABLE pour trouver promptement le change de toute fomme propofée.

Quand on prend ou quand on donne à change une fomme

A. 1. { pour cent / on en prend } la 1/100. ou le 1/10.ᵉᵐᵉ du 1/10ᵉᵐᵉ

A... 1/2. . . . . la . 1/2 ⎫

1/4. . . . le . 1/4 ⎪

3/4. . . . les . 3/4 ⎪

1/8. . . . le . 1/8 ⎪

1/3. . . . le . 1/3 ⎬ Du 1/100. ou du 1/10 du 1/10.

2/3. . . . le . 2/3 ⎪

1/6. . . . le . 1/6 ⎪

1/5. . . . les . 1/5 ⎪

2/5. . . . les . 2/5 ⎭

A. 1.1/2. . . . le . 1/100. & la moitié de ce prod.

1.1/4. . . . le . 1/8. du dixieme.

1.3/4. . . . le . 1/100. & les 3 quarts de ce pr.

1.1/8. . . . ledit & un huitieme dudit.

1.3/8. . . . ledit & trois huitiemes dudit.

1.1/3. . . . ledit & le tiers dudit.

1.2/3. . . . le fixieme d'un dixieme.

Suite de ci-devant.

A . . 2 . . . . . le cinquieme d'un dixieme.
2. 1/2 . . le quart d'un dixieme.
2. 1/4 . . le 1/5 dudit avec le 1/8 dudit 1/5.
3. 1/3 . . le tiers dudit dixieme.
4 . . . . . le cinquieme du cinquieme.
4. 1/2 . . le 1/4 & le cinquieme du 1/10.
5 . . . . . la moitié du dixieme.
6 . . . . . le 1/5 du 1/5 avec la 1/2 du dern. prod.
6. 1/4 . . le feizieme ou le quart du quart.
6. 2/3 . le quinzieme ou 1/5 du 1/3.

A . . 7. 1/2 ⎰ pour cent... ⎱ La 1/2 du 1/10 avec le 1/2 dud. pr.
8. 1/3 ⎱ on prend fur ⎰ Le douzieme de la fomme
12. 1/2 ⎰ la fomme pro- ⎱ Le huitieme de lad. fom.
poféz. . . . .
15 . . . . Le dix. & la 1/2 dud. dix.
16. 2/3 . . . . Le fixieme de la fomme.
20 . . . . Le cinquieme de ladite.
25 . . . . Le quart de ladite.

Régle d'efcompte.

Definition.

On doit entendre par le mot efcompte,
que c'eft diminuer quelque chofe d'une fomme qui ne doit être payée que dans un certain tems limité, & que, cependant, on veut
payer avant que le tems limité foit expiré ;
laquelle diminution fe compte ordinairement
à tant pour cent, comme il a été expliqué
dans la régle de change ci-devant, excepté
qu'au lieu qu'on donne 3. 4. ou 5, &c. pour
chaque 100, quand on paye les intérêts
d'une fomme empruntée, & que dans l'efcompte on diminue 3. 4. ou 5, &c. fur 103.
104. ou 105, &c.

PREMIERE PROPOSITION.

Supposé que j'aie acheté pour 778 l. de marchandises payables à 4 mois, à condition d'escompte à 4 l. sur $\frac{\circ}{\circ}$, & qu'au bout de trois jours, je me trouvasse en état de payer cette marchandise; par conséquent payant comptant je profiterai de l'escompte & je veux sçavoir combien je payerai. Réponse, 748 l.——1 s.——6 d. 6/13.

PREMIERE OPERATION.

Si 104 font réd, à 100 comb. 778

$$
\begin{array}{c|c}
100 & 104 \\
\hline
77800 & \begin{array}{ccc} \text{liv.} & \text{s.} & \text{d.} \\ 748 - 1 - 6.6/13 \end{array} \\
500 & \\
840 & \\
8 & \\
20 & \\
\hline
160 & \\
56 & \\
12 & \\
\hline
672 & \\
48/104 & \\
24/52 & \\
12/26 & \\
6/13 &
\end{array}
$$

L'ARITHMETIQUE

DEUXIEME OPERATION.

Pour sçavoir le gain que je dois faire sur ladite
somme de 778 liv. escomptant à 4 pour $\frac{0}{0}$.

Réponse, 29 l.——18 f.——5 d. 7/13.

Si sur 104 l. on gagne 4 l. combien gagnera-t-on sur 778.

778 l.

$$
\begin{array}{c|c}
\begin{array}{r}
3112 \\
1032 \\
96 \\
20 \\
\hline
1920 \\
880 \\
48 \\
12 \\
\hline
576 \\
56/104 \\
28/52 \\
14/26 \\
7/13
\end{array}
&
\begin{array}{l}
104 \\
\hline
29 \text{ l.}\text{——}18 \text{ f.}\text{——}5 \text{ d. } 7/13.
\end{array}
\end{array}
$$

PREUVE

de cette régle.

de . . 778 l.
ôter . . 29 l. 18 f. 5 d. 7/13
reste . . 748 l. 1 f. 6 d. 6/13
preuve. 778 l. 0 f. 0 d. 0

PREUVE

De la premiere Opération.

Si pour 778 je ne donne que 748 — 1—6. 6/13. comb. p. 104

104

$$
\begin{array}{r}
2992 \\
748 \\
\hline
5\text{——}4 \\
2\text{——}12 \\
\hline
\end{array}
$$

4 f. rest. ou pour les 6/13

$$
\begin{array}{r|l}
77800\text{——}0 & 778 \\
00000 & \overline{100. \text{ l. pour Rép.}}
\end{array}
$$

J'ai mis dans mon queſtionnaire, à la ſuite
des queſtions des régles d'eſcomptes, une
table pour trouver tout d'un coup l'eſcompte d'une ſomme propoſée, de même qu'une
table pour la remiſe en dehors, qui eſt à la
ſuite Mais dans mon **Livre** intitulé : *Guide
du Commerce*, j'ai donné une maniere abrégée
d'opérer toutes régles arithmétiques ; &
quant à la régle d'eſcompte, j'en donne une
ample explication.

DEUXIEME PROPOSITION

Pour répondre à la queſtion qui eſt à la p. 298.

Suppoſé qu'un quelqu'un ait beſoin d'argent pour faire un voyage de Nantes à Paris,
il va trouver un Changeur auquel il donne une
lettre de change de 300 l. ſçavoir, combien
le Changeur doit lui compter d'argent pour
ſa lettre de 300 l. diminuant le change à 3
pour 100. Réponſe, 291 l. 5 ſ. 2 d. 94/103. Il
y en a pluſieurs qui ne ſçachant pas que c'eſt
une régle d'eſcompte, qui ſe fait connoître
quand le change eſt compris dans le capital,
comme en celui-ci de 300 l. ſe ſerviroient de
la régle de change naturelle & raiſonneroient
ainſi. Si ſur 100 l. il y a 3 l. de perte, combien perdra-t-on ſur 300 liv. on trouveroit
pour réponſe 9 liv. de perte, que le Changeur retiendroit pour lui, & par conſéquent donneroit 291 l. ce qui ne ſeroit pas

jufte, parce que, en ce cas, le Changeur tire-
roit le change des 9 l. qu'il ne débourfe pas;
mais faifant les comptes comme ci-deffous,
il donnera 291 l.—5 f.—2 d. $\frac{94}{103}$, & on voit
qu'il y auroit 5 f.—2 d. 94/103 de perte
pour celui qui fournit la lettre; ce qui n'eft
pas confidérable pour une petite fomme,
mais bien à l'égard d'une grande.

OPERATION.

Si 103 l. donnent 100 l. combien 300 l.

$$300$$

$$\left\{ \begin{array}{l} 30000 \\ 940 \\ 130 \\ 27 \\ 20 \end{array} \right. \quad \begin{array}{l} 103 \\ \overline{291 \text{ l.} - 5 \text{ f.} - 2 \text{ d.} \frac{94}{103}} \end{array}$$

$$540$$
$$25$$
$$12$$
$$300$$
$$94$$
$$103$$

PREUVE.

Si 300 l. donnent 291 l.—$\overset{2}{5}$ f.—2 d. $\frac{94}{103}$ combien 103.

$$103$$
$$873$$
$$291$$
$$20—12$$
$$5—5$$
$$0—17—2$$
$$0—7—10 \text{ d. reftans.}$$

$$\left\{ \begin{array}{l} 30000 \\ 00000 \end{array} \right. \quad \begin{array}{l} 300 \\ 100 \text{ l.} \end{array}$$

Régle pour les gains & pertes.

Les gains & pertes doivent s'entendre, comme le change, à tant pour cent, tant à gain qu'à perte.

PROPOSITION.

Un particulier veut gagner 9 l. pour 100 l. sur un parti de marchandifes montant à la somme de 1959 liv. 13 f. il veut fçavoir combien il doit vendre le même parti de marchandifes. Réponfe, L : 2136 l. 0 f. 4 d. 11/25.

PROPOSITION.

Si 100 produifent 9 comb. produiront 1959-13

Somme princip.	1959-13-:	176/36 17
gain.	176-7-4-11/25	20
Total. . 2136 l. 0 f. 4 d. 11/25		7/37

9

12

4/44/100

11/ 25

PREUVE.

Si 1959 — 13 gagnent 176 l. 7 f. 4 d. 11/25. combien 100

20

2000

3

20

1000

39193

Si 25. dont 8 l. 6 f. 8 d. comb. 11

12000.

91-13-4

11 d. { 25

{ 3 l.

14000

2000

16

20

600- 0

{ 25

100

333

{ 13 f. 4 d.

33- 6-8

83

ci. . . 3-13-4

8

12

352737-0-0

100

00000

90

Pour trouver la valeur des 11/25 parties de denier il faut prendre le quart fur le produit de 4 d. & dire comme ci-contre.

pour les 11/25

39193

l. pour réponfe

Qq

Régles des trocs.

PREMIERE PROPOSITION.

Deux Marchands ont des marchandifes qu'ils veulent troquer ou faire échange ; l'un a du drap, qu'il veut vendre comptant 13 liv.——17 f. l'aune, & en troc il veut le vendre 17 l.——13 f. l'autre a du vin, qu'il veut vendre 24 liv.——15 f. la barique comptant : fçavoir combien ce dernier doit faire valoir en troc fon vin, à proportion du drap du premier. Réponfe, 31 l.——10 f.——9 d. $\frac{207}{277}$.

OPERATION.

$$
\begin{array}{cc}
\text{l,} & \text{f.} & ^{49}51.\,\underline{6}\ \text{f.} & \text{l.} \quad \text{f.} \\
\end{array}
$$

Si 13——17 val. 17——13 en troc, comb. vaudront 24——15

$$
\begin{array}{ccc}
20 & & 20 \\
\hline
& 3465 & \\
277 & 495 & 495 \\
& 297 = 0 & \\
& 24 = 15 & \\
\hline
& 8736 = 15\ \text{f.} & \left\{ \begin{array}{l} 277 \\ \hline \text{liv.}\quad \text{f.}\quad \text{d.} \\ 31 = 10 = 9\ 207/277 \end{array} \right. \\
& 426 & \\
& 149 & \\
& 20 & \\
\hline
& 2995 & \\
& 225 & \\
& 12 & \\
\hline
& 2700 & \\
& 207/277 & \\
\end{array}
$$

Toutes fortes de régles fe peuvent réfoudre par la régle de trois; auffi je donne la
preuve par régle de trois, afin qu'on n'oublie
pas cette précieufe régle fondamentale de
toutes queftions. En celle ci-contre, il faut
réduire le premier comme le troifieme terme
en même dénomination, c'eft-à-dire en fols.

PREUVE

De l'opération ci-contre.

liv. f.		l. f. f. d.		liv. f.
Si 24—15 compt. val.		31—10—9, 207/277 comb.		13—17
20		277		20
495		217		277
		217		
		62		
		138—10		
		6=18=6		
		3= 9=3		
		17=3 .. pour les 207/277		

liv. f.
8736=15=0 } 495
3786
321
20

liv. f.
17=13

6435
1485
000

La preuve ci-deffus eft la même chofe
que l'opération ; il faut réduire les livres
du premier terme en fols, puifqu'il y a des

fols propofés, de même que le dernier; enfuite multiplier le fecond terme par le troifieme, qui eft réduit en fols; le produit de cette multiplication doit être divifé par le premier terme de la régle de trois; le quotient donne le prix que l'on cherche, qui eft 17 liv. 13 fols, prix de l'aune de drap en troc : ce qui fait voir que l'opération de la régle propofée eft certainement bonne.

On en verra dans le queftionnaire ci-après qui feront plus étendues.

DEUXIEME PROPOSITION.

Deux Marchands ont des marchandifes différentes, dont ils veulent faire échange, l'un a du fucre à 9 f.——3 d. la livre comptant, & en troc 10 f.——6 d. l'autre a du favon qu'il veut vendre 8 f.——4 d. la livre comptant: fçavoir combien ce dernier vendra fon favon en troc, à proportion du fucre du premier. Réponfe 9 f.——5 d. 19/37.

OPERATION.

$$
\begin{array}{lcl}
& 100 & \\
\text{Si 9 f. -3 d. val. 10 f.- 6 d. comb. 8 f. -4 d.} & & \\
12 & \overline{\hspace{2cm}} & 12 \\
\overline{\hspace{2cm}} & 1000 & \overline{\hspace{2cm}} \\
111 & 50 & 100 \\
& \overline{\hspace{1.5cm}} & \\
& 1050 & \quad 111 \\
& 5\,1 & \quad 9\ \text{f.} = 5\ \text{d. } 19/37 \\
& 12 & \qquad \text{Réponfe.} \\
& \overline{\hspace{1.5cm}} & \\
& 612 & \\
& 57/111 & \\
& 19/37 &
\end{array}
$$

PREUVE.

111
Si 8 f.=4 d. val. 9 f.=5 d. 19/37 comb. 9 f. 3 d.
12   999   12
—————   27=9   ————
100   18=6   116
                 4=9
                 ————
                 1050=0 ⎱ 100
                 050   ⎰ ————
                 12   ⎰ 10 f.=6 d.
                 ————   ⎰ Réponſe.
                 600
                 000

Après avoir réduit le premier & dernier
terme de la régle de trois en même dénomination, on multiplie le ſecond terme par le
troiſieme, & le produit de la multiplication
eſt des ſols, qu'il faut diviſer par le premier
terme, on trouve au quotient des ſols, comme
on voit ci-contre, tant à l'opération qu'à la
preuve, dont le quotient donne la réponſe de
ce qu'on cherche.

Régles des diminutions d'eſpeces.

PREMIERE PROPOSITION.

On demande quel ſera la perte ſur la ſomme de 4778 liv. à 2 liv. 15 ſ. de diminution ſur chaque louis de 24 liv. Réponſe, 547 l. 9 ſ. 7 den.

OPERATION.

Si 24 l. perdent 2 l. 15 ſ. combien perdront 4778 l.

$\overset{\overset{7}{}}{\underset{}{4778}}$

```
            PREUVE.
  9556
  3344--12        24
   238--18       547 l. 9 ſ. 7 d.
 13139 l. 10 ſ.   168
   113             96
   179            120
    11             9—12
    20             1— 4
                   0— 8
   230             0— 6
    14
    12           13139 l. 10 ſ.      4778
   168            3583              2 l. 15 ſ.
    00              20
                 71670
                 23890
                 0000
```

SECONDE PROPOSITION.

Quelle diminution ou perte peut-il y avoir
fur 479 liv. 11 f. 11 d. à 9 den. de diminution fur chaque piece de 3 liv. 15 f. Réponfe, 4 liv. 15 f. 11 d. 3/100.

OPERATION.

	liv	f.	d.			liv.	f.	d.

Si une piece de 3 = 15 perd 9 comb. 479-11-11

        20   20

       75   9591

      12   12

     900   115103   6 & 3

Par..... ol.of.9d.

4316-7-3   { 900   { 2877-11-6
  716   { ——   { 1438-15-9
   20   { l. f. d.   { ————
         { 4-15-11   { 4316- 7-3d.

  14327
   5327
    827
    12

   9927
    927
    27/900
     9/300
     3/100

PREUVE.

liv.	f.	d.		liv.	7	f.	d.			liv.	d

Si 479—11—11 perdent 4—15—11 3/100. comb. 3—15
   20   900   20

  9591   3600   75
    12   630=0   12

115103   45=:
            30=:   900
            11=5
             0=2=3 pour les 3/100

         4316=7=3 d.
            20

        86327
         12

1035927 { 115103
000000 { 9 den.

Régle pour le commerce du bled.

PROPOSITION.

On demande combien vaudront 15 tonneaux 6 septiers 4 boisseaux de bled, à raison de 134 liv. 9 f. 11 d. le tonneau, mesure Nantaise. Réponse, 2102 l. 18 f. 7 d. 1/8.

OPÉRATION *par multiplication.*

15 tonneaux 6 septiers 4 boiffeaux.

        liv. f.   d.

A . . . . 134 = 11 = 9 le tonneau.

Pour 134 l. . 2010		
Pour 10 f. .	7 = 10	
Pour 1 f. . .	0 = 15	
Pour 6 d. . .	0 = 7 = 6	
Pour 3 d. . .	0 = 3 = 9	40
Pour 5 fept.	67 = 5 = 10.1/2. . 20	
Pour 1 fept.	13 = 9 = 2. 1/10. . 4	
Pour 4 boif.	3 = 7 = 3. 21/40. 21	

      liv.   f.   d.

2102 = 18 = 7. 1/8   45)40

                5(1 d. 1/8

                40

PREUVE *par régle de trois.*

         liv. f.   d.

Si 15 ton. 6 fept. 4 b.x coût. 2102 = 18 = 7. 1/8 comb. 1 ton.

10	160	10
156	336320	10
16	144 = 0	16
	4 = 0	
2500	0 — 13 — 4	160
	1 — 8	

On a vu ci-devant aux additions pour le bléd, page 32. qu'il faut 10 feptiers pour un tonneau , & 16 boiffeaux pour un feptier; ainfi dans l'opération ci-deffus, il faut prendre pour les parties du tonneau fur ledit prix du tonneau, comme pour les parties du feptier fur la valeur d'un feptier, enfuite additionner le tout, comme ci-deffus.

          liv.   f.   d.

336468 = 15 = 0   2500

8646

11468   134 l. 1.1 9 d.

1468

       20   La preuve fe fait

              en réduifant le

29375   premier comme le

4375   dernier terme de

1875   la régle de trois,

    12   en même dénomi-

              nation, c'eft-à-di-

22500   re,en feptiers & en

0000   boiffeaux. Voyez

              ci-deffus.

              R r

Régle pour les livres de poids d'argenterie.

PROPOSITION.

Un particulier ne pouvant payer fes dettes qu'en vendant fon argenterie, veut fçavoir combien elle lui produira, de forte qu'il
en a 11 livres 1 marc 5 onces 3 gros, qu'il
veut vendre à raifon de 172 l.—17 f.—9 d.
la livre. Réponfe, il doit toucher 2046 l. 5 f.
8 d. 17/128.eme

OPERATION.

11 ℔ 1 m. 5 onc. 3 g̃.

$$\overset{8}{\overline{A\ldots172\,l.\,17\,f.}}\,9\,d.\,\text{la livre.}$$

```
        1892
          8—16
          0—11
          0— 5— 6
          0— 2— 9              128 dénom. comm.
Pour 1 marc.. 86— 8—10—1/2... 64
Pour 4 onces.. 43— 4— 5—1/4. .. 32      ⎰ 16 ⎱    ⎰ 64 ⎱
Pour 1 once.. 10—16— 1—5/16.. 40   128⎰ 8 ⎱118⎰ 1 ⎱
Pour 2 gros. ..  2—14— 0—21/64.. 42   00⎰ 5 ⎱ 00⎰ 11 ⎱
Pour 1 gros..  1— 7— 0—21/128. 21      ⎱ 40 ⎰    ⎱ 41 ⎰

             l.   f.   d.          199
         2046— 5— 8—71/128  71 ⎰ 128
                                ⎱ 1 d. 71/128
                           128
```

PREUVE.

Si 11 ℔ 1 m. 5 onc. 3 gt. cout. 2046 l. 5 f. 8 d. 71/128 combien 1 l.

```
   2 ⌐        l. f.  d. ⌐1515 ⌐         128           2
 ─── |261924-11-3 |      |            ───── |          ───
  23 |11042      |       |       16368      |           2
 ─── |4374       | l. f. d.|   24552        |           8
   8 |1344       |172-17-9 |                |          ───
 ─── |20         |Réponfe. |    25-12       |          16
 189 |           |         |     6- 8       |           8
 ─── |26891      |         |                |         ───
   8 |11741      |         |   4- 5- 4      |         128
 ─── |1136       |         |                |         ───
1515 |12         |         |       5-11 p.r les 71/128
 ─── |           |         |         l. f. d.
     |13635      |         |   261924-11-3
     |⊙⊙⊙⊙       |
```

Régle pour le marc d'or & d'argent.

PROPOSITION.

Un Officier marin, arrivant de la côte de Guinée, a apporté dudit lieu un petit fac de poudre d'or, pefant net **3 marc 5 onces 3 gros 2 deniers 15 grains**; il veut la vendre à raifon de 148 l. —— 17 f. —— 4 d. le marc; fçavoir combien elle lui produira, efpeces fonnantes. Réponfe, 548 l. 13 f. 1 d. 7/32.ème

OPERATION.

3. marcs 5 onces 3 gros 2 den. 15 grains.
$$\frac{8}{}$$
A . . . 148 l. 17 f. 4 d. le marc.

```
            444
            2——8
            0——3
            0——1
Pour 4 onc. 74——8——8           96 dénominateur commun.
Pour 1 once. 18——12——2
Pour 2 gros. 4——13——0——  1/2.       48
Pour 1 gros. 2——6——6——   1/4.  . .  24
Pour 2 den.  1——11——0——  1/6.  . .  16
Pour 12 gr.  0——7——9——   1/24. . .   4
Pour 3 gr.   0——1——11——25/96. . .   25
        L . 548 l. 13 f. 1 d. 7/32.   117 ⌐ 96
                                     21/96 | ───
                                      7/32 ⌐ 1 d. 7/32
```

PREUVE.

Si 3 marcs 5 onces 3 gros 2 den. 15 gr. coûtent 548-17-1-7/32 comb.

```
                                                    4608, 6
                                                     l.  f. d.
      8                      16983        36864                      8
     24        252820z l. 12 f.           18432                      8
      5        82990         l. f. d.     23040                      8
onces.  29     150582       148-17-4      2764-16                   64
      8        14718                       230- 8                    5
              20            Réponfe.       19- 4                    191
     232                                    4- 4-p. 7/32             24
      3        294372                                               768
gros . 235     224544       252820z l, 12 f.                        384
      3        5661                                                4608
              12
     705       67932
      2        00000
den. . 707
     24
    2828
    1414
     15
gr. . 16983  } divifeur.
```

Pour cette preuve, il faut réduire le premier comme le dernier terme en sa plus petite espece, c'est-à-dire, en grains; on sçait qu'il faut 24 grains pour un denier, 3 deniers pour 1 gros, 8 gros pour 1 once, 8 onces pour 1 marc. Voyez l'addition pour le marc d'argent, page 26.

Régle pour la toife & ses parties.

PROPOSITION.

Suppofé qu'un Marchand ait acheté un petit emplacement de terrein, contenant 3 toifes

5 pieds 5 pouces 9 lignes 4 points, à raison de 146 l. —7 f. —3 d. la toife, il veut fçavoir combien lui coûtera ledit petit emplacement. Reponfe, 572 l. —16 f. — 0 d. 1/3 denier.

OPERATION.

3 toifes 5 pieds 5 pouces 9 lig. 4 points.

$$\frac{3}{}$$

A . . . 146 l. 7 f. 3 den. la toife.

	438			
	0— 18			Dénominateur commun.
PRODUITS.	0— 3			96
	0— 0—9			
Pour 3 pieds...	73— 3—7.	1/2.	48. pour la 1/2
Pour 2 pieds ..	48—15—9.		
Pour 4 pouces.	8— 2—7.	1/2.	48. pour la 1/2.
Pour 1 pouce ..	2— 0—7.	7/8.	84. pour les 7/8.
Pour 6 lignes..	1— 0—3.	15/16.	90. pour les 15/16.
Pour 3 lignes ..	0—10—1.	31/32.	93. pour les 31/32.
Pour 4 points..	0— 1—1.	53/96.	53. pour les 53/96.

L : 572—16—0. 1/3 d. 416 { 96

32 {

96 { 4 d.--1/3 de d.

L'opération ci-deffus fe fait comme les précédentes, en prenant les parties qui conviennent fur le prix ; comme en celle-ci, on fçait qu'il faut 6 pieds de roi pour une toife, 12 pouces pour un pied, 12 lignes pour un pouce, & 12 points pour une ligne : ainfi il faut donc prendre pour les parties propofées fur le prix de la toife, comme on voit que j'ai fait ci-deffus. La preuve fe fait par régle de trois, pour trouver le prix de la toife. Voyez ci-après.

PREUVE de l'opération de l'autre part.

Si 3 t. 5 p.ds 5 p.es 9 lig. 4 p.ts coût, 572 l. 16 f. 1/3 d. co. 1 toife.

```
        6                   M. 10368 points              6
       18                      1.    8  f.
        5 pieds            par  572—16—1/3            6 pieds
   pieds  23                                             12
         12                     20736
        276                     72576                  72 pouc.
          5 pouc               51840                     12
   pouc. 281                    8294— 8
         1 1                      14— 8                 864 lig.
        372                                               12
          9 lig.           5938804—16  ⌠40576
   lig. 3381                 188120     ⌡146 l. 7 f. 3 d.   10368 points
         12                  258164
       40572                  14708
          4 p.ts                 20
   p.ts 40576. div.            294176
                              10144
                                12
                             121728
                             00000
```

Pour faire la régle ci-deſſus, il faut réduire le premier & le troiſieme terme de cette régle de trois en leur plus petite eſpece, qui ſont les points; multiplier le ſecond terme par le troiſieme, & diviſer le produit par le premier terme, comme on voit ci-deſſus.

Régle d'intérêt.

PREMIERE PROPOSITION.

On demande quel ſera l'intérêt de la ſomme de 4786 liv. au denier 18 par an, & combien ce ſera pour trois ans ſept mois. Réponſe, 952 liv. 15 ſ. 4 d. 4/9.

OPERATION.

l. 8 f. d.
265-17- 9.-1/3
3 ans 7. mois.

```
4786 ⎰18
118 ⎱
106 ⎱  l.  f.  d.
16  ⎱265-17-9 1/3 par an.

  20
 ───
 320
 140
  14
  12
 ───
 168
  6/18. ou 1/3
```

p. 3 ans. . .	795
p. 6 mois. .	132-18-10-2/3.
p. un mois.	22- 3- 1-7/9.
p. 16 fols. .	2- 8
p. un fol. . .	0- 3
p. 6 den. . .	0- 1 -6
p. 3 den. . .	0- 0- 9
p. 1/3 de d.	0- 0- 1

L: 952-15- 4. 4/9

Preuve de l'opération ci-deſſus.

l. 7 f. d.
Si 3 ans 7 mois donnent 952--15--4 4/9. combien 1 an.

```
12           12              12
──           ─────           ──
43           11424           12
             8- 8
             0-12
             0- 4
             0- 0-5 d. 1/3 pour les 4/9
```

```
11433 l. 4 f. 5 d. 1/3 ⎰ 43
   283                  ⎱
   253                    l.  f.
    38                   265-17-9.1/3
    20
  ─────
   764
   334
    33
    12
  ─────
   401
    14- 43
     3- 3
  ──────────
Le 43.eme. . . 43/129
C'eſt. . . 1/3.
```

DEUXIEME PROPOSITION.

Quel fera l'intérêt de la fomme de 378 l. 17 f. 9 d. au denier 20, pour un an; & on demande combien ce fera pour 7 ans 5 mois 19 jours. Réponfe, 18 l. 18 f. 10 d. 13/20 pour un an; & pour 7 ans 5 mois 19 jours, 141 l. 10f. 0 d. $\frac{2279}{2400}$.

OPERATION.

l. f. d.
20- 9

78-17-9
178
18

l. f. d.
18-18-10. 13/20. pour un an.
7 ans cinq mois 19 jours.

20

377
177
17
12

2400. dénom.

p. 7 ans.　126
p. 4 mois..　6- 6-3.　　11/20...1320.
p. 1 mois..　1-11-6.　　71/80..2130.
p. 15 jours.　0-15-9.　　71/160..1065
p. 3 jours .　0- 3-1　711/800..2133.
p. 1 jour..　0- 1-0 1511/2400.1511.
p. 18 jours.　6- 6- :
p. 6 den...　0- 3-6
p. 4 den...　0- 2-4
p. les 13/20.　0- 0-4... 11/20. 1320.

213
13/20

L : 141-10-0. 2279/2400.9479. { 2400

2279. { di 2279/2400

126
11
1320
2400 { 80
000 { 30
71
30
210
2130
2400 { 160
800 { 15
000 { 71
15
105
1065

PREUVE

De la deuxieme Proposition ci-contre.

Si 7 ans 5 mois 19 jours don. 141 10 o. 2279/2400, comb. 1 an?

12	360	12
——	——	12
89	8460	30
30	423	——
——	180——0	360 jou.
2689 jours	1——8——5——17/20. p. 2279/2400	

50941——8——5 17/20.

50941——8——5 17/20 { 2689
24051   { 181. 18 f. 10 d. 13/20
2539
20
——
50788
23898
2386
12
——
28637
1747
17/20   { 2689   2689   { 2689
——   { 13   20   { 20
34957   53780
8066   00000
0000

Si 2400 l. donnent 1 l. 16 f. combien 2279.

2279
─────────

2279
1139=10   ⎧   2400
───────── ⎨   ─────────────────
3418=10   ⎩ 1 l. 8 f. 5 d. 17/20
1018

20
─────────

20370
1170
12
─────────

14040
204/0/240/0
51/60
17/20

Pour les opérations précédentes de la ré-gle d'intérêt, il faut diviser la somme consti-tuée par le denier proposé, & moins il y a d'années au denier de la constitution & plus il est avantageux; le denier 18 est plus avan-tageux que le denier 20, & ainsi des autres: cela est évident; car divisant un nombre par 18, le quotient est plus grand que si l'on divise cette même somme par 20.

La preuve se fait par une régle de trois pour trouver l'intérêt d'un an, comme on voit ci-devant, où il a fallu réduire le premier & dernier terme en même dénomination, c'est-à-dire, en mois & jours, & multiplier le second terme par le troisieme; mais pour avoir le produit des 2279/2400 parties de

de denier, il a fallu prendre le produit d'un denier & faire une petite régle de trois, comme
on voit ci-devant; ensuite diviser le produit de
cette multiplication par le premier terme de
la premiere régle de trois; de sorte que (après
avoir trouvé les deniers) pour trouver les
13/20, il a fallu multiplier les deniers restans par les 17/20 du produit, c'est-à-dire,
par 20, & y ajouter 17; ensuite diviser par
le diviseur ordinaire, on a trouvé juste 13;
& pour trouver 20, il a fallu multiplier le
diviseur par le même dénominateur 20, &
on a divisé le produit par le diviseur ordinaire, on a trouvé les 20 que l'on cherchoit
sans reste, ce qui fait les 13/20; & on voit
par cette preuve ci-devant, que l'opération
est bonne.

Régle d'alliage.

PREMIERE PROPOSITION.

Un Négociant a trois sortes de grains,
dont il veut faire un mêlange ; sçavoir à combien se montera le boisseau commun de ce
mêlange. Réponse, 17 s. 9 d. 232/449.

SÇAVOIR,

148. b. x de from. à 1 l.   4 s. le b. x L : 177 l. 12 s.
728. id. de seigle à 0   18 s. 6 d. le id. 673-8.
471. id. d'orge.. à 0   14 9 d... L : 347 l. 7 s. 3 d.

Div.——————————————————————————

1347. boisseaux.   Dividende.. 1198 l.   1.3

S s

148 b.x from.	728 boiſſeaux ſeigle.
A .. 2 l. $\overset{2}{4}$ f.	A .,. 0—18 f. 6 d. le boiſſeau.
148	655— 4
29—12	18— 4
177 l. 12 f.	673 l. 8 f.
471 b.x d'orge.	Total 1198 l. 7 f. 3 d.
$\overset{7}{}$	20
A .. 0—14—9 d.	23967 { 1347
329—14	10497 }
11—15—6	1068 { f. d.
5—17—9	12 17 9 232/449
347 l. 7 f. 3 d.	12819
	696/1347
	232/449

II. PROPOSITION.

Un Aubergiſte a cinq bariques de vin en
perſe, dont la pinte de la premiere vaut 4 f.
de la ſeconde 5 f. de la troiſieme 6 f. de la
quatrieme 7 f. & de la cinquieme 12 f. leſquelles il veut mêler enſemble, & veut ſçavoir combien vaudra la pinte de ce mêlange.
Réponſe, 6 f. 9 d. 3/5.

OPERATION.   PREUVE.

1.ere	4 fols	5. barriques.
2.eme	5	6 f. 9 d. 3/5
3.eme	6	
4.eme	7	30
5.eme	12	2 = 6

$$34 \text{ f.} \begin{cases} 5 \text{ barriques.} \\ 6 \text{ f. } 9 \text{ d. } 3/5 \end{cases}$$

$$\begin{array}{r} 1 = 3 \\ \hline 3 \\ \hline 34 \text{ f. } o \text{ d.} \end{array}$$

34 f.
4
12
―――
48
3/5

Pour ce qui concerne l'opération ci-deſſus, il n'y a point de difficulté; il faut additionner tous les prix de chaque pinte de vin, & le diviſer par les cinq bariques propoſées, & on trouve au quotient 6 f. 9 d. 3/5 , pour le prix de tous ces vins, l'un dans l'autre : la preuve ſe fait, multipliant le diviſeur par le quotient : pour trouver le nombre à diviſer, on peut avoir recours au queſtionnaire ci-après; on trouvera des régles d'alliage dif-férentes de celle-ci.

III. OPERATION.

Il y a dans une dame-jeanne 96 pintes de liqueur à 8 f. la pinte ; mais comme on veut qu'elle ne revienne qu'à 6 f. 6 d. on demande combien il faut retirer de cette liqueur pour mettre autant d'eau en la place. Reponſe, 18 pintes.

PREMIERE OPERATION

Si 1 pinte de 8 f. eſt évaluée à 6 f. 6 d. combien

```
   96              96
   78             576
                   48
18, il faut mettre 18    } 8
      pintes d'eau.   624
                      64  } 78. pintes de liqueur.
   96
```

II. OPERATION.

```
96 pintes  }          PREUVE.
            3
A . . 0 = 6 f. 6 d.   78 pintes.
   28 16                  4
    2 = 8          A . . 0 l. 8 f.
  3 1 l. 4 f.         3 1 l. 4 f.
```

La premiere opération ci-deſſus, ſe fait par régle de trois, pour ſçavoir à combien ſeront évaluées les 96 pintes de liqueur; de ſorte que l'on voit qu'il y aura 78 pintes de liqueur, & qu'il faudra y mettre 18 pintes d'eau, pour qu'elle ne vaille que 6 f. 6 d. la pinte. La ſeconde opération & ſa preuve, ſe font par multiplication, en multipliant les 96 pintes par 6 f. 6 d. & les 78 pintes de liqueur par 8 f. on trouve au produit, tant de l'une que de l'autre, 3 1 l. 4 f. ce qui fait voir la bonté des deux régles.

Régles testamentaires ou de fausses positions
simples.

PREMIERE PROPOSITION.

Un particulier, à l'article de la mort, ordonne qu'il foit partagé entre trois de fes amis, la fomme de 1928 l. 17 f. 6 d. aux conditions fuivantes.

SÇAVOIR,

12
____

Que le premier en aura la 1/2 .. 6. Rép. L :	890- 5 f.
Le feçond . . . le 1/3 .. 4	593-10
Et la troifieme.. le 1/4 .. 3.	445- 2- 6

13   1928 l. 17 f. 6 d.

Sçavoir ce que chacun doit avoir pour fa part & portion.

I.re OPERATION, *pour le premier.*

Si 13. donnent 1928 l. 17 f. 6 d. combien 6.

6
_____

```
11573 l. 5 f. 0   ⎰ 13
117               ⎱ 890 l. 5 f. Rép.
003
 20
 ___
 65
 00
```

IIme OPERATION, pour le fecond.

Si 13. donnent 1928 l. 17 f. 6 d. combien 4.

$$
\begin{array}{r}
4 \\
\hline
7715 = 10 = 0 \\
121 \\
45 \\
6 \\
\hline
20 \\
\hline
130 \\
000
\end{array}
\left\{
\begin{array}{l}
13 \\
\hline
593 \text{ l. } 10 \text{ f. Rép.}
\end{array}
\right.
$$

III.me OPERATION, pour le troifieme.

Si 13. don. 1928 l. 17 f. 6 d. combien 3.

$$
\begin{array}{r}
3 \\
\hline
5786 = 12 = 6 \\
58 \\
66 \\
1 \\
20 \\
\hline
32 \\
6 \\
12 \\
\hline
78 \\
00
\end{array}
\left\{
\begin{array}{l}
13 \\
\hline
445 \text{ l. } 2 \text{ f. } 6 \text{ d. Rép.}
\end{array}
\right.
$$

DEUXIEME PROPOSITION.

Un homme en mourant laiffe par teftament tout fon argent, qui fe monte à 18088
écus de 3 liv. à fa femme & à fes deux enfans,
dont

dont elle étoit belle-mere, fçavoir une fille
& un garçon ; mais on difoit que le garçon
étoit mort à l'armée, c'eſt pourquoi les
claufes du teſtament étoient telles : il prétendoit que ſa femme eut les 2/3 du legs, &
ſa fille l'autre tiers ; mais ſi ſon fils revenoit,
il prétendoit qu'il eût les 2/3 du legs, ſa
femme 2/5 & ſa fille 1/3, & comme peu de
tems après la mort dudit teſtateur le fils ar-
riva, on demande quel part aura chacun des
donataires, afin d'accomplir la volonté dudit teſtateur.

Pour réfoudre cette queſtion, il faut,
comme à la précédente premiere propoſition
prendre un nombre à plaiſir dont vous puiſſiez tirer juſte toutes les parties portées par
le teſtament. Ainſi, 15 eſt le moindre nombre que vous puiſſiez prendre, & il contient
toutes les parties requiſes.

SÇAVOIR;

Pour le fils les 2/3 . . . . 10. Réponſe : . Δ 8613—11.
Pour la belle-mere les 2/5 6 . . . . 5168—
Pour la fille le 1/3 . . . . 5. , ... 4306—2
                          ‾‾‾‾‾‾   ‾‾‾‾‾‾‾‾‾‾
                            21   Δ 18088—0

Tt

I.re OPERATION, *pour le fils.*

Si 21. ont 18088 écus, combien 10. pour le fils.

```
            10
   ─────────────────
   180880 ⎰21
     128  ⎱      ────────────────────
      28  ⎰ 8613 écus & 1/3 d'écus, qui
      70  ⎱      est 1 l. Réponse.
     7/21
     1/3
```

II.me OPERATION, *pour la belle-mere.*

Si 21. ont 18088 écus, comb. 6 pour la belle-mere

```
            6
   ─────────────────
   108528 ⎰ 21
     35   ⎱  ─────────────────
    142   ⎰  5168. écus. Réponse.
    168   ⎱
     00
```

II.me OPERATION, *pour la fille.*

Si 21. ont 18088. écus, combien 5. pour la fille.

```
            5
   ─────────────────
   90440 ⎰21
     64  ⎱  ─────────────────────────
    140  ⎰  4306 écus & 2/3 d'écus qui est
   14/21 ⎱       2 l. Réponse.
    2/3
```

La preuve de ces deux propositions précédentes se voit, en faisant addition de ce
qu'il revient à chacun, lequel montant d'ad-

dition doit faire la fomme principale qui
eft à partager, voyez ci-devant.

Il y a dans mon queftionnaire des régles
teftamentaires plus étendues : ceux qui voudront s'éclaircir fur différentes queftions ,
pourront y avoir recours.

Régle de trois inverfe ou indirecte.

DISSERTATION.

La régle de trois indirecte eft contraire
à la régle de trois directe, parce que dans la
régle de trois indirecte quand le premier
terme eft plus grand que le troifieme, le quatrieme que l'on cherche eft plus grand que le
fecond ; & fi le premier terme eft moindre
que le troifieme, le quatrieme fera moindre
que le fecond.

Comme je n'ai propofé jufqu'ici, que des
exemples de la régle de trois fimple & directe,
il eft bon d'entendre par le mot (directe,)
que le premier terme de la régle de trois, eft
toujours divifeur du deuxieme terme multiplié par le troifieme ; & par le mot (indirecte
ou inverfe.) Il faut fçavoir que le troifieme
terme eft toujours le divifeur du produit du
deuxieme terme multiplié par le premier ;
ce que l'on connoîtra encore plus clairement
par les propofitions fuivantes, de même que
dans mon queftionnaire, où il y a des régles
de trois double indirecte.

T t ij

De la différence de la Régle de trois , droite ou directe à la Régle de trois inverse ou indirecte.

Il faut que dans l'une & l'autre , les premier & troifieme termes foient toujours de même dénomination.

La régle de trois eft directe , quand le plus donne le plus , ou quand le moins donne le moins ; comme fuppofé que 46ᵃⁿ. de. .... aient couté 278 liv. & qu'on veuille fçavoir combien en coûteront 27ᵃᵘ. il eft certain que cette régle eft droite , car le moins donne le moins , c'eft-à-dire , le dernier terme moindre nombre de la régle de trois , donne moins de livres : comme on peut le voir en faifant l'opération.

La régle de trois eft inverfe quand le plus donne le moins , ou quand le moins donne le plus : comme on voit dans les opérations & preuve ci-deffous , &c. Par la propofition on voit que le moins donne le plus , ce qui fe démontre auffi par l'opération ; & par la preuve on voit que le plus donne le moins.

PREMIERE PROPOSITION.

Dans le tems que le vin vaut 40 liv. la barique , & qu'on en a 12 pintes pour 24 f. on demande combien on en aura de pintes pour les mêmes 24 f. dans le tems que la barique de vin ne vaut que 30 liv. Réponfe 16 pintes.

OPERATION.

Si 40 l. don. 12 pintes, comb. en donneront 30 l.

12
___

480 ⎰ 30
180 ⎱ _____
00 ⎱ 16 pintes. Réponse.

PREUVE.

Où le premier terme est moindre que le troisieme.

Si 30 l. don. 16 pintes, comb. en donneront 40 l.

16
___

480 ⎰ 40
80 ⎱ _____
00 ⎱ 12 pintes. Réponse.

DEUXIEME PROPOSITION.

Une place de guerre assiégée, où il y a 24000 hommes qui n'ont de vivres que pour 12 jours ; mais le gouverneur ayant résolu de soutenir le siége plus long-tems, a fait sortir 9000 hommes de ladite place. On demande combien de tems le reste de la garnison pourra subsister.

Pour résoudre cette question, je soustrais les 9000 hommes destinés à sortir, des 24000 qui font la garnison entiere ; le reste est 15000 qui doivent rester dans ladite place ; & pour trouver le tems que lesdits 15000 hommes pourront subsister, l'on dispose la régle comme

la précédente. Réponfe, les 15000 hommes
fubfifteront 19 jours 1/5 de jour, c'eft-à-
dire, 10 jours 4 heures 48 minutes.

OPERATION.

Si 24000 hom. ont des vivres pour 12 jrs. p. comb.
   12   de jours 15000 hom. en auront-ils.

288000 ⌠ 15000
───────── ⎨
138000 ⌡ 19 jours 1/5 de jour, ou 4 h. 48 min.
3/000/15/000   Pour rép.
 1 / 5

PREUVE.

Si 15000 hom. ont des vivres pour 19 jours 1/5.
    19-1/5   Pour comb. de jours
───────────   en auront 24000

285000
  3000
─────────
288000 ⌠ 24000
48000 ⎨ ──────────
00000 ⌡ 12 jours pour réponfe.

L'opération & la preuve de cette feconde
propofition, fe font comme celles de l'autre
part de la premiere propofition, où l'on multiplie le premier terme par le deuxieme, &
on divife par le troifieme terme, comme on
voit ci-deſſus. Voyez au queſtionnaire la maniere de faire les régles de trois double indirecte.

DÉMONTRÉE. 335

Régle de trois double directe à cinq termes.

PROPOSITION.

Je fçais que 37 hommes en 12 jours ont fait
127 toifes de maçonnerie; je veux fçavoir
combien en feront à proportion 45 hommes
en 21 jours. Réponfe, 270 toifes 45/148,
ou 270 toifes 1 pied 9 pouces 10 lignes 4 points
& 8/37 parties de points.

OPERATION.

Si 37 hom. en 12 jours ont fait 127 toifes, c. en 21 j. 45 h.

		945		45
12	135 toifes reftantes			
444	6 pieds	635		105
		508		84
810	444	1143	444	945
366	1 p.	120015		
12 pouces		3121	270. t. 45ǀ148. eme part. de t.	
				ou
4392	9 pouc.	135/444	270. t. 1 p. 9 p. 10 l. 4 p. 8ǀ37.	
396		45/148		
12 lignes				
4752	10 lignes			
312				
6 points				
1872	4 points			
96	8/37			
444				

PREUVE

Si 45 h. en 21 jou. ont fait 270 t. 45/148, c. en 12 jou. 37 h.

21	444	37
45	1080	444
90	1080	
945 diviseur.	1080	
	135 pour les 35/148	

120015	945
2551	127 toises. Réponse.
6615	
000	

Pour l'opération & la preuve ci-dessus, il
faut multiplier les nombres qui sont devant
celui du milieu pour former le diviseur ; ensuite multiplier ceux d'après celui du milieu l'un par l'autre, & le produit servira de
multiplicateur au nombre du milieu, le produit de cette derniere multiplication sera le
nombre à diviser. Voyez l'opération & la
preuve ci-dessus. On peut faire plusieurs propositions dans le même genre.

Régle de trois double directe à sept termes.

PROPOSITION.

Supposé que 7 hommes en 17 jours avec 5
chevaux ayent gagné 1047 l. 18 s. 6 d. je
demande combien à proportion gagneront 12
hommes en 20 jours avec 9 chevaux. Réponse, 3804 l. 4 s. 7 d. 79/119.

OPERATION.

OPERATION.

Si 7 h. en 17 j. avec 5 ch. gag. 1047 l. 18 f. 6 d. c. en 20 j. avec 9 ch. 12 h.

17	2160	9
49	6282q	180
7	1047	12
119	2094	
	1944—0	2160
5	54—0	
595 divifeur.	2263518	{ 595
	4785	{ 3804 l. 4 f. 7 d. 79/119
	2518	
	138	
	20	
	2760	
	380	
	12	
	4560	
	395/595	
	79/119	

L'opération ci-deffus, de même que la preu-ve qui fuit, fe font en multipliant les trois pre-miers termes de cette régle l'un par l'autre, pour fervir de divifeur, de même qu'en mul-tipliant les trois derniers termes les uns par les autres, pour enfuite du produit en mul-tiplier le nombre qui eft au milieu; fon pro-duit fera le dividende ou la fomme à divifer, le quotient fera la réponfe & le huitieme terme que l'on cherche.

V v

Preuve de l'opération de l'autre part.

l. f. d.

Si 12 h. en 20 j. avec 9 ch. g. 3804.4.7 79/119, c. en 17 j. avec 5 ch. 7 h.

```
     20            595              5
  ─────        ─────────         ─────
    240          19020             85
      9          34236              7
  ─────          19020          ─────
   2160                           595
                  119── 0──      ─────
                   14──17── 6
                    2── 9── 7
                    1──12──11. pour les 79/119.me
              ┌  226518         ⎧ 2160
              │   10351         ⎨
              │   17118         ⎩ 1047 l. 18 f. 6 d. R.
              │    1998
              │      20
              ─────────────
                  39960
                  18360
                   1080
                     12
              ─────────────
                  12960
                  0000
```

Pour faire cette régle, sans tant d'embarras, on peut la faire par trois régles de trois simples, comme il suit.

PREMIERE OPERATION.

Si 7 hom. gagnent 1047 l. 18 f. 6 d. combien 12 hommes.

```
                    12
            ─────────────
            12575──2── 0    ⎧ 7
                55         ⎨
                67         ⎩ 1796 l. 8 f. 10 d. 2/7
                  45
                   3
                  20
              ─────────
                  62
                   6
                  12
              ─────────
                  72
                  02/7
```

DEUXIEME OPERATION.

Si en 17 jours ils gag. 1796 l. 8 f. 10 d. 2/7, comb. en 20 jours.

$$20$$

35920
8 -- 0
0 -- 10
0 -- 6 -- 8 d.
5 -- 5/7 pour les 2/7.

$$\begin{array}{ll} \text{l.} & \text{f.} \quad \text{d.} \end{array}$$
35928 -- 17 -- 1 -- 5/7. $\Big\{$ 17
19 $\quad\quad\quad\quad \text{l. f. d.}$
22 $\quad\quad$ 2113 -- 9 -- 2. 110/119.
58
7
20

157
4
12

49
15 -- 17
7 -- 7
110/119

TROISIEME OPERATION.

$$\begin{array}{ll} \text{l.} & \text{f.} \quad \text{d.} \end{array}$$
Si avec 5 ch. ils gag. 2113 -- 9 -- 2. 110/119, comb. avec 9 ch.

$$9$$

19021 l. 2 f. 6 d. | 990/119 | 990 $\Big\{$ 119
8. 38/119 $\quad\quad$ 38 $\Big\}$ 8 d.
19021 -- 3 -- 2. 38/119 $\quad\quad$ 119

Div. par 5 ou pren- $\quad\quad$ l. f. d. $\quad\quad\quad\quad$ 595 dén. com.
dre le 1/5 ... 3804 -- 4 -- 7 3/5. ... 357 $\quad\quad$ 119
38/595 ... 38 $\quad\quad$ 3
395/595 $\quad\quad$ 357

Rép. 3804 l. 4 f. 7 d. 79/119. Le 1/5 ... 79/119.

V v ij

Il faut remarquer, dans ces opérations ci-devant, que le produit de chaque opération sert de second terme à l'opération qui suit, & que le produit de la troisieme opération est la somme demandée par la proposition, ce qui sert de preuve à l'opération ci-devant, page 337.

On peut faire des preuves aux trois dernieres opérations par leur contraire, comme on a démontré aux précédentes régles de trois.

On peut aussi sur ce modele, se conformer dans l'opération de semblables régles, & même plus étendues.

Régle de compagnie simple par livres.

PROPOSITION.

Trois Marchands se font associés pour acheter un parti de diverses marchandises, lequel ils ont vendu, de main à la main, la somme de 1958 l. on demande ce qu'ils doivent retirer chacun à proportion de leur mise dans ladite société, ce qu'ils ont gagné en total & chacun en particulier.

SÇAVOIR,

Le prem. a mis L : 648 , il doit ret. L : 1068, il gag. L. 420
Le second . . . . 324, ... 534 210
Et le troisieme . . 216 . . . . 356 140

L : 1188. Total . . . L : 1958 l. g. tot. 770 l.
mis. 1188

Vente . . L : 1958 l.

PREMIERE OPERATION,

Si pour 1188 l. on a 1958 l. combien pour 648 l.

$$648$$

$$
\begin{array}{r}
15664 \\
7832 \\
11748 \\
\hline
1268784 \\
8078 \\
9504 \\
0000
\end{array}
\left\{
\begin{array}{l}
1188 \\
\hline
1068\ l.
\end{array}
\right.
$$

SECONDE OPERATION.

Si pour 1188 l. on a . . . 1958 l. comb. pour 324 l.

$$324$$

$$
\begin{array}{r}
7832 \\
3916 \\
5874 \\
\hline
634392 \\
4039 \\
475,2 \\
0000
\end{array}
\left\{
\begin{array}{l}
1188 \\
\hline
534\ l.
\end{array}
\right.
$$

TROISIEME OPERATION.

Si pour 1188 on a 1958 comb aura-t-on pour 216

```
             216
        ─────────────
          11748
           1958
           3916
        ─────────────
         422928  } 1188
          6652   } 359 l.
          7128
          oooo
```

La régle de compagnie ci-devant se fait par trois régles de trois, à cause des trois associés & de leur trois mises. La preuve se trouve faite en additionnant ce qui leur revient à chacun, qui doit faire la somme proposée; voyez ci-devant où les profits de chacun sont tirés, de même que le profit en total, qui étant ajouté avec la mise des trois associés, fait la même somme principale de la vente de leur parti de marchandises: ce qui sert de seconde preuve.

Régle de compagnie, composée de livres & sols.

PROPOSITION.

Trois Particuliers ont gagné 4587 l. 12 s. sçavoir ce qu'ils auront chacun à proportion

de la somme qu'ils ont mise en société pour
contribuer à ce gain.

SÇAVOIR,

Le 1. a mis L: 497--15 il aura L: 2006--0--10 d. 1610
                                                11383
Le 2. a mis ... 329--12. .... 1328--7-- 2. 6406
                                                11383
Et le 3. a mis 310--19. ... . 1253--3--11. 3367
                              reſtans. . 1 : 11383

L: 1138 l. 6 ſ. total . . 4587 l. 12 ſ. 0 d. 11383 ⟩ 11383
                                        00000 ⟩ 1. reſt.

PREMIERE OPERATION.

                                    6
Si 1138 l. 6 ſ. gag. 4587 l. 12 ſ. comb. 497 l. 15 ſ.
      20   9955   20
    22766   22935   9955
                     22935
                     41283
                     41283
                      5973

          45669558 ⟨ 22766
           137558 ⟨   l. ſ. d.
              962 ⟨ 2006--0--10. 1610/11383
               20 ⟨
                   ⟨ Réponſe pour le premier.
            19240 ⟨
               12

           230880
Reſtant. . 3220/22766
           1610/11383

DEUXIEME OPERATION.

Si 1138 l. 6 f. gag. 4587 l. 12 f. comb. 329 l. 12 f.

$$
\begin{array}{ccc}
20 & 6592 & 20 \\
\hline
22766 & 9174 & 6592 \\
& 41283 & \\
& 22935 & \\
& 27522 & \\
& \quad 3955\text{-}4 & \\
\end{array}
$$

$$
\begin{array}{l}
\qquad\qquad \text{l. f.} \quad 22766 \\
30241459\text{-}4 \Big\} \\
74754 \qquad \text{l. f.d.} \\
64565 \qquad 1328\text{--}7\text{--}2 \quad 6406/11383 \\
190339 \qquad \textit{Réponse pour le second.} \\
8211 \\
\end{array}
$$

$$
\begin{array}{c}
20 \\
\hline
164224 \\
4862 \\
12 \\
\hline
58344 \\
\end{array}
$$

Reftant.... 12812/22766
6406/11383

TROISIEME OPERATION.

$$\overset{6}{}$$

Si 1138 l. 6 f. gag. 4587 l. 12 f. comb. 310 l. 19 f.

20	6219	20
22766	41283	6219
	4587	
	9174	
	27522	
	3731-8	

l. f. { 22766

28530284-8 {

57642 { l. f. d.
121108 { 1253-3.11. 3367/11383

72784 { *Réponse pour le troisieme.*
4486

20   Reftans.

89728	I. 3220 }	
21430	II. 12812 }	
12	III. 6734 }	div. com.
257160	22766 {	22766
29500	00000 <	1 den. qui ne
Reftant. ... 6734/22766		peut être par
3367/11383		tagé.

Les régles de compagnies, telles que les précédentes & fuivantes, fe font par autant de régles de trois qu'il y a de perfonnes dans ladite fociété, ou par autant de régles de trois qu'il y a de mifes.

Dans les opérations ci-deffus des régles de trois, comme il y a des fols au premier &

X x

au dernier terme, il faut les réduire en même dénomination , c'eſt-à-dire, en ſols : nous avons déja vu cela dans les régles de trois par livres & ſols ; ainſi, la démonſtration des opérations ci-deſſus eſt facile à entendre, pour peu qu'on veuille travailler avec at-tention, de même que pour la régle ſuivante, où il faut réduire auſſi le premier & le der-nier terme en deniers.

Pour les reſtans on peut les additionner, diviſer le montant de l'addition par le divi-ſeur commun qui a ſervi à toutes les opéra-tions; & le quotient donne un nombre de deniers qui ne peut être partagé ; mais que l'on ajoûte aux ſommes qui reviennent à un chacun , afin de trouver juſte le gain qu'ils ont fait. Voyez ci-devant, & ci-après page 349, où l'addition des reſtans ſe trouve faite.

Régle de compagnie , compoſée de livres, ſols & deniers.

PROPOSITION.

Trois Négocians s'étant aſſociés , ont fait bourſe commune , & au bout d'un certain tems, voulant ceſſer la ſociété, ils ont trouvés en caiſſe la ſomme de 9717 l. 17 ſ. 6 d. ils veulent ſçavoir ce qu'ils auront chacun à proportion de leur miſe dans ladite ſociété.

SÇAVOIR,

	l. f. d.		l. f. d.
Le 1. a mis .. L :	847--17--9	il doit avoir L :	3491--17-- 3
Le 2.	796--12--3.	. . . .	3280--13--11
Et le 3.	715--. 3---6.	. . . :	2945-- 6--- 3
			1

Mifes, L : 2359 l. 13 f. 6 d. } princ. L : 9717 l. 17 f. 6 d.

PREMIERE OPERATION.

l. f. d.	203493	l. f. d.
Si 2359-13-6- prod.	9717-17-6 comb.	847-17-9

```
   20                  1424451              20
                       203493
 47193                 1424451            16957
   12                 1831437               12
                       162794- 8
566322                 10174-13           203493
                        5087- 6-6
```

```
                l. f. d. { 566322
 1977519537- 7-6          l. f. d.
   2785535        3491--17--3, 39306
   5202473                    94387
   1055757           Rép. pour le premier.
   489435
        20

   9788707
   4125487
    161233
        12

   1934802
```
Reftant. . . . . . 235836/566322, ou 39306/94387.

X x ij

DEUXIEME PROPOSITION.

```
      l. f. d.        191187              l. f. d.
Si 2359-13-6 ont pr. 9717-17-6 comb. 796-12-3
      20             1338309               20
    ───────          191187             ───────
    47193            1338309            15932
      12             1720683              12
    ───────                             ───────
566322 div.        152949-12           191187
                     9559- 7
                    4779-13-6
                   ─────────────────
               1857931367-12-6 ⎧ 566322
                 1589653        ⎪    l.  f.  d.
                 4570096        ⎬ 3280-13-11 45676
                  395207        ⎪           94387
                       20       ⎩ Rép. pour le second.
                   ───────────
                   7904152
                   2240932
                    541966
                        12
                   ───────────
                   6503598
                    840378
Reftant. . 274056/566322 : ou 45676/94387
```

TROISIEME OPERATION.

l, f. d.   1716421. f. d.   l. f. d.
Si 2359-13-6 ont pr. 9717-17-6, comb. 715-3-6
　　　20　　　　　　1201494　　　　　　　　　20
　　────────　　　171642　　　　　　────────
　　47193　　　　　1201494　　　　　　14303
　　　12　　　　　1544778　　　　　　　12
　　────────　　137313-12　　　　　────────
　566322 div.　　　8582- 2　　　　　171642
　　　　　　　　　　4291- 1
Reſtans.
23583 6/566322
274056/id.　　　　1667995500-15 {566322
56430/id.　　　　5353515
　　　　　　　　　2566170　　　　　l. f. d.
566322 {566322　3008820　　　　　2945-6-3.9405/94387.
000000 {　　　　　177210　　　　　Rép. pour le troiſieme.
　{ 1 denier
　qui ne peut　　　20
　être diviſé.
　　　　　　　　────────
　　　　　　　　3544215
　　　　　　　　146283
　　　　　　　　　12
　　　　　　　　────────
　　　　　　　　1755396
Reſtant. . . . . . 56430/566322, ou 9405 /94387,

Régle de compagnie par fraction ſimple.

Quatre Marchands ſe ſont aſſociés dans un navire : au retour d'un voyage dudit navire, ils ſe trouvent avoir profité de 11478 l. 17 f. on demande ce que chacun doit avoir pour ſa part, ſelon l'intérêt qu'il a dans leſdits profits.

SÇAVOIR,

		11		l. f. d.
Le Sr Jean.. y eſt intér. pour..1/2..	6.L. 2994-	9-7.19/23
Pierre.............pour..1/3..	4.L. 1996-	6-5. 5/23
Paul............ pour..1/4..	3.L. 1497-4.9	21/23
Jacques........ pour..5/6..	10.L. 4990-16-1. 1/23

$$\underline{23. L. 11478-17 f.}$$

PREMIERE OPERATION.

Si 23 ont gagné 11478 l. 17 f. comb. 6. pour celui de la 1/2

$$
\begin{array}{l}
6 \\
\overline{68873}=2 \left\{ \begin{array}{l} 23 \\ \overline{2994\ l.\ 9\ f.\ 7\ d.\ \ 19/23} \end{array} \right. \\
228 \\
217 \\
103 \\
11 \\
\underline{20} \\
222 \\
15 \\
\underline{12} \\
180 \\
19/23
\end{array}
$$

DEUXIEME OPERATION.

Si 23 ont gagné 11478 l. 17 f. combien 4 pour celui du 1/3

$$
\begin{array}{c|l}
\overset{4}{\overline{}} \\
45915 = 8 & 23 \\
229 & \overline{} \\
221 & 1996\ l.\ 6\ f.\ 5\ d.\ 5/23 \\
145 \\
7 \\
20 \\
\overline{148} \\
10 \\
12 \\
\overline{120} \\
5/23
\end{array}
$$

TROISIEME OPERATION.

Si 23 ont gagné 11478 l. 17 f. combien 2 pour celui du 1/4

$$
\begin{array}{c|l}
\overset{3}{\overline{}} \\
34436\ l.\ 11\ f. & 23 \\
114 & \overline{} \\
223 & \ l.\ \ f.\ \ d. \\
166 & 1497\text{--}4\text{--}9.\ 21/23 \\
5 \\
20 \\
\overline{111} \\
19 \\
12 \\
\overline{228} \\
21/23
\end{array}
$$

QUATRIEME OPERATION.

Si 23 ont gagné 114781. 17 f. combien 10 pour celui des 5/6

$$
\begin{array}{r}
10 \\
\hline
114788 \text{--} 10 \quad 23 \\
227 \\
208 \\
18 \\
\hline
20 \\
\hline
370 \\
140 \\
2 \\
12 \\
\hline
24 \\
1/23 \\
\end{array}
\quad
4990 \text{ l. } 16 \text{ f. } 1 \text{ d. } 1/23
$$

Cette régle de compagnie fe fait comme la régle teftamentaire, & autant qu'il y a de perfonnes ou d'intéreffés propofés, autant il faut faire de régles de trois, comme on voit ci-deffus par les quatre opérations. La preuve fe fait en additionnant le produit de chacun, qui doit faire en total le gain qu'ils ont fait en grand, comme on le voit ci-devant.

Régle de compagnie par fractions compofées.

PROPOSITION.

Nous fommes trois affociés dans un navire : & la vente en ayant été faite, nous avons gagné 77861. 15 f. 9 d. fçavoir ce que chacun

chacun de nous aura à proportion de notre intérêt; le capital ou la mise d'un chacun étant retiré fur le total de la vente dudit navire.

SÇAVOIR,

Dénominateur commun.

240

Réponfes.

			l. f. d.	
Le premier y eft pour 1/8..	5. 30.	L: 624-12-2.	13/187
Le fecond...... pour 3/5..	40. 144.	L: 2998- 2-5.	25/187
Et le troifieme.. pour 5/6.	240. 200.	L: 4164- 1-1.	149/187
		374. L: 7786-15-9	187/187

PRRMIERE OPERATION.

l. 7 f. d.

Si 374 ag. 7786-15-9 . comb. 30 pour le premier.

30

―――――――

233580

21 --0

1--10

0--15

0 --7--6

l. f. d.

233603-12--6 ⎫ 374

920　　　　　 ⎬

1723　　　　　⎰ 624 l. 12 f. 2 d. 13/187.

227　　　　　　Réponfe pour le premier.

20

―――――――

4552

812

64

12

―――――――

774

26/374

13/187

Y y

DEUXIEME OPERATION.

l. 7 f. d.

Si 374 gag. 7786-15-9. comb. 144 pour le sec.

$$144$$

```
 31144
 31144
 7786
   100-16
     7- 4
     3-12
     1-16
```

l.   f.

```
1127297- 8 ( 374
 3732
  3669.
   3037
     45
     20
```

2998 l. 2 f. 5 d. 25/187

Réponse pour le second.

```
    908
    160
     12
```

```
   1920
    50/374
    25/187
```

TROISIEME OPERATION.

l. 7 f. d.

Si 374 gag. 7786-15-9. comb. 200 pour le trois.

200

————————

1557200

140- 0

10- 0

5- 0

2-10

1557357-10 $\Big\{$ 374

613

2395 $\Big\}$ 41641. 1 f. 1 d. 149/187

1517

21 *Réponse pour le troisieme.*

20

————————

430

56

12

————————

672

298/374

149/187

Régle de compagnie simple par tems.

PROPOSITION.

Trois Marchands ayant fait bourse commune, ont gagné 9878 l. 17 f. on demande
ce que chacun aura pour sa part, & pour le
tems, à proportion de sa mise.

SÇAVOIR,

	l.		l.	f.	d.	
Le I. a mis, 1415 p. 3 mois.	4245.	il aura L.	3172-	7-	7.	9133/13219
Le fecond..1219 p. 4 mois.	4876.........		3643-18-10.			1850/13219
Le troifieme 683 p. 6 mois.	4098........		3062-10- 6.			2238/13219
	13219........	L.	9878-17- 0.			13219/13219

pour preuve.

EXEMPLE.

M......1415 l.	1219 l.	683 l.
Par....... 3 m,	Par....: 4	Par.... 6 m.
4245	4876	4098

PREMIERE OPERATION

l.   8 f.

Si 13219 don. 9878-17. comb. don. 4245 p. le pr.

$$4245$$
$$49390$$
$$39512$$
$$19756$$
$$39512$$
$$3396·0$$
$$212-5$$
$$41935718-5 \begin{cases} 13219 \\ \text{l. f. d.} \\ 3172-7-7. 9131/13219 \\ \textit{Réponfe pour le premier.} \end{cases}$$
$$22787$$
$$95681$$
$$31488$$
$$5050$$
$$20$$
$$101005$$
$$8472$$
$$12$$
$$101664$$
$$9131/13219$$

DEUXIEME PROPOSITION.

Si 13219 don. 9878-17. comb. don. 4876 p. le fec.

$$\underline{4876}$$

59268
69146
79024
39512
     3900-16
     243-16

48169272-12 ⎰ 13219
85122
58087
52112
12455
     20

249112
116922
11170
12

134040
1850/13219

l. f. d.
3643-18-10. 1850/13219

Réponfe pour le second.

TROISIEME OPERATION.

     l. f.

Si 13219 don. 9878-17. comb. don. 4098 p. le tr.
    4098
    ——————
   79024
   889020
  39512000
   3278- 8
   204-18
  ————————
 40483527- 6 〔13219
  82652   l. f. d.
  33387 3062-10-6. 2238/13219
   6949 _Réponfe pour le troifieme._
    20
 ————————
  138986
   6796
   12
 ————————
  81552
  2238/13219

Pour faire cette régle de compagnie à divers tems, il faut multiplier la mife de chacun par le tems que les affociés l'ont laiffée en fociété; & ayant ajouté les trois produits, comme vous voyez ci-devant, vous dites, par régle de trois comme aux précédentes, fi 13219 gag. 9878 l. 17 f. combien 4245; combien 4876 & combien 4098; & pour preuve, vous trouverez, ayant additionné le profit d'un chacun, les mêmes 9879 l. 17 f. que vous avez gagné en total : voyez ci-devant le montant du gain de chacun.

Régle de compagnie composée par tems.

Trois particuliers ont fait une société, & ont gagné 976 l. 17 f. 9 d. fçavoir ce que chacun doit avoir, à proportion de fa mife & de fon tems.

S ç A V O I R,

						Réponfes.	
	l.	f.	d.		l.	f.	d.
1. a mis.	136-12-3	p. 4 m. 15 j.	18442-13-9	L. 357-11-9
fecond..	117-15-7	p. 3 m. 21 j.	13073- 9-9 ...	253- 9-8
le troif.	111-12-9	p. 5 m. 19 j.	18866-14-9 ...	365-26-2

2 reft.

l. f. d. ?	976ˡ. 17ᶠ 9ᵈ.
50382-18-33	

E X E M P L E.

4 m. 15 j.	3 m. 21 j.	5 m. 19 j.
30	30	30
135 jours	111 jours	169
l. 6 f. d.	l. 7 f. d.	l. 6 f. d.
136-12-3	117-15-7	111-12-9
810	777	169
1755	1221	1859
81- 0	77-14	101- 8
1-13-9	5-11	4- 4-6
	2-15 6	2- 2-3
l. f. d.	9-3	l. f. d.
18442-13-9		18866-14-9

l. f. d.
L : 13073- 9-9

Pour faire cette régle de compagnie , il faut premierement, réduire les mois en jours y ajoutant les jours proposés, & multipliant par 30, parce que le mois est composé de 30 jours; ensuite, il faut multiplier les jours qui proviennent par la mise d'un chacun, & ayant ajouté les 3 produits, comme vous voyez de l'autre part, faites trois régles de trois comme vous allez voir ci-après; vous trouverez ce qu'il vient à chacun, & ayant additionné le profit d'un chacun, vous trouverez pour le profit total 976 l. 17 f. 7 d. & y ajoutant 2 deniers restans qui ne se peuvent partager en trois, vous trouverez 976 l. 17 f. 9 d. juste; ce qui sert de preuve aux trois opérations suivantes, & au principal de la régle.

PREMIERE OPERATION.

Si 50382 l. 18 f. 3 d. gag. 976 l. 17 f. 9 d. c. 18442 l. 13 f. 9 d.

$$4426245$$

20	20
1007658	368853
12	12
12091899	737706
	368853

26557470
30983715
3983620$

3540996—0
221312—5
110656—2—6
55328—1—3

4323943412 l. 8 f. 9 d.
69637371
91778762
7135469
20

142709388
21790398
9698499
12

116381997
7554906/12091899
2518302/4030633

4426236
9 d.

4426245

12091899

l. f. d.
357-11-9. 2518302

4030633
Rép. pour le premier.

DEUX.

DEUXIEME OPERATION.

3137637

Si 50382 l. 18 f. 3 d. gag. 976 l. 17 f. 9 d. c. 13073 l. 9 f. 9 d.

20		20
1007658	18825822	261469
12	21963459	12
12091899	28238733	3137637
	2510109-12	
	156881-17	
	78440-18-6	
	39220- 9-3	

3065118364-16-9   12091899

64673856

42143614   253 l. 9 f. 8 d. 1879999

5867917

20   4030633

117358356   *Réponse pour le second.*

8531265

12

102375189

5639997/12091899

1879999 / 4030633

TROISIEME OPERATION.

4528017
Si 50382 l. 18 f. 3 d. gag. 976 l. 17 f. 9 d. c. 18866 l. 14 f. 9 d.

20	27168102	20
1007658	31696119	377334
12	40752153	12
12091899	3622413-12-	4528017
	226400-17-	
	113200- 8-6	
	56660- 4-3	

4423363207- 1-9　⎧ 12091899
79579350　　　⎪
70279567　　　⎪ l. f. d.
9820072　　　⎨ 365--16--2--3662965
　　　20　　　⎪
　　　　　　 ⎪　　　　　4030633
　　　　　　 ⎩ Réponse pour le troisieme.

Restans

196401441
75482451　　 2518302
2931057　　　 1879999
　12　　　　 3662965
　　　　　　 8061266　⎰ 4030633
35172693　　 0000000　⎱ 2 d. restans.
10988895/12091899
3662965/4030633

Les trois opérations précédentes qui font des régles de trois, étant compofées de livres, fols & deniers, tant au premier qu'au dernier terme, il faut les réduire tous deux en deniers, enfuite multiplier le troifieme terme réduit en deniers par le fecond, & divifer le produit de cette derniere multiplication par le premier terme qui eft réduit en deniers, le quotient eft la réponfe de ce que l'on cherche.

Pour les fractions reftantes, il faut additionner tous les numérateurs defdites fractions, & en divifer le produit par le dénominateur. On trouvera 2 deniers qui ne peuvent être partagés en trois ; mais que l'on ajoute néanmoins aux produits des profits pour trouver le produit total qui eft la preuve de ces fortes de régles. Voyez page 359, &

pour les reftans des fractions ; voyez ci-contre.

Régle de compagnie par tems avec répartition.

PROPOSITION.

Trois marchands ont fait une fociété pour 2 ans ou 24 mois, lefquels ont gagné 4778 l. 17 f. 9 d. ils veulent fçavoir combien il leur reviendra à proportion de leur mife & de leur tems.

SÇAVOIR,

Le premier a mis 1078 l. 17 f. 9 d. dont il a retiré 506 l. 17 f. au bout de 15 mois 20 jours.

Le fecond a mis 379 l. 15 f. 4 d. dont il a retiré 100 l. 4 f. 6 d. au bout de 1 mois 17 jours.

Le troifieme a mis 327 l. 17 f. 9 d. au bout de 6 mois 23 jours il a remis 470 l. 9 f. 7 d.

On demande combien ils auront chacun à proportion de leur mife & de leur tems.

EXPLICATION pour opérer cette régle.

Pour donner à chacun ce qui lui appartient à proportion du profit, felon fa mife & le tems, il faut raifonner comme il fuit, SÇAVOIR:

Pour le premier, qui eft le premier exemple ci-après, il faut premierement réduire les mois en jours, parce qu'il y a dés jours propofés; ainfi les 15 mois 20 jours font 470 jours, il faut multiplier fa mife, qui eft 1078 l. 17 f. 9 d. par 470 jours, & il viendra 507077 l. 2 f. 6 d. qu'il faut pofer à côté, attendu que lefdits 1078 l. 17 f. 9 d. ont profité pendant les 15 mois 20 jours.

Il faut enfuite ôter les 506 l. 17 f. (qu'il a retiré) des mêmes 1078 l. 17 f. 9 d. il reftera 572 l. o f. 9 d. qui ont demeuré le refte du tems, qui eft 8 mois 10 jours; il faut réduire ces 8 mois 10 jours en jours, ce qui fait 250 jours, & parconféquent multiplier les 572 l. o f. 9 den. par 250 jours viendra en produit 143009 l. 7 f. 6 d. qu'il faut ajouter à 507077 l. 2 f. 6 d. & les deux fommes feront celle de 650086 l. 10 f. pour la mife du premier. Voyez le premïer exemple ci-après.

Pour trouver la mife du fecond, felon le fecond exemple ci-après, il faut confiderer qu'il a mis 379 l. 15 f. 4 d. qui ont profité durant 1 mois 17 jours, il faut auffi

réduire un mois en jours, & y ajouter 17,
ce qui fera 47 jours, il faut multiplier 379
l. 15 f. 4 d. par 47 jours viendra pour produit de la multiplication 17849 l. o f. 8 d.
qu'il faut mettre à côté, & au bout de 1
mois 17 jours il a retiré 100 l. 14 f. 6. d.
reste donc 279 l. o f. 10 d. qui ont demeuré
22 mois 13 jours dans la société ; il faut réduire ces 22 mois en jours & y ajouter 13,
ce qui fera 673 jours qu'il faut multiplier
par 279 l. o f. 10 d. viendra pour produit
187795 l. o f. 10 den. qu'il faut ajouter à
17849 l. o f. 8 d. ci-dessus, dit & mis à
l'écart dans le second exemple, la somme
totale sera parconséquent de 205644 l. 1 f.
6 d. pour la mise du second. Voyez ci-
après le second exemple.

Enfin pour trouver la mise du troisieme,
selon la proposition, il a mis 326 l. 17 f.
6 d. qui ont demeuré 6 mois 23 jours, il
faut donc réduire les mois en jours & y
ajouter 23, ce qui fera 203 jours, multi-
tipliez donc 327 l. 17 f. 6 d. par 203, il
viendra pour produit de la multiplication
66558 l. 12 f. 6 d. qu'il faut mettre à part,
mais au bout des 6 mois 23 jours, il a remis 470 l. 9 f. 7 d. qu'il faut ajouter avec
la premiere mise qui est 327 l. 17 f. 6 d. la
somme principale sera de 798 l. 7 f. 1 d. qui
a profité pendant les 17 mois 7 jours qui

ont resté, il faut réduire ces 17 mois en jours & y ajouter 7, ce qui fera 517 jours, il faut multiplier les 798 l. 7 f. 1 d. par lesdits 517 jours, & il viendra pour produit de la multiplication 412749 l. 2 f. 1 d. ajoutez cette derniere somme à celle de 66558 l. 12 f. 6 d. elles feront en total 479307 l. 14 f. 7 d. pour la mise du troisieme, comme on va le voir par le troisieme exemple.

Pour la mise du premier.

PREMIER EXEMPLE.

15 m. 20 j.	l. f. d.	24 mois	Mise du premier.
30	1078-17-9	ôter 15-20 j.	
___	506-17	___	L. 650086-10
470 jours	___	8 m. 10 j.	
l. 8 f. d.	572- 0-9	30	
1078-17-9	250	___	
___	___	250 jours	
75460	28600		
43120	1144		
376- 0	6- 5		
23-10	3- 2-6		
11-15	___		
5-17-6	143009- 7-6		
___	507077- 2-6		
507077 -2-6			

L. 650086-10 f. o. Mise du premier.

Pour la mise du second.

SECOND EXEMPLE.

```
1 m. 17 j.        l. f. d.            24 mois
30             de 379-15- 4          7 m. 17 j.
                ôter 100-14- 6       _____
47 jours                             reste 22 m. 13 j.
 l. z. d.      L. 279- 0-10           30
379-15- 4        673                 _____
                _____             673 jours
2653             837
1516            1953
 32-18          1674
 2- 7            16-16- 6
 0-15- 8         11- 4- 4
_____        _____
L.17849- 0- 8   187795 l. 0 10 d.
187795- 0-10
```

     l. f. d.
105644- 1- 6 Mise du second.

Pour la mise du troisieme.

TROISIEME EXEMPLE.

```
6 m. 23 j.        l. f. d.           24 mois
30             327-17-6              6 m. 23 j.
_____     470- 9-7             _____
203 jours.     _____             17 m. 7 jours
 l. f. d.      798- 7-1              30
327-17-6       517                  _____
_____       _____               517 jours.
981            5586
654            798
162 8          3990
10- 3           155- 2
5- 1-6          25-17
_____       2- 3-1
L.66558-12-6   _____
412749- 2-1    412749- 2-1
```

mise du troisieme.
  l. f. d.
479307-14-7

L.479307-14-7 d. Mise du troisieme.

mifes	total des mifes			gains		
	l.	f.	d.		l.	f.	d.
Premier....	650086-	10-		il a gagné 2327-	0-10
Second.....	205644-	1-6			736-	2- 5
Troifieme..	479307-	14-7			1715-	14-5

1 reſt.

Mife totale, L. 1335038- 6- 1 d. gain, tot. L. 4798-17-9

PREMIERE OPERATION

pour le premier.

```
                        156020760   8
Si 13350381. 6 f. 1 d. gag. 4778 l. 17 f. 9 d. c. 650086 l. 10 f.
        20            1248166080                        20
    26700766          1092145320                    13001730
        12            1092145320                        12
    320409193          624083040                    156020760
                       124816608— 0
                         7801038— 0
                         3900519— 0
                         1950259—10
                     745605659704—10  ⎰320409193 divifeur.
                      1047872737      ⎱
                        86645 1580          l.  f.  d
                       2256331944        2327-0-10 p. le pr.
                        13467593
                               20
```
```
                      269351860
                          12
                     3232222310
                      28130390. Refte
```

DEUXIEME OPERATION,

pour le second.

Si 1335038 l. 6 f. 1 d. gag. 4778 l. 17 f. 9 d. c. 205644-1-6.

$$\overset{8}{49354578}$$

20		20
26700766	394836624	4112881
12	345482046	12
310409193	345482046	4935457
	197418312	
	39483662- 8	
	2467728-18	
	1233864- 9	
	616932- 4·6	

235859975871-19-6 ⎰ 320409193

1157354077   l. f. d.

1961264981 ⎱ 736-2-5. p. le fec.

38809823

20

776196479

135378093

12

1614537122

22491157. Refte

A a a

TROISIEME OPERATION,

pour le troisieme.

115033855

Si 13350381 l. 6 f. 1 d. gag. 4778 17 f. 9 d. c. 479307 l. 14 f. 7 d.

20	920270840	20
26700766	805236985	9586154
12	805236985	12
320409193	460135420	115033855
	92027084-0	
	5751692-15	
	2875846- 7-6	
	1437923- 3-9	

549733851736- 6-3
2293246587
50382236?
18341?1706
232085741
20

320409193 diviseur

l. f. d.
1715-14-5 p. le tt.

4641714826
1437622896
155986124
12

1871833491
269787526 d. reste.

Restans
I. 28130510
II. .. 22491157
III. . 269787526

Dividende. . 320409193
000000000

320409193 divif.
1 den.

Pour faire les trois opérations précéden-

tes par régle de trois, il faut réduire le premier & dernier terme en même dénomination, c'est-à-dire en fols & deniers, comme on voit ci-devant.

Régle de compagnie par entiers & fractions.

PROPOSITION.

Trois Marchands ont acheté une place à
bâtir de 247 toises 11/45 parties de toises
quarrées, la fomme de 22252 l. ils demandent combien ils doivent payer à proportion
de ce qu'ils en ont pris.

SÇAVOIR,

			135. .	*Réponfes.*
Le I. en a pris	59 toifes 7/9	. . 105.	L.	5380
Le II.	103. . . 4/5	. . 108.	L.	9342
Et le III. . . .	83 . . . 2/3	. . 90.	L.	7530
	247 toifes 11/45.	303.	L.	22252

Exemple de la réduction de fractions en entiers.

Dénominateurs.   135 dénom. commun.

$$\begin{array}{c} 9 \\ 5 \\ \hline 45 \\ 3 \end{array}$$

Le 1/9.me   15 pour les 7/9.me 105
Le 1/5.me   27 pour les 4/5.me 108
Le 1/3.me   45 pour les 2/3.me 90

Dén.   135 commun.

$$303/135$$
$$33 \quad 2 \text{ t. } 11/45$$
$$135$$

Voyez les additions de fractions ci-devant, page 47.

Pour trouver un dénominateur commun de ces fractions, il faut multiplier les uns par les autres, & on trouve 135 pour ledit dénominateur commun, dont il en faut prendre les 7/9, les 4/5 & les 2/3, comme on voit ci-deffus ; deforte que le montant eft de 303/135 qui font 2 toifes 11/45, qu'il faut ajouter aux autres toifes, & on trouvera le nombre propofé qui eft 247 toifes 11/45. Voyez ci-après les trois opérations qui donnent au quotient le prix de la part de chacun.

Ire OPERATION, pour le premier.

24210
Si 247 toiſes 11/45 coût. 22252 l. comb. coût. 59 toiſes 7/9

45		9
1246	48420	538
988	121050	45
11126	48420	2690
9	48420	2152
100134 diviſeur	48420	{ 24210
	538720920	
	380509	{ 100134
	801072	{ 5380 l.
	0000000	Réponſe pour le premier.

II.me OPERATION, pour le ſecond.

23355
Si 247 toiſes 11/45 coût. 22252 l. combien 103 toiſes 4/5

45		5
1246	46710	519
988	116775	45
11126	46710	2595
5	46710	2076
55630 diviſeur	46710	{ 23355
	519695460	
	190254	{ 55630
	233646	{ 9342 l.
	111260	Réponſe pour le ſecond.
	00000	

III.me OPERATION, pour le troiſieme.

Si 247 toiſes 11/45 coûtent 22252 l. combien 83 toiſes 2/3

45	11295	3
1246		251
988	22590	45
11126	56475	1255
3	22590	1004
33378 diviſeur	22590	11295
	22590	
	251336340	{ 33378
	176903	{ 7530 l.
	100134	Rép. pour le troiſ.
	0000 0	

Les trois opérations précédentes se font, comme j'ai dit ci-devant, en réduisant le premier & dernier terme en même dénomination, comme il se voit ci-devant à la première opération; qu'après avoir réduit ou multiplié les 247 toises 11/45 par 45, y ajoutant les 11, je multiplie encore le produit par 9 dénominateur de la fraction du troisieme terme, & ce dernier produit sera le diviseur.

Je multiplie ensuite les 59 toises 7/9 par 9 & y ajoute le numérateur 7, & je multiplie le produit par le dénominateur 45 du premier terme, afin de réduire mes deux termes en même dénomination, & ce dernier produit servira de multiplicande au second terme.

Il en faut faire la même chose pour les deux opérations suivantes.

Régle de difcuffion de banqueroute.

PREMIERE PROPOSITION.

Un particulier ne pouvant payer ses dettes, s'en va & quitte le pays, il ne laisse pour tout bien que 1087 l. 15 f. trois marchands auxquels il doit, ont recours à cette somme; on demande combien ils auront chacun, à proportion de ce qu'il leur est dû:

SÇAVOIR,

	l. f. d.	Réponses. l. f. d.
Au premier il est dû...	922-17-3	il aura L. 433-0-9
Au fecond.........	596-9-7.........	279-17-9
Et au troifieme......	798-15-9.........	374-16-4
		2 reft.

L. 2318-2-7. total.. L. 1087-15-0

I.re OPERATION, *pour le premier.*

l. f. d.	221487 f.	l. f. d.
Si pour 2318-2-7 on n'a que 1087-15, comb. pour 922-17-3

```
        20              1550409                 20
     ──────            1771896              ────────
      46362             221487               •18457
        12            155040-18                12
    ─────────          11074- 7            ─────────
 div. 556351 ⎰                               221487
```

```
                 240922484- 5 ⎰ 556351
                  1838208     ⎱ 433 l. o f. 9 d.
                  1691554        Rép. pour le premier.
                    22501

                      20
                  ─────────
                    450025
                      12
                  ─────────
                   5400300
      Reftant.... 393141
```

II.me OPERATION, pour le second.

Si pour 2318-2-7 on n'a que 1087-15, comb. pour 596-9-7.

	l.　z f.	143155 f.	l. f. d.
	20	1002085	20
	46362	1145240	11929
	12	143155	12
div. 556351 }		100208-10	
		7157-15	143155

15571685 1- } 556351

4444665

5502081　2791. 17 f. 9 d.

494922　*Rép. pour le second.*

20

9898445

4334935

440478

12

5285736

Reftant. . . . 278577

III.me

TROISIEME OPERATION,

pour le troisieme.

l. f. d.	191709 l.	l. f.
Si pour 2318-2-7	on n'a que 1087-15	comb. pour 798-15-9
20		20
46362	1341963	15975
12	1533672	12
div. 556351	191709	191709
	134196-6	
	9585-9	556351
	208531464-15	374 l. 16 f. 4 d.
	4162616	*Rép. pour le troisieme.*
	2681594	
	456190	reftans.
	20	
	9123815	393141
	3560305	278577
	222199	440984
	12	1112702 556351
	2666388	000000 2 d. reft.
Reftant . 440984		

Il n'y a pas de difficulté dans cette régle de difcuffion de banqueroute, qui mérite une explication. Voyez les régles de trois par livres, fols & deniers, au premier & au dernier terme, page 348 & 349.

DEUXIEME PROPOSITION.

Un Marchand fe trouve débiteur à quatre créanciers qu'il a, de la fomme de 2108 l. 14 f. 7 d. fait voir de petites pertes dans fon commerce, leur propofe à perdre moitié

Bbb

fur la fomme qu'il doit à chacun ; les quatre créanciers ne veulent point confentir à cela & font vendre tout ce qu'il peut avoir chez lui ; laquelle vente, étant faite, ne fe monte qu'à 10487 l. 17 f. 9 den. ils veulent favoir combien il leur viendra à chacun à proportion de leur créance.

SçAVOIR,	Réponfes.
Le I. eft créancier pour 5478 l. 15 f. 6 d.	L. 2724 l. 14 f. 3 d.
Le II. . . . . pour 7383 — 9 — 4 —	3671 — 19 — 2
Le III. . . . . pour 5147 — 12 — 3	2560 — 0 — 4
Et le IV . . . . pour 3078 — 17 — 6	1531 — 3 — 10
	2 h.
Créance . . . L. 21088 l. 14 f. 7 d.	10487 l. 17 f. 9 d

PREMIERE OPERATION.

```
        l.  f. d.        1314906 l.  f. d.              l.  f. d.
Si pour 21088-14-7   on n'a que 10487-17-9   c. p. 5478-15-6
           20                    9204342                    20
                                10519248
       421774                    5259624              109575
          12                    1314906                  12
   div 506129                  1051924-16            1314906
                                  65745- 6
                                  32872-13
                                  16436- 6-6
                             13790586201- 1-6  ⎰5061295
                                36679962       ⎱2724 l. 14 f. 3 d.
                                12508970        Rép. pour le pt.
                                 4386380I
                                 3618621
                                     20
                                72372421
                                21755471
                                 1514291
                                     12
                                18171498
   Reftnat . . . . . 2987613
```

DEUXIEME OPERATION.

	l. f. d.	1772032 8 f. d.		l. f. d.
Si pour 21088-14-7	on n'a que 10487-17-9		ç. p. 7383-9-4	

$$20$$

	12404224	
421774	14176256	147669
12	7088128	12
	1772032	
div. 5061295	1417625-12	1772032
	88601-12	
	44300-16	
	22150- 8	

18584872262- 8	{ 5061295
34009872	l. f.
36421026	{ 3671 — 19 — 2
9919612	Rép. pour le second.
4858317	
20	

97166348
46553398
1001743
12

12020916
Reſt. 1898326

TROISIEME OPERATION

l. f. d.   l. f. d.   l. f. d.

Si pour 21088-14-7 on n'a que 10487-17-9 c. p. 5147-12-3

```
          20                                              20
    ──────────              8647989                ──────────
      421774                9883416                   102952
          12                4941708                       12
  ──────────             1235427                  ──────────
div. 5061295                988341-12                1235427
                             61771- 7
                             30885-13-6
                             15442-16-9
                    12957019390- 9-3   { 5061295
                        28344293
                        30378189                  l. f. d.
                          104190              { 2560-0-4
                              20                Rép. pour le tr.
                    ──────────
                       2083809
                            12
                    ──────────
                      25005711
Restant . .           4760531
```

QUATRIEME OPERATION.

l. f. d.   738930 l. f. d.   l. f. d.
Si pour 21088-14-7 on n'a que 10487-17-9, c. p. 3078-17-6

```
                                              20
        20                        61.577
                      5172510          12
     421774           5911440      ────────
        12            2955720
   ────────           7389300      738930
div. 5061295
                       591144- 0
                        36946-10
                        18473- 5
                         9236-12-6
                      ───────────
                      7749814710- 7-6 { 5061295
                      26885197              l.  f. d.
                       5787221         } 1531-3-10
                       6033360
                        972065         Rép. pour le quat.
                            20         Les quatre restans
                      ──────────       2987613
                      19441307         1898326
                       4257422         4760531
                           12           476120
                      ──────────       ──────────
                      51089070         10122590 { 5061295
   Reftant. . .  476120                0000000 } 2 d. reft.
```

Je viens de démontrer les difcuffions de banqueroute par régle de trois, qui font très-facile à faire, en réduifant le premier & dernier terme en même dénomination, c'eft-à-dire, en deniers, fur-tout quand on n'a que peu de créanciers ; je confeillerois de la faire de cette maniere, ou bien par la régle du fol,

ou marc la livre, que je vais démontrer ci-
après ; & quand on a une certaine quantité
de créanciers, il feroit à propos de faire un
tarif, que je vais auffi donner ci-après, avec
la maniere de le faire : lifez & travaillez pied
à pied, vous trouverez cette maniere fort
abrégée, fans être obligé de faire quantité
de multiplications.

*Régle du fol ou marc la livre, pour les difcuffions
de banqueroute, Département des tailles, décimes & fommes à impofer ou diminuer.*

PREMIERE PROPOSITION.

Suppofé qu'un des principaux négocians de cette ville, ait fait banqueroute
de 600000 livres, que fes biens & effets ne
foient eftimés que 95430 livres, qu'il y ait
quantité de créanciers qui y foient intéreffés ; & qu'il faille partager au fol ou marc
la livre les effets ci-deffus dits, on demande comment il faut faire pour que chaque
créancier ait fa part à proportion de ce qui
lui eft dû. Il faut premierement voir par
une régle de trois fur quel pied eft la créance de chacun, difant fi de 600000 liv. on
n'a que 95430 l. combien aura-t-on de 20
f. Réponfe, 3 f. 2 d. 43/250 pour la valeur
de la livre, qui eft le pied fur lequel il faut fe
régler pour faire le repartiment de chacun.

OPERATION.

Si de 600000 l. on n'a que 95430 l. comb. 20 f.

$$20$$

$$\left.\begin{array}{r} 1908600 \\ 108600 \\ 12 \end{array}\right\}\begin{array}{l} 600000 \\ \text{f. d.} \\ 3\text{-}2\text{- } 43/250 \end{array}$$

$$1303200$$
$$1032/00/6000/00$$

Le 1/4 eft. . . . 258   1500
Le 1/3. 86   500
La 1/2. . . . . . 43 /   250

PREUVE.

M. . . . 600000 l.

Par. . . . . 3 f. 2 d. 43/250

$$60000 = 0$$
$$30000$$
$$5000$$
$$430$$

95430 l. . . montant des effets.

Si 250 donnent 2500 l. combien 43. pour 1 den.

$$43$$

$$7500$$
$$10000$$

$$\left.\begin{array}{r} 107500 \\ 750 \\ 0000 \end{array}\right\}\begin{array}{l} 250 \\ 430 \text{ l.} \end{array}$$

Préfentement, pour trouver ce que chaque créancier doit toucher à proportion de fa créance, il faut multiplier ladite créance par 3 f. 2 d. 43/250, & le produit donnera ce qu'il doit toucher ; fuppofons dans cet endroit qu'il ne foient que cinq créanciers pour chacun une fomme.

PAR EXEMPLE.

créance	à toucher	dénominateur,	250
l.	l. f. d.		
I.er 100086.	15918-13- 6	99/125.	198
II. 2 7182.	34542-15-11	38/125.	76
III. 147029.	23384-19- 2	247/250.	247
IIV. 97836.	15560-16- 3.	99/125.	198
V. 37857.	6022-14-1 r.	31/250.	31
l.	l. f. d.		750 $\{$ 250
600000.	95430- 0- 0.		800 $\{$ 3 d.

Comme je n'ai rien négligé jufqu'ici pour l'explication de toutes les fractions que j'ai ci-devant démontrées & expliquées, je n'ai pas voulu omettre celle ci-devant, qui eft eft 103200 /600000. reftante & réduite à 43/250.me partie de deniers, quoiqu'il y ait différence du divifeur de 496800 deniers, qui valent 2070 liv. il faut prendre le refte pour un denier : partant fi l'on tire la créance fur le pied de 3 f. 3 d. pour livre, qui eft 13/80 partie de la livre, on tirera 2070 l.

plus

plus que lad. créance ; lesquels 2070 l. paroiſ-
ſent conſidérables. Mais il eſt facile d'ôter
ces 2070 l. ſur tous les créanciers à proportion de leurs créances, diſant, ſi 600000 l.
donnent 2070 de trop, combien 100086 l. on
trouvera au quotient 345 l. 5 ſ. 11 d. 26/125,
qu'il faut diminuer ſur le produit deſdits
100086 l. multipliées par 3 ſ. 3 d. le reſte ſera
le produit deſd. 100086 l. multipliées par 3 ſ.
2 d. $\frac{43}{250}$, ainſi des autres, ſuivant toujours la
même régle de trois à proportion de leurs
créances; car ſi l'on tiroit préciſément la créance ſelon la fraction du denier, l'opération en
ſeroit trop embrouillante & pénible pour
quelqu'un ; c'eſt pourquoi on cherche le pied
le plus approchant de l'entier que l'on peut,
& on ſupplée, ou on ajoute le manque au produit de la multiplication, ou on diminue ſur
chaque créancier ce qui ſe trouve de plus en
prenant un denier entier au lieu d'une fraction.
Comme s'il eſt queſtion (après avoir bien en-
tendu ce qui eſt dit ci-devant) de tirer la part
de la créance de chaque créancier ſur les
créanciers mêmes, qui ſeront peut-être au
nombre de 45 plus ou moins, il ſeroit trop
long de faire autant de régles de trois ; mais
pour lors il faut faire un tarif: pour ſavoir
ce que doit rendre 1 l. de même 1 ſ. comme auſſi 1 d. ainſi des autres, lequel pied
doit être juſte, afin de dreſſer ſur icelui une

table proportionnelle ou tarif exact, fur lequel, fans faire aucune multiplication, on prendra les parties proportionnelles, qui étant ajoutées enfemble donneront la fomme que chaque créancier doit toucher pour la part de fa créance.

Quelques-uns pourront dire, qu'il y a beaucoup de difficulté à dreffer un tarif jufte, fur-tout quand les deux fommes, tant fur laquelle on tire la créance que celle à tirer font compofées de livres, fols & deniers ; j'avoue qu'il eft bien pénible pour ceux qui ne favent pas bien l'arithmétique, fur-tout les fractions, parce que quand il y a livres, fols & deniers à toutes les deux fommes, & même quand il n'y en auroit qu'à une des fommes, pour trouver le pied d'un denier, il faut réduire les deux fommes chacune en deniers, & pofant les deniers de la fomme à tirer la créance fur les deniers de la fomme fur laqelle on tire, ce qui vient, qui eft une fraction, eft la valeur d'un denier.

Differtation fur le Tarif ou Table proportionnelle.

Je n'ai mis ici un tarif, que pour éviter la longueur d'un grand nombre de régles de trois ; il faut entendre par ce tarif, que ce n'eft qu'une fuite de plufieurs nombres proportionnels difpofés en forme de table, à laquelle on a recours dans plufieurs rencontres. Son utilité eft d'autant plus grande, qu'il n'y a qu'une feule régle de trois à faire, comme je l'ai fait voir ci-devant page 383, par laquelle on voit l'augmentation ou la diminution ordinairement à faire fur 1 l. ou fur quelques autres quantités que ce foit.

On fe fert de tarif dans les difcuffions de faillites ou banqueroutes, dans les départemens des tailles, ou des décimes & en plufieurs autres occafions ; parce qu'au lieu d'une répétition ennuyeufe de plufieurs régles de trois à faire en cette rencontre, on fe contente d'une feule, par laquelle on veut trouver la valeur d'une des chofes propofées, pour enfuite découvrir & par dégré celle d'une plus grande quantité demandée.

Suppofez donc qu'il foit dû à 45 créanciers, ainfi reconnus par l'état du débiteur, la fomme de 600000 l. mais les effets du débiteur ne fe montans qu'à celle 95430 l. favoir ce que chaque créancier doit recevoir de net, fur ce qui lui eft dû à proportion de cette diminution. Ainfi pour établir ce tarif & trouver la partie proportionnelle d'un denier, il faut faire une régle de trois, comme celle de la page 383, pour

C c c ij

trouver le pied de la livre, qui eſt 3 ſ. 2 d. 43/250 ; il faut réduire ces trois ſols deux deniers en deniers, ce qui fera 38 d. enſuite réduire leſdits 38 d. en la fraction, c'eſt-à-dire, multiplier 38 par 250 & y ajoutant 43 du numérateur, cela fera 9543 pour numérateur de la fraction que l'on cherche, qui eſt une livre, qui premierement étant réduite en deniers, fait 240 den. leſquels 240. deniers étant multipliés par le même dénominateur 250, feront 60000 pour dénominateur ; ainſi la partie proportionnelle d'un denier eſt donc 9543/60000 ou par réduction en plus petit nombre 181/20000.

On pourroit dire encore, prenant la ſomme du montant des effets trouvés pour numérateur, qui eſt 95430, & pour dénominateur la ſomme dont on fait banqueroute, qui eſt 600000, de ſorte que cela feroit pour la partie proportionnelle d'un denier 95430/600000, ou auſſi par réduction en plus petit nombre de fractions, fera la même que ci-deſſus 3181/20000. cette derniere méthode pourroit ſe préférer à la précédente, parce qu'elle eſt moins embrouillante & plus abrégée.

Exemple de la premiere maniere pour trouver
la partie proportionnelle d'un denier.

Pied de la livre... 3 f. 2 d. 43/250

12

————————————

38 d. /240
250 /250

————————————

1900 ⎱ 12000
76 ⎰ 480
43 ⎰

————————————

9543 /60000
Le 1/3 eft.... 3181 /20000

———————————————————————————————

Seconde maniere.

9543/0/60000/0
Le 1/3 eft... 3181/20000

Lefquels 3181/20000 on pofera vis-à-vis
d'un denier, & pour favoir ce que ren-
dront deux deniers, il faut doubler 3191/
20000, c'eft-à-dire, le numérateur de
cette fraction, laiffant le dénominateur tel
qu'il eft. Pour trois deniers, il faut tripler
ledit numérateur; ainfi des autres à proportion. Voyez ci-après le tarif dreffé.

L'ARITHMETIQUE

TABLE

proportionnelle ou tarif.

liv.	ols	den.		L.	fols	den.	part. de deniers.
		1					3181/20000
		2					6362/20000 ou $\frac{3181}{10000}$
		3					9543/20000
		4					12724/20000 ou $\frac{3181}{5000}$
		5					15905/20000 ou $\frac{3181}{4000}$
		6					19086/20000 ou $\frac{9543}{10000}$
		7	rend.			1-	2267/20000
		8				1-	681/2500
		9				1-	8629/20000
		10				1-	1181/2000
		11				1-	14991/20000
	1					1-	4543/5000
	2					3-	2043/2500
	3					5-	3629/5000
	4					7-	793/1250
	5		rend.			9-	543/1000
	6					11-	1129/2500
	7				1	1-	1801/5000
	8				1	3-	168/625
	9				1	5-	887/5000
	10				1	7-	43/500
1					3	2-	43/250
2					6	4-	43/125
3					9	6-	129/250
4					12	8-	86/125
5					15	10-	43/50
6			rend.		19	1-	4/125
7				1	2	3-	51/250
8				1	5	5-	47/125
9				1	8	7-	137/250

Suite de la Table ci-contre.

Liv.	Liv.	sols	d. & part	livres	livres	f.	d.
10 rend.	1	11	9. 18/25	10000 rend	1590	10	
20	3	3	7. 11/25	20000	3181		
30	4	15	5. 4/25	30000	4771	10	
40	6	7	2. 22/25	40000	6362		
50	7	19	. 3/5	50000	7952	10	
60 rend.	9	10	10. 8/25	60000	9543		
70	11	2	8. 1/25	70000	11133	10	
80	12	14	5. 19/25	80000	12724		
90	14	6	3. 12/25	90000	14314	1	
100	15	18	1. 1/5	100000	15905		
200	31	16	2. 2/5	200000	31810		
300	47	14	3. 3/5	300000	47715		
400 rend.	63	12	4. 4/5	400000	63620		
500	79	10	6.				
600	95	8	7. 1/5	500000	79525		
700	111	6	8. 2/5	600000	95430		
800	127	4	9. 3/5	700000	111335		
900	143	2	10. 4/5	800000	127240		
1000	159	1		900000	143145		
2000	318	2		1000000	159050		
3000	477	3					
4000 tend.	636	4					
5000	795	5					
6000	954	6					
7000	1113	7					
8000	1272	8					
9000	1431	9					

On voit par cette table, que les parties proportionnelles de la somme principale de celui qui a fait banqueroute, rapportent juſtement le montant des biens & effets, qu'il a. Voyez ci-devant à 600000 l. ſomme principale de la banqueroute, & vous verrez à côté ce qu'elle rend ou rapporte, qui eſt 95430 pour le montant de ſes effets, ſomme propoſée par l'état de la banqueroute. C'eſt ce qui fait voir que le tarif eſt juſte, & ce qui ſert de preuve audit tarif.

La table proportionnelle, ou tarif de l'autre part étant ainſi diſpoſé, ſi l'on veut ſavoir ce que doit toucher un des créanciers à proportion de ſa créance, comme par exemple, s'il étoit dû à un des créanciers 8587 l. il faut chercher vis-à-vis

8000 on tr. 1272 l. 8 ſ.

Vis-à-vis de 500. . .	79-10-6		250
Vis-à-vis de 80. . .	12-14-5.	19/25.	190
Vis-à-vis de 7. . .	1- 2-3.	51/250.	51

	l.	l. ſ. d.	
Pour. . . .	8587. il tir.	1365-15-2. . . .	& $\frac{241}{250}$

PREUVE.

Faiſant une addition de ces quatre ſommes proportionnelles trouvées dans le tarif, comme on voit ci-deſſus, il vient celle que l'on cherche, qui eſt 1365 l. 15 ſ. 2 d. 241/250. laquelle ſomme eſt à donner au créancier, au lieu de celle de 8587 l. ſi au contraire il avoit été beſoin d'augmenter ladite ſomme de 8587 l. ſur le même pied,

on

on auroit confidéré 1365 liv. 15 f. 2 den. 241/250. comme une taxe, une augmentation ou un profit. On peut fe fervir de petit modele ci-devant. Pour tirer les fommes de tous les autres créanciers, & ayant fait l'addition, on peut négliger la raction qui s'y trouve, c'eft-à-dire, les parties de deniers, ou bien exiger le denier à l'entier, parce qu'il ne manque que 9/250 pour qu'il y ait un entier.

DISSERTATION

pour le département des Tailles ou Capitations.

Suppofé qu'il ait été ordonné au Confeil du Roi, qu'il fera levé l'année préfente, fur fes fujets contribuables aux tailles, la fomme de 400000 liv. d'augmentation plus que l'année derniere, qui étoit de 1600000 liv. il faut premierement diftribner ladite fomme de 400000 l. à toutes les généralités du Royaume ; la part de chaque généralité à fes élections, la part de chaque élection à fes Paroiffes, & la part de chaque Paroiffe aux habitans d'icelle.

Pour favoir, fur quel pied du fol ou marc la livre eft cette fomme, il faut dire par une régle de trois, fi 1600000 l. font augmentés de 400000 livres ; combien fera augmentée 1 l. ou 20 f. Réponfe, elle fera

D d d

augmentée de 5 f. c'eft-à-dire, que chaque
généralité, chaque élection, chaque paroiffe
& chaque habitant payera 5 f. par livre de
taille, plus qu'il ne payoit l'année derniere.
Préfentement pour favoir ce que chaque généralité, élection, paroiffe & habitant payera pour fa part, il faut auffi dreffer un tarif
comme celui ci-devant pour la difcuffion de
banqueroute, par le moyen duquel on pourra tirer juftement ce que chaque généralité,
élection, &c. payera d'augmentation à proportion de celle actuelle, qui eft 400000 l.
& ce de la même maniere que j'ai enfeigné
qu'il faut faire, pour trouver ce que chaque
créancier doit toucher à proportion de fa
créance.

Par exemple, fuppofé que la ville de Nantes ait payé l'année derniere 69900 l. & qu'il
fût queftion de favoir, ce qu'elle doit payer
cette année à proportion de la levée générale, c'eft-à-dire, de 5 f. par livre d'augmentation ; ayant dreffé un tarif dans le même
genre que celui qui eft ci-devant, il faudra
chercher dans icelui les parties proportionnelles de la levée de l'année paffée, qui eft
69900 l. & faifant addition defdites parties,
on trouvera 17475 liv. d'augmentation que
lad. ville de Nantes doit payer cette année.
On peut encore multiplier lefd. 69900. l. par
5 f. ou tout d'un coup en prendre le quart,

parce que cinq est le quart de la liv. cela produira les mêmes 17475 liv. mais quand il y a des sommes composées de livres, sols & deniers, dont les parties proportionnelles de la livre ne se trouveroient pas justes, & dont le nombre de paroisses & d'habitans seroit trop grand, il sera bon d'établir un tarif pour trouver ce que chaque paroisse & habitant sera contribuable : voyez ci-devant, page 389, la maniere de dresser un tarif.

DISSERTATION

Sur le département des Décimes.

Du département des décimes au département des tailles ou capitations, il n'y a point de différence, car les impositions des tailles se font de la même maniere que les impositions des décimes, excepté que pour les tailles la généralité impose sur les élections, les élections sur les paroisses & les paroisses sur les habitans, & pour les décimes on impose les augmentations en général sur les provinces, les provinces sur les diocèses & les diocèses sur les recteurs ou curés & bénéficiers contribuables ; c'est pourquoi, se servant des préceptes ci-devant dits, tant à la discussion des banqueroutes, qu'aux tailles ou capitations, on pourra décider toutes les questions qui regardent les décimes.

D d d ij

Mais fi au lieu d'une augmentation, le Roi ordonnoit qu'on fit une diminution fur fes fujets, il faudroit opérer de la même maniere qu'eft dit ci devant pour l'augmentation, excepté que pour trouver la diminution de chaque contribuable, foit en matiere de tailles ou de décimes, on ôteroit ladite diminution de la taxe de l'année derniere, au lieu qu'il l'y faudroit ajouter, s'il s'agiffoit d'augmentation.

Régle conjointe ou d'égalité pour les aunages.

PREMIERE PROPOSITION.

Suppofé que fix aunes de Rouen rendent cinq aunes de Paris, & que quatre aunes de Paris rendent fept aunes en Hollande, de même que vingt-quatre aunes de Hollande rendroient dix cannes de Languedoc, & que fept cannes de Languedoc valent 36 l. on demande combien vingt-trois aunes de Rouen valent de livres tournois. Réponfe, lefdites vingt-trois aunes vaudront 71 liv. 17 f. 6 d.

OPERATION.

2 fois 2 ⎰ antécédent.   conséquent
font ⎱ 2. 6 aun. Rouen= 5 aun. Paris
4 ⎰ 2. 4 aun. Paris = 7 can. Hol. 1 ⎱ 25
2 ⎱ 2. 24 aun. Hol. = 16 aun. Lang. 5 ⎰
8 ⎰ 1. 7. cannes Lang— 76 l. 7. 1.

8. × ——————————— 23 aun. Rouen.

25

115

46

575 ⎰ 8
15 ⎱ 71 l. 17 f. 6 d.
7

20

140
60

4
12

48
0

Pour faire cette régle, il y a trois chofes à obferver, qui font l'antécédent, le conféquent & le figne d'égalité; l'antécédent eft à gauche, & le conféquent eft à droite. Il faut remarquer que le premier conféquent doit être de même valeur que le premier antécédent, quoique de différentes efpeces, & le fecond antécédent doit être de même espece que le premier conféquent, ainfi des autres jufqu'à la fin de la propofition. Pour favoir le prix de 23 aunes de Rouen, on met un x devant la marque d'égalité, qui eft——, lequel x fignifie combien, & après avoir mis les aunages qui correfpondent les unes aux autres, comme l'on voit ci-devant. On réduit le plus qu'on peut tant l'antécédent que le conféquent en plus petite denomina-tion, c'eft-à-dire, en prenant le 1/3 le 1/4, &c. on les raye, enfuite on multiplie tous les chiffres non rayés du conféquent les uns par les autres, & le produit eft dividende, & les chiffres de l'antécédent multipliés les uns par les autres, font divifeur : voyez ci-devant.

DEUXIEME PROPOSITION,

Servant de preuve à la précédente.

On demande, combien on aura d'aunes de toiles de Rouen pour la fomme de 71 l. 17 f. 6 d. à proportion de l'égalité des auna-ges fuivans. Savoir, on fuppofe que fept can-nes de Languedoc valent 36 l. dix cannes de Languedoc valent vingt-quatre aunes de Hollande, fept aunes de Hollande quatre aunes de Paris, & cinq aunes de Paris fix aunes de Rouen. Réponfe, on aura vingt-trois aunes de Rouen.

OPERATION.

antécédent	conséquent

$$
\left.
\begin{array}{l}
5 \\
5 \\
\underline{5} \\
25
\end{array}
\right\}
\left\{
\begin{array}{ll}
\cancel{6}\ \cancel{25}\ \text{l.} & \cancel{7}\ \text{can. de Languedoc } 1 \\
5\ \text{r}\cancel{6}\ \text{cannes} = \cancel{2}\cancel{4}\ \text{aun. de Hollande } 4 \\
1\ \cancel{7}\ \text{aun. Hol.} = \cancel{4}\ \text{aun. de Paris } 2 \\
5\ \text{aun. Paris} = \cancel{6}\ \text{aun. de Rouen } 1 \\
\cancel{x}\ \text{pour} = 71\ \text{l. } 17\ \text{f. } 6\ \text{d.} \\
\hphantom{xxxxxxxxx} 8
\end{array}
\right.
$$

$$
\begin{array}{l}
750\text{-}0\text{-} : \\
75 \\
00
\end{array}
\left\{
\begin{array}{l}
25 \\
\overline{\hphantom{xxx}} \\
23\ \text{aun. de Rouen}
\end{array}
\right.
$$

L'opération de cette preuve fe fait de la même maniere que la précédente , ayant pour principe de mettre pour premier anté-cédent la même efpece que le dernier confé-quent, comme on voit ci-devant & ci-deffus; & quand il s'agit d'abréger , il faut faire une petite barre fur les chiffres que l'on abrége, tant de l'antécédent que du confé-quent; car on ne peut pas abréger un anté-cédent fans abréger un conféquent. Enfuite on multiplie les chiffres non barrés du con-féquent les uns par les autres, & le produit eft le dividende : on multiplie auffi ceux de l'antécédent les uns par les autres , & le produit fert de divifeur.

Autre régle conjointe en forme d'arbitrage.

DISSERTATION.

On nomme cette régle conjointe, parce qu'elle supplée souvent au défaut de trois, quatre, cinq & six régles de trois, & quelquefois plus, qu'il faudroit faire pour la solution de plusieurs questions que l'on peut proposer sur plusieurs sortes d'affaires; ainsi on voit clairement, que cette régle conjointe n'est autre chose qu'un abrégé de plusieurs autres sous-entendues. Mais il faut faire attention que le terme, qui fait le sujet de la question, doit être de même nom que le premier, qui est appellé antécédent; que le second, nommé conséquent vis-à-vis le premier antécédent, ait la même dénomination que le troisieme, qui est le second antécédent; ainsi de suite en même dénomination jusqu'à la fin de tous les termes proposés.

PREMIERE PROPOSITION.

Supposé qu'un écu de france soit égal, suivant le cours de change, à 85 d. g. d'Hollande, que 26 f. 9 penins d'Hollande, ou 321 d. g. valent 1 l. ou 240 l. sterl. d'Angleterre; 53 d. sterlins 1 ducat de Venise, 100 ducat de banque de Venise 56 écus d'estampe de Rome : on demande combien vaudront
100

100 écus de France en écus d'estampe de Rome. Réponse , 67 écus d'estampe & 843/5671 partie d'écus ; voyez l'opération ci-dessous.

OPERATION.

```
        1 Δ — 85 d. g.
      ⎧ 321. d. g—240 d. st.      ⎫ 20400
17013 ⎨  53. d. st.— 1 ducat      ⎬
  100 ⎩ 100 duc. — 56 Δ d'Est.    ⎭    56
───────   x . —100 Δ tourn.      1142400
1701300                                100
                                ──────────
                                114240000   ⎫
                                 12162000   ⎬ 67. Δ 843/5617
                                  2529/00   ⎭
                                  843/5617
```

Après avoir disposé les termes de l'opération ci-dessus , il faut multiplier tous les termes antécédens, c'est-à-dire, ceux qui sont à gauche, les uns par les autres , pour avoir au produit total 1701300, qui sera le diviseur; il faut multiplier pareillement tous les conséquens, c'est-à-dire , les termes qui sont à droite les uns par les autres : le produit total qui est 114240000, sera le nombre à diviser ; ou bien , comme j'ai dit à l'opération de la premiere proposition, page 3⸗9, on peut réduire en plus petite dénomination, tant les antécédens que les conséquens. On trouve, pour réponse de l'opération ci-dessus , 67 écus d'estampe & 843/5671 parties d'écus; je vais en donner ci-après la preuve.

On peut se servir de cette régle pour le rapport des poids & mesures de différens lieux, comme je l'ai demontré ci-devant pour les aunages, page 329.

Je me suis servi de cette même régle pour la réduction des monnoies, dans le Traité des changes & d'arbitrages de mon volume in-4°.

DEUXIEME PROPOSITION.

Servant de preuve à l'opération ci-devant.

On demande, combien vaudront 67 écus & 843/5671 parties d'écus d'estampe de Rome, passans par les places suivantes: savoir, de Rome à Venise, le change étant à 56 écus pour 100 ducats de banque de Venise, 1 ducat pour 53 d. sterling d'Angleterre, 1 l. sterling ou 240 d. sterling pour 26 s. 9 d. d'Hollande, ou 321 d. de gros & 85 d. gros pour 3 liv. tournois, ou 1 $^\Delta$ de 60 s. Réponse, 100 écus tournois, ci 100 $_\Delta$

OPERATION.

$$
\begin{array}{l}
224 \left\{ \begin{array}{l}
14. \; 56 \, \Delta \quad — 100. \text{ ducats } 25. \; 5. \quad 1 \\
1 \text{ ducat } — \; 53. \text{ d. fterling} \quad 53 \\
16. \; 80. \; 240 \text{ fterl.} — 321 \text{ d. g. } 107 \quad 535 \, 5671 \\
17, \; 85. \text{ d. g.} — \quad 1 \, \Delta \\
x \quad — \quad 67. \, \Delta \, 843/5671 \text{ d'Eft. de Rome}
\end{array} \right.
\end{array}
$$

17

div: 3808

5671

39697
34626

843, pour la fraction.

380800 ⎰ 3808
000000 ⎱ 100. Δ tourn. pour Rép.

Dans l'opération ci-deſſus, j'ai réduit en la plus petite dénomination que j'ai pu, tant l'antécédent que le conſéquent, en prenant d'un côté & d'autre, tant en haut qu'en bas, les parties que j'ai pu prendre, & cependant toujours un conſéquent avec un antécédent, & ce afin de trouver un moindre dividende & un moindre diviſeur, & barrant toujours les chiffres, deſquels j'ai pris les parties proportionnelles tant de part que d'autre, comme l'on voit ci-deſſus.

Régle de jaugeage.

PROPOSITION.

Suppoſé, qu'on veuille jauger une petite piece à eau-de-vie, qui a trois pieds quatre pouces, ou plutôt quarante pouces de diamétre par ſon ouverture, vingt pouces de

E e e ij

diamétre de fond de dedans en dedans, & trente-un pouces de hauteur depuis le grand diamétre jusqu'au petit; on demande combien ladite piece à eau-de-vie contiendra de veltes de quatre pots mesure de Nantes. Réponse, 57 veltes peu moins ou au juste 56 veltes 7 pintes 1/2 & 1/49 d'une demi-pinte.

OPERATION.

```
40. pouc. grand diam. mult. 30
20. pouc. petit diam.    par 30
───────                   ──────
   60.            multiplier...900
              par... 31 pouc. de haut.
La 1/2 .... 30 pouc. diam. com.
                        900
                       2700    /490. filindrique
              ───────          ┐ 56. veltes 46/49
                      27900     ┤ parties de veltes.
                       3400     ┤ qui val. 7 pintes
                                ┤ 1/2 & 1/49 de
                                ┘ demie-pinte.
```

Pour faire cette régle, il faut ajouter les deux diamétres ensemble; savoir, 40 & 20, ce sera 60, desquels il faut prendre la moitié qui est 30 pouces pour le diamétre commun, qu'il faut multiplier par lui-même, c'est-à-dire, 30 par 30, & le produit donnera 900, lequel produit il faut multiplier par 31 pouces de haut, il viendra 27900, qu'il faut toujours diviser par 490 pouces, parce qu'il faut 490 pouces pour une velte de 4 pots; ainsi il viendra pour réponse 56 veltes 46/49, on peut dire 57 veltes, parce qu'il ne s'en manque que 3/49 parties de velte, chaque velte eſt de 4 pots meſure de Nantes : on peut ſe conformer ſur cette régle pour en faire d'autres, ſelon les proportions qui ſont données.

Régle de la progreſſion arithmétique.

DISSERTATION

Il y a trois ſortes de progreſſions ; ſavoir, la progreſſion arithmétique, qui eſt celle que je vais expliquer ; la progreſſion géométrique & la progreſſion harmonique, que je paſſerai ſous ſilence, parce qu'elles ne regardent point l'arithmétique.

La progreſſion arithmétique eſt compoſée de trois progreſſions ; ſavoir, la naturelle, la continue & la non continue.

Il y a ſix choſes à conſidérer ; ſavoir, 1°. la valeur du premier ou du plus grand terme ; 2°. la valeur ou la ſomme de tous les termes ; 3°. la valeur du premier ou du moindre terme ; 4°. l'excès ou la différence du premier au deuxieme terme ; 5°. la quantité des excès ; 6°. la quantité des termes.

La progreſſion naturelle s'entend par pluſieurs nombres, qui ſe ſurpaſſent l'un l'autre, c'eſt-à-dire, lorſque l'excès du ſecond nombre ne ſurpaſſe le premier que d'une unité ; le troiſieme ne ſurpaſſe auſſi le ſecond que d'une unité, comme 1, 2, 3, 4, 5, 6, nat de même auffi 2, 4, 6, 8, auxquels chiffres chaque nombre ne fe furpafle que de deux unités, ainfi des autres.

La progreffion continue s'entend quand les excès du fecond nombre furpaffent le premier de plus d'unités que le premier ne contient, comme........2, 5, 8, 11, 14, 17, 20, 23, con

La progreffion non continue fe doit entendre, quand l'excès ou la différence du premier au deuxieme nombre eft égale à celle du troifieme au quatrieme, & ainfi de deux en deux, comme 4, 7, 8, 11, 10, 13, 14, 17, non

Remarquez que quand les termes font en nombre pair pour toutes progreffions arithmétiques, la fomme des t i es eft égale à la fomme des intermoyens, également diftans des extrêmes, comme on voit en les nombres ci-deffus donnés.

Pour avoir la fomme de tous les termes d'une progreffion arithmétique, foit naturelle, continue ou non continue, il faut ajouter le premier & dernier terme enfemble, & multiplier la fomme par moitié du nombre des termes, le produit donnera la fomme de tous les nombres.

PREMIER EXEMPLE
de la progreſſion naturelle.

1. premier terme.
6. ſixieme terme.
_____

7. total.
Par. . . . 3. moitié des ſix term.
_____

21. prod. deſd. ſix term.

Addition des termes.

1
2
3
4
5
6

21, preuve.

SECOND EXEMPLE
de la progreſſion continue.

2. premier terme.
23. huitieme terme.
_____

25. total.
Par. . . . 4. moitié des huit term.
_____

100.. prod. deſd. huit ter.

Addit. des term

2
5
8
11
14
17
20
23

100. preuve.

TROISIEME EXEMPLE
de la progreſſion non continue.

4. premier terme.
17. huitieme terme.
_____

21. total.
Par. . . 4 moitié des huit termes.
_____

84 prod. deſd. huit termes.

Addition des termes.

4
7
8
11
10
13
14
17

84 preuve.

Par les trois exemples ci-deſſus, on voit

que le produit des deux termes étant multiplié par la moitié des termes, il vient le
montant de tous les termes. Ce qui se prouve en additionnant tous les termes, comme
on voit ci-devant.

Par le premier exemple on voit que les
deux extrêmes font 7, & la multitude des
termes est 6, dont la moitié est 3; multipliant
donc 7 par 3, il vient 21 pour le montant
de tous les termes. Voici une proposition
sur ce sujet.

PREMIERE PROPOSITION.

Une Marchande d'orange a vendue un
cent d'oranges à un particulier de cette Ville,
à condition que de la premiere orange il en
payeroit un denier, de la seconde 2 deniers,
de la troisieme trois deniers, ainsi de suite
jusqu'à la centieme, augmentant toujours
d'un denier, selon la progression naturelle:
on demande combien ce particulier donnera
d'argent à la Marchande d'orange pour ledit cent qu'il a acheté. Réponse, 21 livres
o sols 10 deniers.

Pour faire cette régle, il faut ajouter le
premier terme 1 avec le dernier terme qui
est 100, la somme sera 101, qu'il faut mul-
plier par 50, moitié de 100, & le produit
donnera 5050 deniers, qui valent 21 livres
o sols 10 deniers pour la valeur desdites cent

oranges

oranges aux fufdites conditions. Il n'eft pas néceffaire de donner l'opération de cette ré- gle ; le raifonnement feul la fait comprendre.

DEUXIEME PROPOSITION,

Servant de preuve à la précédente.

Un particulier a acheté pour 21 liv. o f. 10 den. d'oranges, dont il a payé la pre- miere orange un denier, la deuxieme deux deniers, la troifieme trois deniers, & tou- jours en augmentant d'un denier jufqu'à la derniere orange : on demande combien il a eu d'oranges pour la fufdite fomme de 21 liv. o f. 10 den. Réponfe 100 oranges.

Pour faire cette régle, il faut doubler 21 liv. o f. 10 den. il viendra 42 liv. 1 f. 8 den. ou, comme la queftion eft propofée par de- niers, cela fera 10100 deniers, dont la ra- cine quarrée eft 100, ainfi ce font cent oranges qu'il a acheté ; il faut obferver, que le refte de l'extraction doit fe trouver égal au quotien, autrement la régle ne feroit pas bonne. Voyez ci-deffous l'opération de la racine quarrée.

OPERATION.

Divifeurs.	10100	100 oranges.
premier.. 1	100	
fecond... 20	reftant.	
troifieme. 200		

F ff

PREUVE.

M. . . 100
Par. . . 100
_____
10000
100 reſtant.
_____
101000

Je donnerai ci-après l'inſtruction de la racine quarrée, de même que celle de la racine cubique, avec des exemples & opérations.

TROISIEME OPERATION.

Deux jeunes gens ont fait gageure, ſavoir, que l'un auroit fait une lieue en droit chemin, c'eſt-à-dire, demi-lieue à aller & demi lieue à revenir, avant que l'autre auroit poſé & ramaſſé 34 œufs dans un panier, arrangés comme il eſt expliqué ci-après, ſavoir:

On a mis dans un panier 34 œufs, qu'enſuite on a rangé en droite ligne & éloignés ou diſtancés par-tout de cinq pieds l'un de l'autre. On demande lequel des deux gagnera; ce devroit être celui qui ramaſſe les œufs, ſelon l'opération de la progreſſion; mais ils ont fini enſemble, c'eſt-à-dire, ils ont arrivé enſemble au but limité par la poſition du panier. C'eſt une progreſſion

que j'ai fait faire & opérer à mes écoliers.
J'ai donné 120 pas de moins à faire à celui
qui a ramaffé les œufs, & cela pour rem-
placer le tems qu'il perdoit à fe baiffer & à
fe relever pour pofer & ramaffer lefdits
œufs.

OPERATIONS.

```
dernier terme. . .    340
premier terme. . . .   10
                      ____
                       350
1/2 des 34. term.       17
                      ____
produit. . . . . .    5950   pour la pofition des 34. œufs.
                      5950   pour le ramas defdits œufs.
                      ____
              11900  pieds
le 1/5. eft. . . .    2380  pas
```

PREUVE pour la pofition.

10	110	210	310
20	120	220	320
30	130	230	330
40	140	240	340
50	150	250	1300
60	160	260	
70	170	270	550
80	180	280	1550
90	190	290	2550
100	200	300	5950
550	1550	2550	p reuve

Il eft certain qu'il faut que celui qui

pofe & ramaffe les œufs, faffe dix pieds pour feulement pofer le premier œuf, cinq pieds pour aller & cinq pieds pour revenir; il faut auffi qu'il faffe 20 pieds pour le fecond œuf, dix pour aller & dix pour revenir, ainfi du refte. On fe fervira de cette progreffion 10, 20, 30, 40, 50, 60, &c. comme vous voyez à la preuve de l'autre part, & ce jufqu'au nombre des œufs propofés, qui eft 34, & dont le dernier & plus grand terme eft 340, auquel il faut ajouter le premier terme 10, comme vous voyez à l'opération ci-devant, cela fait 350 qu'il faut multiplier par 17, moitié du nombre des 34 termes ou des œufs propofés. Le produit fera 5950 pieds pour la pofition des œufs; enfuite pour les reporter dans le panier d'où ils font fortis, il faut qu'il faffe encore 5950, ce qui fait en total 11900 pieds, qui font 2380 pas: pour réduire les pieds en pas géométriques, il faut prendre la cinquieme partie des pieds trouvés, parce qu'il faut cinq pieds pour un pas géométrique, & pour trouver des lieues, il faudroit pouvoir divifer les 2380 pas par 2500, parce qu'il faut 2500 pas géométriques pour la lieue de France; ainfi on voit qu'il manque 120 pas pour faire la lieue; c'eft ce qui fait voir que celui qui ramaffoit les œufs, devoit avoir fini avant l'arrivée de l'autre. Mais, comme j'ai dit ci-

devant, fe baiffer fe relever fi fouventes-
fois, emporte du tems; c'eft ce qui fit qu'ils
arriverent enfemble au but limité ou étoit
le panier.

Différentes mefures.

Le pas commun......	....	de deux pieds & demi.
Le pas géométrique...	....	de deux pas communs.
La lieue de France.....	....	de 2500 pas géométr.
Le ftade...........	....	de 125 pas géométr.
Le mille d'Angleterre..	....	de 8 ftades ou 1000 pas
	eft com-	géométriques.
La lieue d'Efpagne....	pofée.	de 3400 pas.
La lieue d'Allemagne..	....	de 4000 pas.
La lieue de Suede & de	....	
Suiffe	....	de 5000 pas.
La lieue de Hongrie...	....	de 6000 pas.

Régle de fauffe pofition double.

DISSERTATION.

On nomme ainfi cette régle, (régle de
fauffe pofition double) parce qu'on fuppofe
deux nombres que l'on nomme faux, & par
ce moyen on trouve celui que l'on cherche.
Il faut premierement fuppofer un nombre,
& avec icelui pourfuivre la queftion propofée, comme fi c'étoit le nombre conçu en ladite queftion : & fi à la fin on ne parvient pas
au nombre que l'on cherche, il faut écrire
le nombre fuppofé avec fa différence de plus
ou de moins, comme on va le voir par la
propofition fuivante & l'opération ci-après,

de laquelle je me contenterai de donner l'explication, regardant cette régle comme plus curieuse qu'utile.

PROPOSITION.

Un Maître écrivain veut acheter la maison où il demeure, par le moyen des écoliers qu'il enseigne ; il dit que si ses écoliers lui payoient 12 écus par an, il auroit 30 écus de de reste après avoir payé sa maison ; mais que comme ils ne lui en payent que 10, il sera obligé d'en emprunter 50 pour faire le payement de ladite maison. On demande combien il a d'écoliers, & combien lui coûtera cette maison. Réponse il a 40 écoliers, & la maison lui coûtera 450 écus.

Pour cet effet, il faut trouver un nombre qui ayant été multiplié par 12 & ôté 30 du produit, fasse un nombre égal à celui qui viendra du même nombre multiplié par 10, & ajouter 50 au produit.

Présentement il est facile de trouver le prix de la maison ; il n'y a qu'à multiplier les 40 écoliers par 12 écus, le produit est 480, dont il faut souftraire les 30 écus qu'il auroit de reste, si ses écoliers payoient 12 écus par an ; le reste sera 450 pour le prix de ladite maison. Et pour preuve, je multiplie les 40 écoliers par 10 écus que chaque écolier paye par an, le produit est 400 auquel j'a-

DÉMONTRÉE.

joute les 50 écus qu'il doit emprunter, le total donne de même 450 écus.

OPÉRATION.

50 Ecoliers. 50 Ecoliers
12   10
---   ---
600   500
30   50
---   ---
570   550
550   ---

20 plus.   fauſſe.

45 Ecoliers. 45 Ecoliers.
12   10
---   ---
540   450
30   50
---   ---
510   500
500   ---

10 plus.   fauſſe.

50 plus 20. . . 900
45 plus 10. . . 500
            ---   ⎧ 10
            400   ⎨ ――――――
            000   ⎩ 40 Ecoliers.

PREUVE.

40 Ecoliers. 40 Ecoliers.
Par. . . 12   10
---   ---
480   400
30   50
---   ---
450   450

On peut suppofer d'autres régles de fauffe pofition double ou fimple fur ce principe, & où il fe peut trouver plus & moins de différence, je renvois le curieux à mon queſtionnaire ci-après, où font renfermées toutes fortes de queſtions fur les précédentes régles comme fur les fuivantes.

Autre maniere fimple d'opérer la propofition ci-deſſus.

$$\text{Souſtraire} \begin{cases} 12. \text{ plus} & 30 \\ 10. \text{ moins} & 50 \end{cases} \text{additionner.}$$

refte . . 2. divif. 80. dividende.

$$80 \begin{cases} 2 \\ \hline 40 \text{ Ecoliers.} \end{cases}$$
$$0$$

Réponfe, comme ci-deſſus il a 40. Ecoliers.

40. Ecoliers.	40. Ecoliers.
à . . . . 12. écus.	à . 10. écus.
480.	400.
ôtez . . . 30.	ajoutez 50.
450. écus. ci . . .	450. prix de la maifon.

Et la maifon lui coûte 450 écus.

Régles de l'extraction de la racine quarrée.

DISSERTATION.

Extraire la racine quarrée d'un nombre, c'eſt en trouver un moindre qui étant multiplié par lui-même produife le même nombre dont

dont on a tiré la racine quarrée ; parce que tout nombre multiplié par lui-même eſt la racine quarrée du nombre qu'il produit qui ſe nomme quarré, comme 64 eſt un nombre quarré, dont la racine eſt 8 ; car 8 fois 8 font 64, de même que 9 fois 9 font 81, qui eſt un nomdre quarré, dont la racine eſt 9 & ainſi des autres.

Mais avant que de commencer la pratique de cette extraction, il faut avoir la connoiſ-ſance des nombres quarrés, que produiſent les neuf ſimples figures qui ſuivent ; ſavoir :

Racines,	1	2	3	4	5	6	7	8	9
nombres quar.	2	4	9	16	25	36	49	64	81

On voit par la démonſtration ci-deſſus que tous les nombres quarrés ne donnent chacun pour racine qu'une figure, comme auſſi par la même raiſon, chaque ſimple figu-re ne produit pour ſon quarré que deux figu-res au plus.

PREMIERE PROPOSITION.

Si vous voulez extraire la racine quarrée d'un nombre plus grand que ceux marqués ci-deſſus, comme par exemple de 1225, après avoir ſouſligné le nombre, & y avoir mis un L. au bout de la droite, vous di-viſerez ces figures de deux en deux, en commençant à droite & finiffant à gauche, par le moyen d'une virgule que vous mettrez entr'elles, & remarquez qu'il doit fe trouver autant de figures au quotient, (c'eft-à-dire, après la lettre L. faite en demi-cercle) qu'il y aura de divifions ou féparations, (par une virgule, que nous appellons feétions) au nombre, dont on veut extraire la racine quarrée.

Ainfi, pour extraire la racine quarrée de ce nombre 1225, je divife les quatre figures en deux feétions, & je cherche la racine de la premiere à gauche qui eft 12; je trouve qu'elle eft 3, que j'écris au quotient, & encore fur la gauche pour divifeur; j'opére enfuite comme à la divifion enfeignée ci-devant, difant 3 fois 3 font 9, à fouftraire de 12, premiere feétion, le refte eft 3, que je pofe fous les 12.

Cela étant fait, je baiffe la feconde feétion, qui eft 25, proche le 3 reftant; le tout fait 325.

Après cela je double le divifeur qui eft 3, le double eft 6 pour fecond divifeur; je cherche donc dans 32, qui font les deux premieres figures de 325, nombre à divifer, combien ce 6 y eft contenu de fois, naturellement il y eft 5, que j'écris au quotient proche le 3 pour feconde racine, & au devant du 6 pour divifeur, & je dis 5 fois 5 font

25, à fouftraire de 25, eft quitte, & retiens 2 : je continue, difant 5 fois 6 font 30, & 2 que j'ai retenu font **32**, que je fouftrais de 32, il ne refte rien; ainfi je dis que la racine quarrée de 1225 eft 35 jufte.

Et pour preuve, je multiplie la racine. quarrée 35 par elle-même, c'eft-à-dire, 35 par 35, le produit donne les 1225, qui eft le nombre quarré propofé à extraire.

OPERATION.   PREUVE.

```
divifeurs. ⌠ 1225 ⌡ 35. racine        35
I.....3    ⌡  325 ⌠                    35
II....65   ⌡   00 ⌠                  ─────
                                      175
                                      105
                                    ─────
       nombre quarré. . . . 1225. preuve..
```

DEUXIEME PROPOSITION.

De trois fections, dont la racine fera compofée de trois figures.

Je veux favoir quelle eft la racine quarrée de 1,61,53, pour cet effet, je divife les figures de deux en deux comme ci-devant; je trouve trois fections, dont la derniere n'eft compofée que d'une figure : je dis donc que la racine quarrée de 1, dont la fection à gauche eft compofée, eft 1 que j'écris au quotient pour premiere racine, & au divifeur pour premier divifeur, enfuite je dis une fois 1, à fouftraire de 1, eft quitte; je double cet 1, & baiſſe la ſection ſuivante qui eſt 61, je cherche combien 2, qui eſt le double de 1, eſt contenue dans le 6 de cette ſection 61 : il ne peut y entrer que 2, que je poſe pour ſeconde racine proche la premiere, & au devant du 2 du diviſeur, pour en former ladite ſeconde racine.

Enſuite je dis 2 fois 2 font 4, que je ſouſtrais de 11, il reſte 7, que je poſe ſous le 1, & retiens 1, & 2 fois 2 font quatre, & 1 que j'ai retenu font 5 à ſouſtraire du 6 reſte 1, que j'écris au-deſſous du 6, de ſorte que le reſte eſt 17, proche duquel j'abbaiſſe la troiſieme ſection, qui eſt 53, le tout fait 1753, je double le diviſeur, qui eſt 2, le double eſt 4, que j'écris au-deſſous dudit 2, & je baiſſe l'autre 2 premier écrit proche ledit 4.

Cela étant fait, je cherche en 17 combien 2 y eſt contenu de fois; je trouve qu'il n'y peut entrer que 7, que je poſe au quotient pour troiſieme racine, & au diviſeur pour troiſieme diviſeur : je dis donc 7 fois 7 font 49, à ſouſtraire de 53 reſte 4, que j'écris ſous le 3, & retiens 5; je dis 7 fois 4 font 28 & 5 font 33, à ſouſtraire de 35, reſte 2, que je poſe ſous le 5 & retiens 3, & je dis encore 7 fois 2 font 14, & 3 que j'ai retenu font 17, que je ſouſtrais de 17, il ne reſte rien; ainſi il ſe trouve 24 de reſtant qu'il faut rapporter à la preuve, qui ſe fera comme celle de l'opération précédente.

OPERATION.   PREUVÉ.

```
              1,61,53 ⎰ 127        127
Diviſeurs    0 61     ⎱              127
I... 1       17 53               ─────────
II.. 22         24.  reſtant        889
III. 247    ─────────               254
            ─────────               127
                                ─────────
                                  42. reſtant.
                                ─────────
                                  16153. preuve.
                                ─────────
```

Remarquez que s'il ſe fût trouvé quatre ſections, j'aurois encore doublé la derniere figure du diviſeur, qui eſt un 7, pour en former le quatrieme diviſeur, lequel auroit été 254, & ainſi des autres, en doublant toujours la figure du diviſeur derniere écrite, à meſure qu'il ſe trouve des ſections, dont il faut extraire la racine quarrée.

Remarquez encore que lorſqu'il ſe trouve des zeros dans la ſeconde, troiſieme & quatrieme ſection, & que le diviſeur n'eſt point contenu dans le nombre à diviſer, il faut écrire un zero au quotient pour ſeconde, troiſiéme & quatrieme racine, & mettre auſſi le même zero au - devant du diviſeur.

TROISIEME PROPOSITION.

Je veux extraire la racine quarrée de 16402500; pour cet effet, je ſépare comme ci-devant, les figures de deux en deux,

prenant premierement la racine de la premiere section qui est 16, je trouve qu'elle est
4, que je met au quotient pour premiere
racine, & à gauche pour premier diviseur;
je dis donc 4 fois 4 font 16, à soustraire de
16, premiere section, quitte; je baisse la seconde section qui est 40, & je double le diviseur qui est 4, dont le double est 8, &
comme je trouve que 8 n'est point contenu
dans 4, j'écris un zero au quotient pour seconde racine, & au devant du 8 pour second
diviseur, le tout fait 80.

Je baisse la troisieme section, qui est 25
proche la seconde 40, le tout fait 4025,
nombre à diviser; je cherche en 40 combien
il y a de fois 8, je trouve qu'il y est 5, que
je met au quotient pour troisieme racine, &
au devant du diviseur 80.

Je dis donc 5 fois 5 font 25, à soustraire de
25 quitte, & retiens 2 : je dis 5 fois 0 n'est
rien, 2 que j'ai retenu à soustraire de 2,
quitte, & 5 fois huit font 40, que je soustrais
de 40, quitte.

Remarquez qu'à chaque fois que j'ac-
quitte ces figures, j'écris un zero au-dessus
d'elle; enfin je baisse la derniere section,
qui est composée de 00, & comme le diviseur n'est point contenu dans le nombre à
diviser, puisqu'il n'est contenu que de zeros,
je porte un zero au quotient pour quatrieme

racine ; ainſi on voit que la racine quarrée 1640,500 eſt 4050. La preuve ſe fait comme les précédentes.

OPERATION.   *PREUVE.*

```
                                           4050
              16,40,25,00 {4050 rac.   4050
Diviſeurs      40,25        }          ─────────
  4               0 00 00              202500
 805           ─────────              162000
─────────                            ─────────
                                     1640,500. preuve
```

───────────────────────────────────

Autre exemple & opération.

```
Diviſeurs    7,00,00,00  {  2645
I . . . 2    3 00          {
II . . 46      24 00
III . . 524     3 04 00
IV . . 5285       39 75. reſtans
```

PREUVE.

```
      2645
      2645
    ─────────
     13225
     10580
     15870
      5290
    ─────────
     6996025
        3975. reſtans.
     ─────────────
Preuve. . 7000000.
```

Autre exemple & opératian.

PREUVE.

Diviſeurs.	1,00,00,00,00(10000 racine	10000
1	00,00,C0,00	10000
2		

Preuve 10000000

Il ſera facile de connoître les inconvéniens qui pourroient ſe trouver dans l'extraction de la racine quarrée, par le moyen des deux deniers exemples propoſés & opérés.

Remarquez que comme le nombre du premier de ces deux exemples dernier propoſé ci-deſſus, n'eſt pas un nombre quarré; ſi vous voulez le rendre quarré, afin que la racine ſoit 2646, il faut doubler la racine déja trouvée, qui eſt 2645, & ajouter 1 à ce nombre doublé, vous aurez 5291, dont vous ſouſtrairez ces 3975 de reſtant, le reſte ſera 1316, que vous ajouterez au nombre propoſé, qui eſt 7000000, le tout ſera 7001316, dont la racine quarrée eſt 2646.

Mais ſi au lieu d'augmenter la racine, vous vouliez exprimer en fraction le reſte de l'extraction, qui eſt 3975, vous doubleriez la racine 2645, & ajouteriez 1 au nombre doublé, vous auriez 5291, comme ci-deſſus, que vous écrirez pour dénominateur, & en poſant le reſte de l'extraction, qui eſt 3975 pour numérateur, vous auriez 3975/5291 pour la fraction exprimée, comme on voit par l'opération ci-contre.   OPERAT.

OPERATION.

Diviſeurs.	7,00,00,00	2645. 3975/5291. racine,
I...2	3 00	2 quarrée.
II..46	24 00	
III.524	3 0400	5291
IV..5285	3975. reſtant.	

QUATRIEME PROPOSITION

d'entiers & fractions.

Si vous voulez tirer la racine quarrée d'entiers & fractions, comme par exemple, de 4522. 9/16.

Réduiſez ce nombre propoſé en ſeizieme, vous aurez 72361/16; vous tirerez premierement la racine du numérateur, qui eſt 72361, vous aurez 269; vous tirerez auſſi la racine du dénominateur, qui eſt 16, elle eſt 4, que vous écrivez deſſous 269; la racine entiere eſt 269/4 ou par réduction 67. 1/4, qui diſent 67 entiers 1/4. Voyez l'opération ci-deſſous.

OPERATION.

4522. 9/16   16 { 4 rac.
16   4.   0

{ 269 racine, numérateur.

Div.   7,23,61
2.   3 23 { 4. racine, dénominateur.
46   47 61 réduction en entiers.
529   000   diviſeur.

269 { 4.
29
1/4 { 67. entiers 1/4.

H h h

PREUVE.

$$67. \; 1/4$$
$$4$$

$$\overline{}$$

$$269$$
$$67. \; 1/4$$

$$\overline{}$$

$$1883$$
$$1614$$
$$67. \; 1/4$$

$$\overline{}$$

$$18090. \; 1/4$$
$$4$$

$$\overline{}$$

4
4
——
16 div.

$$72361 \left\} \begin{array}{l} 16 \end{array}\right.$$
$$83$$
$$36 \quad \big\} \quad 4522. \; \text{entiers } 9/16$$
$$41$$
$$9/16$$

La preuve de cette extraction ci-deſſus
ſe fait en mettant 67. 1/4 en quarts; vous en
trouverez 269, que vous multiplierez par
les mêmes 67. 1/4, le produit eſt 18090.1/4,
qu'il faudroit diviſer par 4, parce que 18090
ne ſont que des quarts & 1/4 de reſte; mais
par rapport à ce 1/4, il faut réduire les 18090
en quarts, en les multipliant par 4, ce qui
produit 72361, il faut multiplier le 4 par 4,
ce qui produit 16 pour diviſeur, & vous
trouverez au quotient 4522. 9/16, nombre
propoſé, voyez ci-deſſus.

Pour tirer la racine quarrée d'une fraction

radicale, comme fi vous voulez avoir la racine quarrée de 16/36, tirez la racine de 16,
qui eſt 4, & de 36, qui eſt 6, vous aurez
4/6 ou 2/3 pour la racine quarrée de 16/36.

Pour extraire la racine d'une fraction irra-
dicale, comme de 7/9, il faut multiplier 7
par 9, le produit eſt 63, & au lieu de 63,
il faut prendre le nombre quarré le plus proche, qui eſt 64, dont la racine eſt 8, qu'il
faut écrire pour numérateur, & 9 pour dénominateur : ainſi la racine quarrée de 7/9
eſt 8/9, à peu près.

Pour preuve, multipliez 8/9 par 8/9,
vous aurez 64/81, dont la racine quarrée eſt
8/9, comme ci-deſſus.

Uſage de la racine quarrée.

La racine quarrée eſt utile pour la guerre;
elle ſert à former un bataillon, par le moyen
d'un nombre de ſoldats, ſoit qu'il ſoit quarré
d'hommes ou quarré de terrein.

Le bataillon quarré d'hommes eſt celui
qui a autant d'hommes de front que de flanc,
c'eſt-à-dire, qui eſt égal de toutes faces;
& le bataillon quarré de terrein eſt celui dont
les hommes occupent une place de terre
quarrée.

PREMIERE PROPOSITION.

Si on vouloit former un bataillon quarré

H h h ij

d'hommes avec 3249 soldats , combien il
y en auroit-il de front & de flanc, c'est-
à-dire, de chaque côté? Pour le savoir il ne
faut qu'extraire la racine quarrée des 3249
soldats , on trouve qu'elle est 57 pour le
nombre des hommes qu'il y aura, tant de
front que de flanc.

OPERATION.   PREUVE.

Diviseurs.	32,49	57, rac.	57. hom. de front.
5	7 49		57. hom. de flanc.
107	0 00		

$$399$$
$$285$$

3249. preuve.

DEUXIEME PROPOSITION.

Je veux former un bataillon quarré
d'hommes avec 954 soldats, & savoir combien il y aura desdits soldats de front & de
flanc.

Pour cet effet je tire la racine des 954,
elle est 30 pour les hommes de front & de
flanc, & il reste 54 soldats, dont je pourrois faire un peloton.

Cependant si je voulois que tout y fût
employé, c'est-à-dire qu'il y eût 31 soldats de front & 31 de flanc, combien faudroit-il ajouter d'hommes?

Pour le favoir je double la racine 30 &
ajoute 1 au nombre doublé, le tout fait 61,
duquel nombre je fouftrais 54 reftant de
l'extraction, le refte eft 7, c'eft-à-dire, 7
hommes que je dois ajouter aux 954.

OPERATION.

Divifeurs. { 9,54
          { 0 54. reftans.   { 30

```
3
60
```

```
          30
           2
         ____
          60
           1
         ____
          61
          54
         ____
```

Il faut ajouter. . . 7. hom.

PREUVE.

```
   954
     7
 _____
   9,61   { 31. racine
   0 00
```

```
3
61
```

```
     31
     31
    ____
     31
     93
    ____
   961. preuve.
```

TROISIEME OPERATION.

On propofe un nombre d'hommes pour
faire un bataillon quarré de terrein, il faut
trouver combien le front contiendra d'hommes, & combien la file.

Pour cet effet il faut savoir premierement, qu'au bataillon quarré de terrein les hommes occupent en front 3 pieds de distance les uns des autres, & 7 en file ou en hauteur; de sorte que si on veut trouver le nombre des hommes de front du bataillon qu'on veut ranger, on fera une régle de trois, posant 3 au premier terme, 7 au second, & le nombre des hommes proposés au troisieme; ensuite on extraira la racine quarrée du quatrieme terme ou quotient de la régle de trois, la racine donnera le nombre des hommes de front.

Et au contraire, si on veut trouver le nombre des hommes de file, il faut dire: si 7 donnent 3, combien donneront les hommes proposés à mettre en bataillon.

Comme si on proposoit de mettre 4725 hommes en bataillon quarré de terrein, on demande combien il y auroit d'hommes de front. Réponse, 105 hommes de front; il faut dire:

Si 3 donnent 7, comb. donneront 4725. hommes.

OPERATIONS.   7

Diviseurs. $\left\{\begin{matrix}1,10,25\\0\ 10\ 25\\000\end{matrix}\right.$ $\left\{\begin{matrix}105.\ \text{hom. de fr.}\end{matrix}\right.$ $33075\left\{\begin{matrix}3\\11025.\ \text{q.}\end{matrix}\right.$

1   205   03   007   15   0

Et pour avoir ceux de la file, il faut dire:

Si 7 donnent 3, combien don. 4725

$$\frac{3}{14175}$$

OPERATIONS.

20,25) 45. hom. de file   017 } 2025. quot.

4   4 25 }   35

8 5   00 }   0

Pour preuve, multipliez les 105 hommes de front par 45 hommes de file, vous trouverez les 4725 hommes propofés.

OPERATION *de la preuve*, 105. hommes de front, par ..... 45. hommes de file.

$$\overline{\begin{matrix}525\\420\end{matrix}}$$

4725. hom. du bataillon

Si préfentement on demandoit combien ce bataillon de 4725 hommes contient de terrein, il ne faut que multiplier les 4725 hommes par 21 pieds quarrés, que chaque homme contient ; car 3 fois 7 font 21, vous trouverez au produit 99225 pieds quarrés ou 16537 toifes & 3 pieds ou 1/2 toife.

OPERATION.

4725   99225. pieds quarrés.

21   Le 1/6 ... 16537. toifes 1/2.

$$\overline{\begin{matrix}4725\\9450\end{matrix}}$$

99225. pieds quarrés.

QUATRIEME PROPOSITION.

On veut ranger un bataillon dans une espace quarrée de terrein qui contient 3601 toises 1/2, & savoir combien il y aura de soldats de front & de file, & combien en tout.

Pour le savoir, multipliez les 3601 toises 1/2 par 6 pieds, valeur de la toise ; le produit sera 21609, que vous diviserez par 21 pieds qu'il faut à chaque soldat ; vous trouverez au quotient 1029 pour le nombre des hommes qu'il faut pour remplir les 21609 pieds de terrein.

Pour trouver les hommes de front, dites par régle de trois, si 3 donnent 7, combien donneront 1029, le quotient donnera 2401, duquel nombre vous extrairez la racine, qui sera 49 pour le nombre des hommes de front.

Et pour trouver ceux de la file, dites encore, par régle de trois, si 7 donnent 3, combien donneront 1029 ; vous trouverez au quotient 3087, dont vous extrairez la racine quarrée qui donnera 21 pour le nombre des hommes de la file : la preuve est facile à faire.

OPERATIONS.

3601. toiſes 1/2 ou 3 pieds.
          6

21609 ⎰ 21
0060 ⎱ ‾‾‾‾‾‾‾
  189 ⎰ 1029. hommes.
   00 ⎱

Si 3 donnent 7, combien 1029. hommes.

                          7

            ⎰ 7203 ⎰ 3
            ⎱ 12   ⎱ ‾‾‾‾‾
   24,01 ⎰   003 2401
     801 ⎱ 49. hommes de front.
89   00

Si 7. donnent 3, combien 1029. hommes.

                       3

            3087 ⎰ 7
              28 ⎱ ‾‾‾‾‾
              07   441
               0

    4,41 ⎰ 21. hommes de file.
   0 41 ⎱
41   00

Preuve des opérations ci-deſſus.

49. hommes de front.
21. hommes de file.
‾‾‾‾‾‾‾‾‾‾‾‾‾‾‾
      49
      98
‾‾‾‾‾‾‾‾‾‾‾‾‾‾‾
1029. hommes pour preuve.

                              I i i

CINQUIEME PROPOSITION.

Il y a un bataillon qui occupe 336000 pieds quarrés d'un terrein qui a 600 pieds de longueur ; on demande combien il faut qu'il ait de largeur & combien il y a d'hommes audit bataillon.

Pour cet effet, divisez les 336000 pieds quarrés par les 600 de longueur, le quotient donnera 560 pieds pour la largeur dudit terrein. Et pour avoir le nombre des hommes du bataillon, divisez aussi 600 pieds de longueur par 3, & 560 de largeur par 7 ; vous trouverez au quotient 200 hommes de front & 80 de file, lesquels 200 & 80 étant multipliés l'un par l'autre, le produit donne 16000 qu'il faut audit bataillon.

Pour preuve, multipliez 16000 hommes par 21 pieds que chacun d'eux contient, vous retrouverez au produit les mêmes 336000 pieds quarrés.

Vous auriez pu aussi multiplier la largeur dud. terrein par sa longueur ; savoir, 560 par 600, vous auriez de même trouvé 336000 pieds quarrés. L'opération se voit comme il suit.

OPERATION.

$$336000 \left\{\begin{array}{l} 600 \\ \overline{560. \text{ pieds de long.}} \\ 3600 \\ 0000 \end{array}\right.
\left\{\begin{array}{l} 600 \\ 000 \\ \overline{560} \\ 00 \end{array}\right.
\left\{\begin{array}{l} 3 \\ \overline{200. \text{ hommes de front}} \\ 7 \\ \overline{80. \text{ hommes de file.}} \end{array}\right.$$

Preuves.

200	16000	560. largeur.
80	21	600. longueur.

Bataillon.. 16000. hom.	16000	336000. pieds p. preuve.
	32000	
	336000	

SIXIEME PROPOSITION.

Un bataillon qui occupe 69888 pieds quarrés de terrein à 104 soldats de flanc, on demande combien il y en a de front & le nombre du tout.

Divisez 69888 pieds par le produit de 104 multipliés par 7, qui est 728, le quotient donne 96 pieds dont vous devez tirer le tiers, qui est 32 pour le nombre des hommes de front, & multiplier 104 hommes de flanc ou de file par 32 de front, vous trouverez 3328 hommes qui composent le bataillon. Pour preuve multipliez les 3328 hommes par 21 pieds, le produit sera 69888 pieds.

OPERATION.

```
  104        ⌠728              96 en prenant le 1/3
    7        ⎱96. pieds de larg.   32. hommes de front.
 ─────  ooo  ⎰      Preuve.
  728        ⌡
  ─────
  104           Le total est 3328. hommes.
   32           par . . . . . . 21. pieds.
 ─────          ────────────────────────
  208                      3328
  312                      6656
 ─────          ────────────────────────
 3328. hommes.        69888. pieds pour preuve.
```

SEPTIEME PROPOSITION.

On veut ranger un bataillon de 1728 hommes en forme rectangulaire , c'est-à-dire,
que le front soit en proportion triple du
flanc, comme de 1 à 3 : on demande quelle
espace de terrein il occupera, quelle sera sa
largeur , combien il y aura d'hommes en
flanc & en front.

Divisez les 1728 hommes par 3 , vous
aurez 576, dont la racine quarrée est 24 pour
le nombre des hommes qu'il y aura en flanc.
Pour avoir les hommes de front , multipliez
les 24. hommes de flanc par 3 , vous aurez
72 pour le nombre des hommes de front.

Pour preuve, multipliez 72 hommes de
front par 24 de flanc, vous retrouverez les
mêmes 1728.

Si vous voulez avoir la largeur du terrein,
multipliez les 72 hommes de front par 3
pieds qu'il y a de distance entre chacun , le

produit eſt 216 pour la largeur dudit terrein.

Et enfin vous trouverez ſa longueur en multipliant les 24 hommes de flanc par 7 pieds, le produit eſt 168 pour réponſe.

Pour preuve, multipliez 216 pieds de largeur par 168 de longueur, vous trouverez 36288 pieds ; multipliez auſſi 1728 hommes dont le bataillon eſt compoſé par 21 pieds, vous trouverez les 36288 pieds quarrés pour le contenu dudit terrein ; voyez l'opération ci-deſſous.

OPERATION.

$$
\begin{array}{ll}
1728 \\
22 \\
18 \\
0
\end{array}
\left\{
\begin{array}{l}
3 \\
\overline{576}
\end{array}
\right.
\qquad
\begin{array}{l}
2 \\
\overline{44}
\end{array}
$$

$$
\begin{array}{l}
5,76 \\
176 \\
00
\end{array}
\left\{
\begin{array}{l}
24. \text{ hommes en flanc} \\
3 \\
\overline{72. \text{ hommes de front.}}
\end{array}
\right.
$$

$$
\begin{array}{l}
72. \text{ hommes de front.} \\
3 \\
\overline{216. \text{ pour la largeur.}}
\end{array}
\left.
\right.
$$

Preuve

$$
\begin{array}{l}
24. \text{ hom. en flanc.} \\
7 \\
\overline{168. \text{ la longueur.}}
\end{array}
\left\{
\begin{array}{l}
72 \\
24 \\
\overline{288} \\
144 \\
\overline{1728. \text{ preuve}}
\end{array}
\right.
$$

PREUVES.

$$
\begin{array}{r}
216 \\
168 \\
\hline
1728 \\
1296 \\
216 \\
\hline
36288. \text{ pieds.}
\end{array}
\qquad
\begin{array}{r}
1728 \\
21 \\
\hline
1728 \\
3456 \\
\hline
36288. \text{ pieds.}
\end{array}
$$

HUITIEME PROPOSITION.

On veut former un bataillon de 8192 hommes, dont le flanc soit double du front: on demande combien il y aura d'hommes en flanc & de front, quel sera le contenu du terrein qu'il occupera, sa longueur & sa largeur.

Prenez la moitié des 8192 hommes, qui est 4096, dont vous extrairez la racine quarrée, vous trouverez 64 pour le nombre des hommes de front. Ensuite doublez les 64 hommes de front, vous trouverez 128 hommes pour le flanc, & pour preuve multipliez les 128 hommes de flanc par les 64 de front, le produit est 8192 qui représentent le bataillon.

Pour trouver la largeur du terrein, multipliez les 64 hommes de front par 3 pieds, vous auriez 192 pieds pour la largeur dudit terrein.

Multipliez aussi les 128 hommes de flanc par 7 pieds, vous trouverez au produit 896 pieds pour la longueur dudit terrein, & pour trouver son contenu en superficie, multipliez les 192 pieds de largeur par 896 de longueur, le produit est 172032 pieds pour la superficie dudit terrein. Pour preuve multipliez les 8192 hommes dont le bataillon est composé par 21 pieds, vous aurez au produit les mêmes 172032 pieds.

OPERATION. PREUVE.

128. hom. de front
par. 64. hom. de flanc

8192
—————
40,96 } 64. hom. de front.
2
6   4 96 } ————————
124   0 00 } 128. hom. de flanc.
512.
768
————————
8192 bataillon.

64. hom. de front. }
par.... 3. pieds   } 128. hommes de flanc.
————————   } 7
192 larg. dud. terrein } ————————
                   896. longueur du terrein.

PREUVE

896. longueur.   8192. hommes du batail.
192. largeur.   par. 21. pieds,
————   ————
1792   8192
8064   16384
896   ————
————   172032 preuve.
172032. superficie dud. terrein.

NEUVIEME PROPOSITION.

Un Officier d'armée a 8112 hommes à ranger en bataillon, qui soit trois fois plus long que large; on demande combien il y aura de soldats en longueur & en largeur, & quelle sera la superficie du terrein que ce bataillon occupera: pour le savoir je suppose que la largeur soit 2 pieds selon la question, la longueur en sera 6.

Cela étant je multiplie 6 par 2, le produit donne 12, avec lesquels je divise 8112 hommes, le quotient donne 676, dont la racine quarrée est 26, que je multiplie par 2 & par

6 chacun en particulier, je trouve 52 pour
le nombre des hommes de largeur, & 156
pour ceux de longueur; & pour avoir la superficie du terrein, je multiplie 156 hommes
de longueur par 7 pieds de distance des uns
aux autres: le produit donne 1092 pour la
longueur du terrein. Je multiplie aussi les
52 hommes de largeur ou de front par 3
pieds aussi de distance des uns aux autres, le
produit est 156 pieds pour la largeur dudit
terrein, duquel pour avoir la superficie, je
multiplie les 1092 pieds de longueur par les
156 de largeur, le produit donne 170352
pieds, dont la sixieme partie est 28392 toises
pour la superficie dudit terrein.

Pour preuve, je multiplie 156 hommes de
flanc par 52 de front, le produit donne 8112
hommes, qui est le bataillon entier; je fais
encore cette preuve d'une autre maniere, en
divisant les 170352 pieds quarrés par 21 que
chaque soldat occupe, le quotient de la division donne les mêmes 8112 hommes.

OPERATION.

OPERATION.

larg. 2. pieds. long. 6. pieds.	6,76 2 76 00	26 26. racine 2. larg.	26. racine 6. long.
div. 12. div. 8112 } 676 91 72 00	2 46	52. larg. 52. hom. de fr. 3 156	156. long. 1092 156 6552 16380
	156. hom. de long. 7. pieds dist. 1092.		170352. p. sup. 28392. toif. id.

PREUVE.   PREUVE.

156. hommes de flanc. 52. id. de front.	170352 (21 23 8112. hommes!
312 780	25 42 00
8112. preuve.	

DIXIEME PROPOSITION.

On voudroit camper 15000 hommes, en-
forte que le terrein, qu'ils occuperoient, n'eût
que 150 pieds de front : on demande combien il y en aura en flanc, combien il y aura
de rangs de front & en flanc. Pour le favoir,
multipliez les 15000 par 21 pieds qu'ils doivent occuper chacun, le produit donne
315000 pieds, que vous diviferez par 150
pieds de front, le quotient vous donnera
2100 pieds pour le flanc dudit terrein.

Préfentement il eft facile de trouver le
nombre des hommes de front & de flanc : car

K k k

si vous divisiez 150 pieds de front par 3 &
2100 de flanc ou de longueur par 7, vous
aurez 50 hommes pour les rangs de front,
& 300 pour ceux du flanc ou de file.

Pour preuve, multipliez 300 hommes de
file par 50 de front, vous retrouverez les
mêmes 15000 hommes.

OPERATION.

```
15000
   21
_____          150 ⎧ 3
15000                ⎨ _____
30000             00 ⎩ 50. hom. pour le fr.
_____
315000 ⎧ 150         2100 ⎧ 7
   150 ⎨ _____     000  ⎨ _____
 00000 ⎩ 2100, flanc du ter.   ⎩ 300. hom. p. le flanc
```

PREUVE.

```
   300
    50
_____
15000. hommes.
```

ONZIEME PROPOSITION.

Un Officier après avoir mis en bataillon
quarré un certain nombre de soldats, il lui
en a resté 45, & voulant les y mettre tous,
il trouva qu'il lui en manquoit 60 : on demande combien il avoit de soldats.

Pour cet effet, ajoutez 45 avec 60, vous
aurez 105 pour le nombre des rangs de front
& de flanc, plus 1 ; ensuite ôtez cet 1 des

105, le reste sera 104, dont vous prendrez la moitié qui est 52, que vous multiplierez par eux-mêmes, vous trouverez au produit 2704, auquel vous ajouterez les 45 soldats qui lui restent ; vous trouverez qu'il avoit 2749 soldats. Vous auriez pu agir d'une autre maniere, en ajoutant 1 à 105, vous auriez eu 106 dont la moitié est 53, que vous auriez multipliez par eux - mêmes, & du produit desquels vous auriez soustrait les 60 qui lui manquoient ; le reste auroit été encore le même nombre de 2749 soldats.

Remarquez que l'une de ces deux manieres d'opérer cette proposition sert de preuve pour l'autre.

OPERATIONS.

45. hommes restans.	45. reste.
60. desdits manquans.	60. manque?
105. produits.	105
1. à soustraire.	1. à ajouter.
104. front & flanc.	106
1/2... 52. pour le front.	
52. pour le flanc du multiplicat.	53. moitié.
	53. multiplicateu
104.	
260	159
	265
2704 produit.	2809. produit
45. à ajouter.	60. à soustraire.
2749. nomb. des Soldats qu'il avoit.	2749. preuve.

DOUZIEME PROPOSITION.

Il y a 1600 hommes dont on veut former un bataillon qui ait figure d'une lozange; on demande combien il y aura d'hommes à chaque côté dudit bataillon. Pour faire un bataillon en forme de lozange ou rhomboïde, il faut faire deux bataillons en forme équilatérale & les joindre ensemble pour former la lozange, mais il faut qu'il y en ait un où il y ait un rang de plus.

Pour l'opération de ce qui est ci-dessus dit, il faut extraire la racine quarrée de 1600 hommes, qui est 40 pour la plus grande moitié de la lozange, qui sera équilatérale, & l'autre moitié aussi : mais les côtés de cette derniere ne seront que de 39 hommes, & joignant ces deux bataillons équilatéraux ensemble, on aura une vraie lozange de 1600 hommes.

Et pour prouver que le grand triangle a 40 de tous côtés, il faut ajouter selon la progression arithmétique naturelle le premier rang, qui est 1, avec le dernier qui est 40, on aura 41 que l'on multipliera par 20, moitié de 40, le produit sera 820 pour le nombre des hommes qui composent le plus grand triangle.

On ajoutera aussi le premier rang du petit triangle, qui est 1, avec le dernier qui est

39, on aura 40, que l'on multipliera par 19 1/2, moitié de 39, le produit fera 780 qu'on ajoutera à 820; le produit total fera 1600 hommes qui composent le bataillon en forme de lozange. Voyez l'opération ci-dessous.

OPERATION.

```
16,00 ⌠ 40. racine.   40. dernier rang.
 4    0 00 ⌡             1. premier rang.
 0  39                 ────────────────
    1                  41
 ─────────             20. moitié de 40.
    40                 820. hom. du gr. triangle
    19. 1/2 moit. de 39   780. hom. du pet. triangle
 ─────────             ────────────────
   760      preuve... 1600. hommes.
    20
 ─────────
   780. hommes.
```

TREIZIEME PROPOSITION.

On veut mettre en bataillon, qui soit en forme équilatérale ou triangulaire, 1152 hommes; mais on veut que le premier rang soit 1 homme, le second 2 hommes, le troisième 3, & ainsi des autres: on demande combien il y aura de rangs & combien d'hommes au dernier rang.

Doublez 1152, & du double, qui est 2304, tirez la racine quarrée, elle sera 48 pour le dernier rang, c'est-à-dire, qu'il y aura 48 hommes pour ce rang, & 48 rangs. Pour

preuve multipliez 48 par fa moitié, favoir;
par 24, vous trouverez au produit les 1152.

OPERATION.	PREUVE.
1152	48. dern. rang,
2	24

Divifeur 23,04 { 48 rac. dern. rang 192
88   7 04 }   96
      00 { 1152. preuve.

J'ai ci-devant dit que la racine quarrée étoit
utile pour la guerre, comme je viens de le
démontrer; outre cela, elle eft encore néceffaire dans la Pratique de la géométrie, &
pour plufieurs queftions fur le commerce,
comme nous allons le voir par les queftions
fuivantes.

PREMIERE QUESTION

fur la racine quarrée.

Un Banquier a donné 18000 l. à intérêt,
& au bout de deux ans, on lui a rendu 24325
l. 6 f. 3 d. pour principal & intérêt, on
demande combien les 18000 l. ont profité
la premiere année, ayant été données à mériter gain fur gain.

Pour réfoudre cette queftion, je cherche
à combien cet intérêt peut aller pour 100:
difant par régle de trois, fi 18000 l. ont gagnés 6325 l. 6 f. 3 d., combien gagneront
100 l.; le total donne 135 l. 2 f. 9 d. 3/4:

que je réduis en quarts de deniers, j'y en trouve 129735/4.

Je réduis auffi 100 l. en quarts de deniers & y en trouve 96000, avec lefquels je multiplie les autres 129735 quarts; le produit donne 12454560000, dont la racine quarrée eft 111600, que je divife par 4, le quotient donne 27900 deniers, qui étant réduits en livres, font 116 liv. 5 f. dont je fouftrais 100 liv., le refte eft 16 liv. 5 f. pour l'intérêt de 100 l. pour la premiere année.

Je trouve enfuite l'intérêt de 18000 liv. pour la premiere année, en difant par régle de trois, fi 100 gagnent 16 l. 5, combien gagneront 18000 l. la régle étant faite, je trouve au quotient 2925 l. pour l'intérêt de la premiere année defdits 18000.

Enfin pour avoir l'intérêt de la feconde année, je fouftrais l'intérêt de la premiere année, qui eft 2925 l. de celle de 6325 l. 6 f. 3 d. intérêt de la premiere & feconde, le refte eft 3400 l. 6 f. 3 d. pour intérêt de la feconde année.

Je pourrois faire autrement en difant par régle de trois, fi 18000 liv. donnent 2925 livres, combien donneront 20925 livres qui eft le principal, & l'intérêt de la premiere année le quotient de la régle donne 3400 l. 6 f. 3 d. pour l'intérêt de la feconde année.

Et pour preuve de cette régle, j'additionne

le principal, qui eſt 18000 l. avec 2925 liv.
d'intérêt de la premiere année, & 3400 l.
6 ſ, 3 d. de la ſeconde, le produit rend les
mêmes 24325 l. 6 ſ. 3 d. comme la queſtion
le demande.

$$24325 \; l. = 6 \; ſ. = 3 \; d.$$
$$18000 = : = :$$

Reſte. . 6325 l. = 6 ſ. = 3 d.

Multipliez 129735. quarts.
par. . . 96000

7784l0000
1167615

Div.	1,24,54,56,00,00	111600	4
	0 24	racine	27900 den.
21	3 54	31	
221	1 33 56	36	
2226	0000,00,00	000	

111600. racine.
27900. deniers.
2325. ſols.
116. livres 5 ſols.
à ſouſtraire. . . 100. livres.

l'int. de 100 l. eſt 16. l. 5 ſ. pour la prem. année.

OPERATION.

l.   l. f. d.   l.

Si 18000-gag. 6325-6-3 combien 100

$$100$$

$$632500$$

$$30-0$$

$$1-5$$

$$632531-5$$

$$92531$$

$$2531$$

$$20$$

$$50625$$

$$14625$$

$$12$$

$$175500$$

135/00   180/00

27   36

3   4

$$\left\{ \begin{array}{l} 18000 \\ \hline 35 \text{ l. } 2 \text{ f. } 9 \text{ d. } 3/4. \\ 100 \quad : \quad : \text{ ajouter.} \end{array} \right.$$

$$135 \text{ l. } 2 \text{ f. } 9 \text{ d. } 3/4.$$

$$20$$

$$2702$$

$$12$$

$$32433$$

$$4$$

129735/4. multiplicande

100 liv.

$$20$$

$$2000$$

$$12$$

$$24000$$

$$4$$

96000 multipl.

Suite de l'opération ci-devant.

Si 100 l. gag. 16 l. 5 f. comb. 18000 l.   de 6325 l. 6 f. 3 d.
16 l. 5 f.

$$
\begin{array}{l}
288000 \\
4500 \\
\hline
2925/00
\end{array}
\left\}
\begin{array}{l}
\text{ôter 2925 l.} \\
3400 \text{ l. 6 f. 3 d.} \\
\hline
\textit{intérêt de la fec. annѐe.}
\end{array}
\right.
$$

20925

Si 18000 l. donnent 2925, combien 20925. liv.

$$
\begin{array}{l}
104625 \\
41850 \\
188325 \\
41850 \\
\hline
61205625 \\
72056 \\
05625
\end{array}
\left\}
\begin{array}{l}
18000 \\
\hline
3400 \text{ l. 6 f. 3 d.}
\end{array}
\right.
$$

20

112500
4500
12

54000
00000

PREUVE.

18000 l.
2925
3400 l. 6 f. 3 d.

Preuve.. 24325 l. 6 f. 3 d.

16 l. 5 f. pour cent.
20

$$
\begin{array}{l}
325 \\
25 \\
12
\end{array}
\left\}
\begin{array}{l}
100 \\
\hline
3 \text{ f. 3 d. pour livre.}
\end{array}
\right.
$$

300
000

DEUXIEME QUESTION.

Trois Marchands ont fait société; le premier a mis une certaine somme, le second a mis 7 livres plus que le premier, & le troisieme a mis 18 livres plus que le second, de sorte que la mise du premier, étant multipliée par celle du troisieme, fait 1650 liv. & avec l'argent de leurs trois mises ils ont gagnés 1200 livres; on demande combien ils auront chacun pour leur part du gain.

Pour l'opération de cette question, si vous considérez la différence qu'il y a de la mise du second à celle du troisieme, vous la trouverez être 25. Maintenant quarrez 25, c'est-à-dire, multipliez-les par eux-mêmes, vous trouverez 625, que vous ajouterez au produit de 1650 multiplié par 4, qui est 6600; le total donnera 7225, dont la racine quarrée est 85, desquels vous souftrairez ladite différence 25, le reste sera 60, dont la moitié qui est 30, est la mise du premier: il est facile maintenant d'avoir la mise du second & du troisieme; car en ajoutant 7 à 30, qui est la mise du premier, on a 37 pour la mise du second, & ajoutant 18 à 37, mise du deuxieme, on a 55 pour la mise du troisieme.

OPERATION.

```
  7 l.              1650            85. racine.
 18                    4            25. à fouftraire
 ――――                ――――          ――――――――――――
 25 différence      6600            60. refte.
 25                  625            ――――――――――――
 ――――               ――――           30. mife du prem.
125        divifeurs 72,25 { 85. rac.  7. à ajouter.
 50            8      8 25          37. mife du fec.
 ――――                0.00          18. à ajouter.
625           165――                ――――――――――――
                                   53. mife du troi.
```

PREUVE.

```
                    55. mife du troifieme.
Multiplicateur      30. mife du premier.
                  ――――――――――――――――――――――――
                  1650. preuve.
```

TROISIEME QUESTION.

Quatre Marchands ont fait fociété, le premier a mis une certaine fomme, le fecond a mis 10 livres plus que le premier, le troifieme a mis autant que le fecond moins 2 livres, & le quatrieme 10 liv. plus que le troifieme; & en multipliant la mife du premier par celle du quatrieme, on trouve 40 : on demande combien ils auront chacun de 320 livres qu'ils ont gagné.

Pour réfoudre cette queftion & toutes autres dans le même genre, confidérez que la différence de la mife du premier à celle du quatrieme eft 18 ; quarrez donc ces 18, vous aurez 324, auxquels vous ajouterez le produit de 40 multiplié par 4, le total fera 484, dont la racine quarrée eft 22, & fi vous ajoutez la différence 18 à cette racine 22, vous aurez 40, dont la moitié eft 20 pour la mife du quatrieme.

Pour avoir la mife du premier, ôtez 18 de 22, le refte eft 4, dont la moitié qui eft 2 donne la mife du premier ; cela étant, le fecond a donc mis 12 livres & le troifieme 10 livres.

Il eft facile préfentement de trouver le gain de chacun, par le moyen de la régle de compagnie vulgaire ; car en faifant la régle de trois, on trouvera pour le premier 14 livres 10 fols 10 deniers, pour le fecond 87 livres 5 fols 5 deniers, pour le troifieme 72 livres 14 fols 6 deniers, & pour le quatrieme 145 livres 9 fols 1 denier, & 2 deniers reftans.

OPERATION.

Différ.	18			
	18			

40	22. racine.
4	18. diff. à ajouter
160	40

Mifes.

324
160   } 22. rac.

20. 1/2 de 40, p.
le quatrieme.

2. l. du pr.
12. du fec.
10. du troif.
20. du quatt

Div. 4,84
2   0 84
42   00

22
18. à fouftraire.

44. mife tot.

4

2. moitié de 4
pour le prem.

Preuve.

Multiplicateur . .	20. mife du quatrieme: 2. mife du premier.

40. preuve.

I.   I.
Si de 44 mife totale on en gag. 320, comb. 2. mife du prem.

Il faut faire trois autres régles comme celle-ci, à proportion de leur mife.	2	
	640	44
	200	14 l. 10 f. 10 d.
	24	
	20	

480
40
12

480
40 d. reftant.

l.	f.	d.	
14--	10	-- 10	. . . I.
87--	5--	5	. . . II.
72--	14--	6	. . . III.
145--	9--	1	. . . IV.

2. reftans.

l.   f.   d.
Preuve. L : 320-- 0 -- 0

QUATRIEME QUESTION.

Suppofez qu'une des tours du château de Nantes, du côté de la riviere de Loire, contienne 120 toifes de hauteur, au pied de laquelle il y a un bras d'eau de la Loire, large de 30 toifes, & du rivage le plus éloigné de ladite tour on veut faire une échelle pour monter fur le fommet, (comme du bord de l'eau de la Prée de la Madelaine à aller au fommet de ladite tour) on demande quel doit être la hauteur de ladite échelle. Reponfe, 123 toifes 19/27 ou 2/3 peu plus.

Pour le favoir, multipliez 120 & 30 chacun en particulier par eux-mêmes, leurs quarrés feront 14400, & 900 que vous ajouterez enfemble, le total donnera 15300, dont la racine quarrée eft 123 toifes & 19/27 de toifes pour la longueur de ladite échelle.

La raifon de ceci eft que la tour, la riviere & l'échelle forment un triangle rectangle, dont l'angle droit prend depuis le pied de la tour jufqu'au fommet, & celui que l'échelle forme eft le plus grand de tous les angles, puifque fon quarré eft auffi grand que le quarré des deux autres enfemble.

OPERATION.

120	30	1,53,00	123 toifes 19/27 ou 2/3 peu plus.
120	30	0 53	
——	—— div.	900	PREUVE.
2400	900	171/243	123
120	1	57/81	123
——	22	19/27	——
14400	243		369
900			246
——			123
15300			171. reftant.
			15300. preuve.

CINQUIEME QUESTION.

J'ai acheté 55296 pieds quarrés de bois de corde, dont je veux faire une pile qui soit 96 fois plus longue que haute ; je veux savoir combien elle contiendra de pieds en longueur, combien en hauteur & combien de cordes.

Je suppose pour cet effet que la hauteur de ladite pile soit 4 pieds, selon la question, la longueur en sera 384, puisqu'elle doit être 96 fois plus longue que haute ; car 96 fois 4 font 384. Je multiplie donc 384 pieds de longueur supposée par 4 de hauteur aussi supposée, le produit donne 1536, avec lesquels je divise les 55296 pieds, le quotient donne 36 dont la racine quarrée est 6, ensuite je multiplie 4, premier nombre supposé, par hauteur de la pile, pour cette racine 6, le produit donne 24 pieds pour la vraie hauteur de la pile.

Et pour avoir la vraie longueur, je multiplie 384 pieds de longueur supposés par cette même racine 6, le produit donne 2304 pieds pour réponse.

Et pour preuve, je multiplie les 2304 pieds de longueur de ladite pile, par les 24 de hauteur, le produit donne 55296 pieds que je divise par 32 pieds qu'il faut pour la corde, je trouve au quotient 1728 cordes. Voyez l'opération ci-contre.

OPERATION.

OPERATION.

```
   96          55296 ⎰1536   36⎰6. rac.
    4          9216  ⎱36  {div.} 0 {
  ─────        0000       { 6 }
  384. long.
par.. 4. haut.   ──────────        384. longueur.
  ─────         4. hauteur          6. racine.
  1536          6. racine  }      ───────────────
  ─────                     }      2304. vraie long.
pieds.... 24. haut. réelle }
```

PREUVE.

```
M.... 2304. longueur.    55296 ⎰ 32
par....  24. hauteur. .232     ⎱ ──────────
    ──────────            89     1728. cord.
    9216                  256
    4608                  00
    ──────────
pieds.. 55296. preuve.
```

Régles de l'extraction de la racine cubique.

Cube est un corps solide compris de six superficies quarrées, & égales comme un dez à jouer : tout nombre multiplié par lui-même fait un nombre quarré, dont la racine est le même nombre multiplié, & tout quarré multiplié par sa racine fait un nombre cube.

Comme trois fois 3 font 9, nombre quarré, qui étant multiplié par sa racine 3, le produit donne 27, nombre cube, dont la racine est 3; de même 6 fois 6 font 36, nombre

quarré, dont la racine quarrée est 6 ; de forte que multipliant ce nombre quarré 36, par
sa racine 6, le produit donne 216, nombre
cube, dont la racine cubique est 6, & ainsi
des autres. Mais avant que d'extraire la racine cubique, il faut premierement connoître les 9 simples racines cubiques avec leur
quarré & nombre cube, comme il est montré
en la table ci-après, qui est divisée en trois
rangs, dont le premier contient les 9 simples
racines, le second contient les 9 quarrés &
le troisieme les nombres cubes.

TABLE des simples racines,

racines	1	2	3	4	5	6	7	8	9
quarrés	1	4	9	16	25	36	49	64	81
cubes	1	8	27	64	125	216	343	512	729

Ayant observé cette table ci-dessus, & ap-
prise par cœur, si vous voulez extraire la racine cubique d'un nombre qui soit contenu
justement dans cette table, ou moindre que
le nombre cube suivant; vous chercherez le
même dans le rang des cubes, s'il s'y trouve,
& au-dessus vis-à-vis de lui vous trouverez
sa racine cubique. Mais si le nombre ne se
rencontre pas précisément dans la table,
vous prendrez la racine cubique d'un moindre nombre, le plus approchant de celui
dont vous voulez extraire la racine; & sous-

trayant le nombre pris dans la table de ce nombre propofé, le refte fera écrit fur une ligne pour numérateur d'une fraction, dont il fera parlé dans la fuite.

PREMIERE OPERATION.

Je veux extraire la racine cubique de 524, je cherche dans la table ci-contre au rang des nombres cubes, & je trouve que 524 fe rencontre entre 512 & 729 ; c'eft pourquoi je prends 512 nombre cube, qui eft moindre & plus approchant du nombre propofé 524, & il refte 12 : car fi vous ôtez 512 de 524 refte 12 : mais fi vous voulez extraire la racine cubique d'un nombre au-deffus de 729 contenu en la table ci-contre, comme de 46268279, après avoir écrit ce nombre, vous féparerez les figures de trois en trois par une virgule, parce que le cube à trois dimenfions qui font longueur, largeur, & profondeur ou hauteur. Pour féparer les figures vous commencerez à droite, & finirez à gauche, mettant un demi-cercle à droite pour écrire la racine, comme vous pouvez voir par l'opération ci-après.

DEUXIEME PROPOSITION.

Je veux extraire la racine cubique de 46268279, nombre ci-deffus propofé.

Ayant écrit un L en cette forme fur la droite dudit nombre, & séparé les figures de trois en trois, comme il est dit ci-devant, je cherche la racine cubique de la premiere section qui est 46, je trouve qu'elle est 3, que je pose au-devant de ladite L, qui est le quotient; je cube ce 3, son cube est 27 que je souftrais de 46, le reste est 19 que j'écris sous 46, & proche desquels j'abbaisse la seconde section qui est 268; le tout fait 19268. Remarquez qu'il se trouvera au quotient autant de figures pour la racine cubique, qu'il y a de sections au nombre proposé à extraire de ladite racine; ainsi pour trouver la seconde figure de la racine cubique, ayant abbaissé la seconde section, comme il est dit ci-dessus, je cherche un diviseur, prenant pour cet effet le triple du quarré de la racine déja posée qui est 3, en disant 3 fois 3 font 9, & 3 fois 9 font 27. Remarquez que c'est là la méthode générale pour trouver tous les diviseurs dont on a besoin pour faire cette extraction, & suivez de point en point les instructions que je donne; n'ayez point envie de passer outre certaines difficultés que vous n'entendez pas : dès la premiere fois, lisez avec attention, & la plume à la main faites les opérations, vous réussirez.

Je demande donc comme à la division. En 19, premieres figures de 19268 nombre à diviser, combien il y a de fois 2 premiere figu-

re de 27 diviseur, je sai qu'il y est naturellement 9 ; mais je suppose qu'il y puisse entrer
seulement 5 fois, j'écris donc 5 au quotient
pour seconde figure de la racine, & j'en multiplie le diviseur 27, le produit est 135 que
j'écris à part : ensuite je prends le triple du
quarré de la racine derniere posée qui est
5, disant 5 fois 5 font 25, & 3 fois 25 font
75, que je multiplie par la premiere racine
qui est 3, le produit donne 225 que j'écris
sous 135 en avançant d'un dégré, mettant
le 2 sous le 3, & ainsi des autres de suite ;
enfin je cube cette racine derniere écrite qui
est 5, son cube est 125, que j'écris sous 225,
en avançant encore d'un dégré, & ajoutant
ces trois produits écrits à part l'un sous l'autre, leur total est 15875 que je soustrais de
19268, le reste est 3393 que j'écris comme
à la soustraction. Remarquez qu'en écrivant
les produits à part, comme j'ai dit ci-devant,
on voit si le total est plus grand ou moindre
que le nombre, qui est resté de la premiere
opération pour la seconde, ou de la seconde
pour la troisieme, & ainsi de suite. Et s'il arrive que le total des produits écrits à part
soit plus grand que le nombre, dont on doit
le soustraire, c'est une marque évidente que
la figure, que l'on a mise pour la racine, est
trop forte ; c'est pourquoi il en faut supposer
une moindre ; & au contraire si le total étoit

un peu moins ou égal, c'est une marque
que la racine seroit bien trouvée, comme
dans l'exemple ci-devant, le total des produits est 15875, & le reste 19268, c'est
pourquoi on peut mettre hardiment 5 pour
seconde racine ; car si on eût mis 6, on auroit trouvé le total des produits plus grand
que le reste ; ce que vous devez observer très-
exactement pour toutes les opérations de
l'extraction de la racine cubique, excepté
pour la premiere, où il ne faut que cuber la
figure retrouvée pour la racine, comme j'ai
dit ci-devant.

Pour trouver la troisieme figure de la racine, j'abbaisse la troisieme & derniere section, qui est 279, proche les 3393 de
reste, le tout est 3393279 nombre à diviser ;
& pour trouver un diviseur à ce nombre, je
prends le triple du quarré des deux racines
déja trouvées qui sont 35, selon la méthode
enseignée ci-devant, le produit est 3675
pour diviseur ; ensuite pour avoir la racine
que je cherche, je demande en 33, premieres figures du nombre à diviser, combien il y a de fois 3, je trouve qu'il y peut
entrer 9, que j'écris au quotient pour 3.me
figure ou racine ; & pour savoir si je peux
poser 9, je multiplie le diviseur 3675 par
cette racine 9, le produit donne 33075 que
j'écris à part.

Cela étant fait, je prends le triple du quarré de la racine derniere écrite qui eft 9, le produit eft 243 ; que je multiplie par les deux premieres racines qui font 35, je trouve au produit 8505, que je pofe fous 33075 en avançant d'un dégré ; c'eft-à-dire, que la derniere figure à main droite du nombre qu'on veut avancer, doit paffer d'un dégré, la derniere auffi à main droite du nombre qui eft au-deffus, fans avoir égard aux figures de la gauche, comme on le verra ci-aprés en l'opération de cette extraction, où le 5 des 8505 paffera d'un dégré celui des 33075. Enfin je cube cette même racine 9, le cube eft 729 que j'écris fous 8505, en avançant encore d'un dégré, comme il eft enfeigné ci-devant ; je fais addition de ces trois produits écrits à part, le total donne 3393279, que je fouftrais de 3393279, il ne refte rien ; ainfi la racine cubique de 46268279 propofé ci-devant, eft juftement 359.

OPERATION.

3	racine.		
3			
9	quarré.		
3	racine.		
27	cube à ſouſt.		
3	racine.		
3			
9	quarré.		
3			
27	triple.		
5	racine.		
135	produit.		
5	racine.		
5			
25	quarré.		
3			
75	triple.		
3	racine.		
225	produit		
5	racine.		
5			
25	quarré.		
5	racine.		
125	cube.		

46,268,279 { 359. rac.
27
19268
15875
————
3393.279
3393 279
————
0000 000
le triple du quarré.
35
35
————
175
105
————
1225. quarré.
3
————
3675. triple.
9. racine.
————
33075. produit.
9. racine.
9
————
81. quarré.
3
————
243. triple.
35. racine.
————
1215
729
————
8505. prod.

je cube.
9 rac.
9
————
81. quar.
9.
————
729. cube.

Produits.
135
225
125
————
15875 à ſouſt.
Produits.
33075
8505
729
————
3393279
359. racine.
359. preuve.
————
3231
1795
1077
————
128881. quarré.
359. racine.
————
1159929
644405
386643
————
46268279. cube.

Preuve.

La preuve de cette extraction ci-deſſus ſe fait en multipliant la racine cubique, qui eſt 359 par elle-même, le produit donne un nombre quarré, qui étant encore multiplié par

par la même racine 359, le produit rend le
même nombre cube, qui est 46268279,
comme on peut voir au bas de la page ci-
contre.

Remarquez que s'il se fût trouvé des restans, comme il arrive souvent dans ces extractions des racines quarrées & cubiques,
je les aurois rapportés à la preuve pour y être
ajoutés, comme vous verrez à la preuve
de l'opération suivante.

Vous verrez aussi ci-après, par quelques
questions que j'ai données, à quoi ces extractions de racine cubique peuvent se rapor-
ter; comment & à quel sujet on peut s'en
servir.

On peut suivre de point en point les instructions & modeles donnés dans ce traité,
pour se perfectionner dans l'arithmétique,
parce que je crois avoir mis au net très-in-
telligiblement tout ce que l'on peut se former & se mettre dans l'idée; il n'y aura que
certaines abréviations où l'esprit de l'homme
pourra travailler. J'en ai donné quelqu'unes
aussi utiles & curieuses que nécessaires dans
mon Traité in 4°. *Guide du commerce.*

TROISIME PROPOSITION.

Je veux extraire la racine cubique de 10791816677.

4	racine
4	
pour 4. 16	quarré
4	racine
04	cube
4	racine
4	
16	quarré
3	
48	triple
7	racine
336	produit
7	racine
7	
49	quarré
3	
147	triple
4	racine
588	produit
7	racine
7	
49	quarré
7	racine
pour 7. 343	cube
47	racine
47	
2209	quarré
3	
6627	triple
6	racine
39762	produit
6	racine
6	
36	quarré
3	
108	triple
47	racine

OPERATION.

107,918,166,677 { 4761. rac.
64
43 918
39 823
───────────────
4 095 166
4 027 176
───────────────
679 906 77
679 87 081
───────────────
3 596. reſtaus.

Pooduits.

336
588
343
───────
39823

Produits.

39762
5076
216
───────
4027176

Produits.

679728
1428
1
───────────
67987081. p. à ſouſt.

6. racine
6
36. quar.
6. racine
216. cube

pour 6. { 476. racine
par 476

226576. quarré
3
679728 tr. pr.

pour 1. { 476. racine
3

Ayant opéré pour avoir les trois premieres figures de la racine cubique du nombre propofé ci-contre, comme il eft enfeigné ci-devant; il refte à favoir, comment j'ai procédé pour trouver la quatrieme figure de ladite racine, puifqu'au nombre propofé il s'eft trouvé quatre fections. Ayant donc baiffé la quatrieme fection, qui eft 677 proche des 67990, le tout fait 67990677; & pour trouver un divifeur à ce nombre, j'ai pris le triple du quarré des trois racines déja trouvées, qui font 476, le produit a donné 679728 pour divifeur : enfuite j'ai demandé en 6, premiere figure du nombre à divifer, combien il y a de fois 6, premiere figure du divifeur; j'ai trouvé qu'il pouvoit y entrer 1, que j'ai mis au quotient pour quatrieme racine.

Il eft facile de voir qu'il auroit été inutile de multiplier le divifeur 679728 par cette racine, derniere trouvée qui eft 1, parce que cela auroit fait le même produit ; c'eft pourquoi je l'ai écrit, comme il eft pour premier des trois produits qui doivent être mis à part.

Cela étant fait, j'ai pris le triple du quarré de cette racine 1, qui n'eft toujours que 3, parce que le quarré de 1 n'eft que 1, j'ai donc multiplié les trois premieres racines qui font 476 par ce 3, le produit

donne 1428, que j'ai écrit fous 679728
avançant d'un dégré ; enfin j'ai écrit la
derniere racine qui eft 1 , comme elle eft
fous 1428 , en avançant encore d'un dégré,
je dis comme elle eft, parce que le cube
de 1 n'eft toujours que 1 ; je fais enfuite l'addition des trois produits , le total eft
67987081 , que j'ai fouftrait du refte qui eft
67990677 ; il s'eft trouvé 3596 de reftant
à rapporter à la preuve, que vous allez
voir ci - après. Ainfi la racine cubique de
10791816677 eft 4761 , comme on peut
voir par l'opération de l'autre part.

PREUVE de l'opération précédente.

4761. racine.
4761

4761
28566
33327
19044

22667121. quarré.
4761. racine.

22667121
136002726
158669847
90668484

10791816308\|
3596. reftant.

10791816677. preuve.

Mais si on vouloit que le nombre proposé
ci-dessus fût un vrai nombre cube, c'est-à-
dire, que sa racine fût 4762, au lieu de 4761
qu'elle est, combien faudroit-il y ajouter?

Pour le savoir, je prends le triple du quarré de la racine 4761, le produit donne
68001363, auquel j'ajoute le triple de la
même racine 4761 & 1 de plus, le tout fait
68015647, dont je soustrais le reste de l'extraction qui est 3596; je trouve au reste de
la soustraction 68012051 qu'il faudroit ajouter au nombre proposé ci-dessus, pour rendre parfaitement cube, & dont la racine
cubique seroit 4762 : ceux qui voudront
faire l'extraction de la racine cubique de
ce nombre cube, qui est 107986178728,
trouveront la vérité de ce que j'avance. Mais
si on vouloit exprimer les restans en fraction,
il faudroit écrire sur une ligne les 3596 restans pour numérateur, & les 68015647 sous
lad. ligne pour dénominateur de lad. fraction; ainsi la racine cubique de 107918166677
est 4761 entiers, & $\frac{3596}{68015647}$ à peu de choses près, laquelle fraction ne peut être réduite en plus petite dénomination.

Vous observerez donc bien tout ce qui a
été dit ci-devant pour toutes extractions
cubiques; mais remarquez qu'en faisant l'extraction cubique de quelque nombre proposé, s'il reste 1 après l'extraction faite, vous

écrirez cette unité pour numérateur d'une fraction, parce que 1 est un nombre cube & quarré, & pour dénominateur de la fraction vous prendrez le triple du quarré de la racine; comme si vous disiez la racine cubique de 65 est 4, & il reste un que vous écrivez sur une ligne pour numérateur d'une fraction, ensuite prenant le triple du quarré de la racine 4, vous aurez 48 que vous écrirez sous la même ligne pour dénominateur, ainsi le reste de l'extraction, qui est 1, sera 1/48 de tel entier qu'on voudra; mais la racine de 65 est 4 & 1/48.

Comme jusqu'à présent je n'ai point fait d'extraction de racine cubique des nombres, qui ne soient composés que de la figure 1 & de zéros: comme 10, 100, 1000 ou autres semblables, j'en donnerai un exemple pour faire voir que l'extraction cubique de ces sortes de nombres n'est pas plus difficile que celle des autres. Mais avant que de commencer, j'ai jugé à propos de dire que quand il ne se trouve que 1 à la première section, il faut écrire 1 au quotient pour la racine cubique, & pour chaque section qu'on baisse ensuite, qui est composée de trois zéros, il en faut poser un au quotient proche de cet 1, c'est ainsi qu'on voit que la racine cubique de 1000 est 10, celle de 1000000 est 100 & celle de 1000000000 est 1000 sans reste;

mais lorſqu'il ſe trouve un zéro ou deux de plus ou de moins, il faut agir comme il s'en-ſuit.

QUATRIEME PROPOSITION.

Je veux extraire la racine cubique de 10000000.

Ayant ſéparé les figures de trois en trois, comme il eſt dit ci-devant, je cherche la racine cubique de la premiere ſection qui eſt 10, je trouve qu'elle eſt 2 ; cela étant fait, je baiſſe la ſeconde ſection qui eſt com-poſée de trois zéros proche du 2 reſtant, le tout fait 2000 pour avoir la racine, deſ-quels je prends le triple du quarré de la ra-cine déja trouvé, le produit donne 12 pour diviſeur ; je demande donc en 2 combien il y a de fois 1, je vois qu'il ne peut y entrer que 1, que je poſe au quotient pour ſeconde racine ; j'écris le diviſeur 12 à part tel qu'il eſt pour premier des trois produits, parce qu'il eſt inutile de multiplier par 1 ; enſuite je prends le triple du quarré de cet 1 qui n'eſt que 3, que je multiplie par la racine premiere trouvée qui eſt 2, le produit donne 6 que j'écris ſous 12, mais avançant d'un dégré ; enfin j'écris la derniere racine trou-vée qui eſt 1 telle qu'elle eſt ſous le 6, en avançant toujours d'un dégré ; parce que le cube de 1 n'eſt toujours que 1, & faiſant l'addition de ces trois nombres, je trouve au total 1261 que je souftrais de 2000, le refte eft 739.

Pour trouver la troifieme racine, je baiffe la troifieme & derniere fection proche des 739 ; le tout fait 739000, nombre à divifer. Enfuite pour avoir le divifeur, je prends le triple du quarré des deux racines déja trouvées, qui font 21 ; le produit donne 1323.

Je demande donc en 7 combien il y a de fois 1, je trouve qu'il n'y peut y entrer que 5, que je pofe au quotient pour troifieme racine, & avec lequel je multiplie le divifeur 1323 : le produit donne 6615 que j'écris à part, je prends le triple du quarré de la racine derniere écrite qui eft 5 ; le produit donne 75, que je multiplie par les deux premieres racines qui font 21, je trouve au produit 1575 que j'écris fous 6615, en avançant d'un dégré: enfin je cube la racine derniere écrite qui eft 5, fon cube eft 125 que je pofe fous 1575, en avançant encore d'un dégré. Et additionnant les trois produits enfemble, le total donne 677375 que je fouftrais de 739000, le refte de la fouftraction eft 61625 à rapporter à la preuve, qui fe fera comme celle des extractions précédentes. Voyez l'opération ci-après.

2	racine
2	
4	quarré
2	racine
8	cube
2	racine
2	
4	
3	
12	divis.
3	triple
2	racine
6	
21	racine
21	
21	
42	
441	quarré
3	
1323	divis.
5	racine
6615	produit
5	racine
5	
25	quarré
3	
75	triple
21	racine
75	
150	
1575	produit
5	racine
5	
25	quarré
5	racine
125	cube

OPERATION.

10,000,000 ⟨ 215. rac.
8

2000. restant.
1261. à souftraire.

739000. restant.
677375. à souftraire.

61625. restans.

12
:6:
:1
1261

Produits.

6615
1575
125

677375

Preuve.

M. . . . 215. racine.
Par. . . 215

1075
215
430

46225. quarré.
215. racine.

231125
46225
92450

9938375
61625. restans.

Preuve. 10000000. cube.

Ooo

Je crois avoir affez expliqué l'extraction
de la racine quarrée, de même que celle de
la racine cubique, pour les rendre intelligibles. Il me refte à faire voir l'ufage de la
racine cubique, par le moyen de quelques
queftions que je vais donner ci-après. Voyez
ci-après la premiere.

PREMIERE QUESTION

fur la racine cubique.

Il y a une terraffe qui a 85766121 pieds
cubes, dont la longueur contient neuf fois
la largeur, & la largeur neuf fois la hauteur
ou épaiffeur ; on demande quelle eft fa hauteur, fa largeur & fa longueur.

Je fuppofe pour cet effet que la hauteur
foit 1 pied, la largeur fera 9 & la longueur
81 ; je multiplie donc 81 par 9, le produit
donne 729 pieds cubes, avec lefquels je divife
les 85766121, le quotient donne 117649 dont
la racine cubique eft 49 pieds pour la hauteur
ou épaiffeur ; enfuite je multiplie ces 49 pieds
de hauteur par 9, le produit donne 441 pieds
pour la largeur. Enfin je multiplie ces 441
pieds de largeur par ce même 9, je trouve
au produit 3969 pieds pour la longueur de
ladite terraffe. Pour preuve je multiplie la
longueur par la largeur, & le produit qui en
vient par la hauteur : je retrouve au dernier

produit les 85766121 pieds cubes pour le contenu en solidité de ladite terrasse.

OPERATION.

Supposition.
Pieds.

1. hauteur.
9. largeur.
81. longueur.

729. diviseur.

$$85766121 \begin{cases} 729 \\ 117649 \end{cases}$$
1286
5576
4731
3572
6561
000

4	racine
4	
16	quarré
4	racine
64	cube
4	racine
4	
16	quarré
3	
48	triple
9	racine
432	produit
9	racine
9	
81	quarré
3	
243	triple
4	racine
972	produit
9	racine
9	
81	quarré
9	
729	cube

$$117,649 \begin{cases} \text{racine.} \\ 49. \text{ hauteur.} \\ 64 \end{cases}$$

produits.

53649
53649   432

00000   972

729

53649

49. pieds de haut.

441. largeur.
9

3969. longueur.

Voy. la preuve ci-après.

PREUVE de l'opération de l'autre part.

$$
\begin{array}{r}
3969. \text{ longueur.} \\
441. \text{ largeur.} \\
\hline
3969 \\
15876 \\
15876 \\
\hline
1750329. \text{ produit.} \\
49. \text{ hauteur.} \\
\hline
15752961 \\
7001316 \\
\hline
\end{array}
$$

Preuve.. 85766121. cube.

DEUXIEME QUESTION.

Un Banquier a donné 800 liv. à intérêt, & au bout de trois ans on lui a rendu 2700 liv. pour principal & intérêt, on demande à quelle raison les 800 liv. lui ont profité la premiere année, ayant été donnée à mériter gain sur gain.

Pour résoudre cette question multipliez 800 liv. par elles-mêmes, leur produit est 640000, que vous multiplierez encore par 2700, vous aurez 1728000000, dont vous tirerez la racine cubique, elle sera 1200, c'est-à-dire, 1200 liv. pour principal & intérêt de la premiere année. Et pour trouver l'intérêt de la seconde, dites par régle de trois, si 800 l. ont profités de 400 l. la premiere année, combien 1200 liv. profiteront-elles la feconde : ayant fait la régle, vous trouverez 600 liv. que vous ajouterez avec 1200 liv. le total fera 1800 liv. pour principal & intérêt de la feconde année.

Enfin pour trouver l'intérêt de la troifie-me année, vous direz encore par même régle de trois, fi 800 l. gagnent 400 l., combien auront mérités 1800 ; la régle étant faite, vous trouverez au quotient 900 liv. de forte qu'ajoutant les 900 liv. avec 1800 l., vous trouverez 2700 liv. de principal & d'intérêt, comme la queftion le demande. Ainfi l'inté-rêt de la premiere année eft donc 400 liv, celui de la feconde 600 liv. & celui de la troifieme 900 liv., par où vous voyez que ce Banquier a gagné 1900 liv. en trois ans, fur 800 livres.

OPERATION.

800 lv
801
_____
640000
2700
_____
448000000
1280000

1	racine	1,728,000,000	1200. rac.		800. l. princ.
3		728			400. l. int. de
3	triple	728	*Produits.*		la pr. année.
2	racine	_____	6		600. l. int. de
6	produit	000 000,000	12		la deux.
2	racine	PREUVE.	: 8		900. l. int. de
2			728		la troif.
4	quarré	1200. racine.			
3		1200			2700 l. princ.
12	triple	1440000. quarré.			& int. de 3 ans
2	racine	1200. racine.			
2		_____			
4	quarré	1728000000. preuve.			
2	racine	2700 l.			
8	cube	800			
		profit..1900			

_____

Si 800 l. donnent 400 l. combien 1200 l.

1200
_____
480000 } 800.
00000 }
_____ 600. Réponse.
1200. liv.
600
_____
1800

DÉMONTRÉE.

Si 800 l. donnent 400 l. combien 1800 l.

$$1800$$

$$720000 \begin{cases} 800. \\ 900. l. \end{cases}$$
$$00000$$

Je crois avoir amplement traité des régles qui regardent & concernent le commerce. Je donne cependant ci-après un questionnaire, où font renfermées des questions très-néces-faires fur toutes les régles que j'ai ci-devant démontrées.

Je conseille à ceux qui veulent apprendre à fond l'arithmétique, qui est contenue dans ce livre, de ne pas passer une seule régle, que (la plume à la main) ils ne l'ayent opé-rée & prouvée telle qu'elle est fur ce livre; & pour se fortifier davantage dans l'arithmé-tique, ils peuvent s'en proposer d'autres à peu près dans le même genre. *Et Deo Duce*; ils réussiront en tout ce qu'ils entreprendront.

QUESTIONNAIRE

Compofé de différentes queftions, auffi utiles que récréatives fur les précédentes régles que j'ai données, depuis la régle d'addition jufqu'à la derniere du préfent Livre.

SECONDE PARTIE.

QUESTION SUR L'ADDITION.

ON demande combien les fommes fuivantes font en un tout.

Sçavoir,

1478 l. 17 f. 3 d. 977 l. 15 f. 7 d. 837 l. 17 f. 4 d.
1527 l. 19 f. 9 d. 546 l. 10 f. 11 d. 4799 l. 7 f. 8 d.

Pour réfoudre cette queftion, il faut mettre chaque fomme l'une fous l'autre, enfuite de quoi en faire un tout, en commençant cette addition comme toutes les autres par les moindres efpeces; en celle-ci les deniers font les moindres efpeces; il faut donc commencer par les deniers, comme on le voit à la page 20 & 21 ci-devant, & comme on le voit ci-après.

OPERATION

OPERATION.

l.	f.	d.
1478	17	3
977	15	7
837	17	4
1527	19	9
546	10	11
799	7	8

l.	f.	d.
6168	8	6

4744--33- 0 preuve.

Je ne mettrai que cette queftion d'addition, penfant que par le moyen de celle-là, on peut réfoudre toutes autres queftions, pour peu qu'on fache la valeur des monnoies, poids & mefures.

QUESTION fur la fouftraction.

L'Auteur de ce Livre étant né le 15 Avril 1720. à une heure 22 minutes 18 fecondes du matin, veut favoir quel âge il a aujourd'hui dixieme Juin 1759, à 6 heures 8 minutes 3 fecondes du foir. Réponfe, il a 39 ans 1 mois 25 jours 16 heures 45 minutes 45 fecondes.

OPERATION.

		mois	jours	heures	min.	fecondes
Année expirée	1758	5	9	18	8	3
Naiffance	1719	3	14	1	22	18

	ans.	mois.	jours.	heures.	minutes.	fecondes.
Age précis....	39	1	25	16	45	45
Preuve......	1758	5	9	18	8	3

Pour réfoudre cette queftion, & d'autres femblables, il ne s'agit que de pofer le plus grand tems le premier, ne mettant que les années, mois, jours, heures, minutes & fe-

Ppp

condes expirées, ensuite ayant mis au dessous de ce tems celui de la naissance, en gar-
dant le même ordre que ci-dessus, & ayant
posé les especes semblables sous les semblables, vous commencerez par soustraire les
moindres especes des moindres, & procé-
derez ainsi successivement jusqu'à la fin, em-
pruntant sur chacun des especes, s'il est nécessaire. Et pour savoir ce que vous devez
emprunter, & ce qu'il faut de secondes
pour une minute, de minutes pour une heure, &c. si la mémoire ne vous fournit pas,
vous pouvez avoir recours à la page 30, où
est l'instruction.

On peut se servir de la même méthode que
ci-dessus, pour les rentes constituées, dont
les arrérages en seroient dûs depuis quelques
années : observant que dans les liquidations
des comptes, on ne considére l'année que
de 360 jours, & le mois par conséquent de
30 jours seulement.

DEUXIEME PROPOSITION.

Un journalier étant obligé de faire une
vuidange de terre jusqu'à la concurrence de
478 toises, 5 pieds, 9 pouces, 8 lignes cubes, & en ayant ôté 196 toises, 4 pieds,
10 pouces, 5 lignes, veut savoir combien il
lui en reste à ôter. Réponse, 282 toises, 11
pouces, 3 lignes cubes.

OPERATION.

Vuidange à faire 478 toiſes 5 pieds 9 pouc. 8 lig.
Travail fait . . . 196 —— 4 —— 10 —— 5

Reſte à faire. . . 282 toiſes 0   11 pouc. 3 lig.

Preuve. . . . 478 —— 5 —— 9 —— 8

L'opération de cette deuxieme propoſition eſt ſi facile, qu'il ne me paroît pas né-
ceſſaire d'en donner l'explication ni la maniere de faire cette ſouſtraction ; ſachant
qu'il faut 12 lignes pour un pouce, 12 pouces pour 1 pied & 6 pieds de roi pour une
toiſe, le raiſonnement ſeul fait comprendre
toutes autres ſouſtractions qui pourroient
être données dans le même genre.

QUESTION ſur la multiplication par les parties
aliquotes de la livre.

PREMIERE PROPOSITION.

Un Marchand a acheté pour 10000 livres
de ſoie, qu'il veut faire employer en toile
de ſoie, ſatin, taffetas & damas.

Il employe 75 femmes pour devider cette
ſoie, à chacune deſquelles il donne 12 ſ. par
jour ; elles ont été 34 jours.

Il donne à 36 moulineuſes 18 ſ. par jour ;
elles ont été 25 jours à mouliner.

Il donne 25 ſ. par jour à 14 ourdiſſeuſes,

qui ont été 10 jours à ourdir le tout.

Il donne au teinturier 250 livres pour teindre le tout.

Il donne aux ouvriers de la toile de foie 12 livres pour la façon de chaque piece, qui est ordinairement de 30 aunes; ils lui en ont fait 25 pieces.

Il donne 15 livres par piece aux ouvriers de taffetas, qui lui en ont fait 30 pieces.

Il donne 16 livres aux ouvriers de fatin, qui lui en ont fait 35 pieces.

Il donne 22 livres par piece aux ouvriers du damas, qui lui en ont fait 40 pieces. Toutes ces marchandifes étant faites; il les vend à d'autres Marchands : SAVOIR ;

La toile de foie à raifon de 75 la piece.
Le taffetas ..... à .... 150 l.
Le fatin ..... à ..... 195 l.
Et le damas. .. à ..... 360 l.

On demande à combien le tout lui revient, quelle fomme il en doit recevoir , & quel gain il fait fur le total. Réponfe , le tout lui revient à 14955 livres, il en doit recevoir 27600 liv. par conféquent il gagne 12645 livres.

OPERATIONS de la propofition ci-contre.

evid. 75
A.... 12 f.
_____
C'eft.. 45 l.-0
    20
_____
   900 ⎰75
Preuve.. ·150 ⎱12 f.
   00

Moulin. 36
A..... 0-18 f.
_____
C'eft. . 32 l. 8 f.
    20
_____
  648 ⎰36
Preuve..... 288 ⎱18 f.
   ·00

Ourdiffeufes 14
A. . . . . 1 l. 5 f.
_____
   14
   3—10
_____
C'eft.. 17 l. 10 f. ⎰ 14
Preuve... 3 ⎱ 1 l. 5 f.
  20
_____
  70
  00

Divideuf. 34. jours.
A..... 45 l. par jour.
   170
   136
_____
C'eft... 1530 l. ⎰ 34
Preuve.. 170 ⎱ 45. l.
   00

Moulin. 25. jours.
A... 32 l. 8 f. par jour.
   50
   75
   10—0
_____
C'eft. 810 l, ⎰ 25
Preuve.. 60 ⎱ 32 l. 8 f.
   10
   20
_____
  200
  00

Ourdiſſeuſes 10. jours.

A . . . . . . 17. l. 10 ſ. par jour.

170

5

C'eſt. . . . 175 l. { 10

Preuve. . . . 75   { 17 l. 10 ſ.

5

20

100

000

Suite de l'autre part.

F A Ç O N.

25. pieces de toile de ſoie } 30. piec. de taffetas.

A . . 12 l. la piece.   A . . 15 l. la piece.

C'eſt 300 l. { 25   C'eſt 450 l. { 30

50   { 12 l. preuve.   150   { 15 l. preuve.

00   00

---

35. pieces de ſatin } 40 pieces de damas

A . . . . 16. l. la piece.   A . . . 22 l. la piece.

C'eſt. . 560 l. { 35   C'eſt 880 l. { 40

210   { 16 l. preu.   80   { 22 l. preuve

00   00

Argent déboursé.

10000 l. pour l'achat.   } 12765 liv.

1530. pour les devideuſes.   300 pour la faç. de la toile ſ.

810. pour les moulineuſes   450. l. pour celle du taffetas

175. pour les ourdiſſeuſes.   560. pour celle du ſatin.

250. pour le teinturier.   880. pour celle du damas.

12765 liv.   14955 l. que lui coûte le tout.

Pour la vente.

25. pieces de toile de soie.
A... 75. l. la piece.

125
175
___
C'est 1875 l. { 25 piece.
125
00   { 75 l. preuve.

30. piec. taffet.
A... 150 liv.

C'est 45000 l. { 30.
150
000   { 150 l. prᵉ

35. pieces de satin.
A... 195 l. la piece.

175
665
___
C'est .6825 l. { 35
332   { 195 l. pr.
175
00

40. pieces de damas.
A... 360. l. la piece.

2400
120
___
C'est. 14400 l. { 40
240   { 360 l. preuve
000

Produits de la vente.

1875. l. pour la vente des toiles de soie.
4500. pour celle du taffetas.
6825. pour celle du satin.
14400. pour celle du damas.
___
27600. pour la vente du tout.

Sur la vente du tout . . . . 27600 liv.
Il faut souftraire les débourfés. . 14955
___
Le refte qu'il gagne eft 12645
___
Preuve . . . . 27600 liv.

DEUXIEME QUESTION.

On demande combien produiront 11 liv. 11 fols 11 deniers, multipliés par 11 livres, 11 fols, 11 deniers. Réponfe, 134 livres 9 fols 3 deniers 49/240.

Cette queftion n'a été propofée par tous les Auteurs arithméticiens, que pour éguifer les efprits. Car ce problême eft impoffible en France, parce que toute notre monnoie eft ronde, donc on ne peut pas multiplier la furface de l'une par la furface de l'autre; & par le même principe, fi on a égard à la folidité, on eft dans l'erreur. Je crois que nous ne devons avoir égard qu'au rapport, qu'il y a d'une de ces grandeurs à l'autre. Voyez ci-après l'opération.

OPERATION.

OPERATION

de la deuxieme queſtion de ci-contre.

Multiplier 11 l. 11 ſ. 11 d. par 11 l. 11 ſ. 11 d.

12	12
143/240.	143/240

Multip 11 l. 143/240 }   11 l. 143/240
Par... 11 l. 143/240 }   240

583

C'eſt. 134 l. 9 ſ. 3 d. 49/240 : 22

Multipliez. . . . 2783
Par 2783

8349
22264
19481
5566

7745089 } 57600
198508 }   ‖l. ſ. d.‖
257089 } 134. 9. 3. 49
26689   240
20

Mult. 240	533780
Par.. 240	15380
	12
9600	
480	184560
57600. diviſ.	1176.0/5760.0
	294/1440
	98/480
	49/240

Qqq

PREUVE.

```
  l.   f.   d.           l.   4 f. d.                              t:
Si 11--11--11--don. 134--9--3--49/240. comb. 1
    20                   240                                      20
  ————                  ————                                      ——
   231                   5360                                     20
  ————                   268                                      12
    12                  96--0                                    ————
  ————                  12--:                                     240
  2783                   3--:
                        :--4--1
                                                        ┌ 2783
                            l. f. d.        ┌           │ ————————————
                        32271. 4. 1.      ┌─┤           │ 11 l. 11 f. 11 d.
                         4441             │ │
                         1658             │ └
                                          │
                           20             │        Pour l'explication de
                         ————             │        cette multiplication ci def-
                         33164          ┌─┤        fus. Voyez la page 287,
                          5334          │ │        jufques & compris la page
                          2551          │ └ 291.
                           12            │
                         ————            │
                         30613         ┌─┤
                          2783         │ │
                          0000         │ │
```

QUESTION fur les parties aliquotes de 24 par multiplication.

Six Particuliers ont pris une ferme de 450000 livres , ils y entrent tous au marc la livre portans un quartier d'avance ; on demande combien ils doivent porter chacun, & en particulier pour faire le payement dudit quartier, y entrans; favoir, le premier pour 4 f. 6 d. pour l., le fecond pour 3 f.

2 d , le troifieme pour 3 f. 3 d., le quatrieme
pour 3 f. 4 d., le cinquieme pour 2 f. 10 d.
& le fixieme pour 2 f. 11 d.

Pour réfoudre cette queftion, je tire le quart
de 450000 liv., qui eft 112500 liv. qu'ils
doivent avancer, & en fait des parties à raifon de ce qu'ils y entrent chacun.

Le premier donnera pour fa part	25312 l.	10 f.
Le fecond	17812	10
Le troifieme	18281	5
Le quatrieme	18750	
Le cinquieme	15937	10
Le fixieme.	16406	5

Qui eft le 1/4 & la preuve des   112500
opérations ci-après.

OPERATIONS.
450000 liv. total.

Le 1/4 eft 112500 l. pour le quartier d'avance.

A . . . . o l. $\overset{2}{4}$ f. 6 d

22500-- 0
2812-- 10

premier. . 25312 l. 10 f.

112500 l. $\overset{1}{}$
A . . . . . . o l. $\overset{}{3}$ f. 2 d.

11250-- 0
5625-- :
937-- 10

Second. . . 17812 l. 10 f.

Qqq ij

$$A \ldots \ldots \quad \overset{112500\,l.}{o} -- \quad \frac{1}{3} \, f. \, 3 \, d.$$

$$
\begin{array}{l}
11250 -- \; o \\
5625 -- \; : \\
1406 -- \; 5
\end{array}
$$

Troisieme. 18281 l. 5 f.

$$A \ldots \ldots \quad o \, l. \overset{112500}{\frac{1}{3}} \, f. \, 4 \, d.$$

$$
\begin{array}{l}
11250 -- \; o \\
5625 -- \\
1875 -- \; :
\end{array}
$$

Quatrieme. 18750 l.

$$A \ldots \ldots \quad o \, l. \overset{112500}{2} \, f. \, 10 \, d.$$

$$
\begin{array}{l}
11250 -- \; o \\
2812 -- 10 \\
1875 -- \; :
\end{array}
$$

Cinquieme . 15937 l. 10 f. :

$$A \ldots \ldots \quad o \, l. \overset{112500}{2} \, f. \, 11 \, d.$$

$$
\begin{array}{l}
11250 -- o \\
3750 -- \; : \\
1406 -- 5
\end{array}
$$

Sixieme . . . 16406 l. 5 f.

Remarquez que ce qu'on appelle être in-
téreflé au marc la livre, c'eft - à - dire, que
les intérêts des fix traitans ne doivent faire

enfemble que 20 fols, comme on le peut voir ci-deffus, qui font:

```
4 f.  6 d.    10 f. 11 d.
3--- 2        3--- 4
3--- 3        2---10
----------    2---11
10 f. 11      ----------
              20 f.  0 d.
```

QUESTION fur la divifion.

Un Aubergifte a acheté un partis de vin, dont la barique lui revient à 42 livres, & il lui en coûte 15 livres 5 fols par barique pour droit du Roi, 1 livre 15 fols par barique pour le charroi, & il veut gagner 15 l. fur chaque barique: on demande à combien revient la pinte. Réponfe, elle lui revient à 6 fols 2 deniers.

OPERATION.

```
42 l. : : d'achat        74 l.
15-- 5 : droit            20
 1--15 : charroi         ----------  ⎧ 240. pintes dans
15-- : : gain            1480        ⎨         la bar.
----------                40         ⎩ ----------
L : 74-- : :              12         ⎧ 6 f. 2 d. la pinte
                         ----------  ⎨      Réponfe,
                          480        ⎩
                          000
```

Deuxieme Queftion.

Une Paroiffe a 2125 livres de tailles, & on

lui donne 178 livres 17 fols d'augmentation; on demande combien il faut l'augmenter pour livre. Réponfe, de 1 f. 8 d. 424/2125.

OPERATION.   PREUVE.

178 l. 17   2125
    20   A ... o l. 1 f. 8 d. 424
———— ⎰ 2125   2125
3577 ⎱ 1 f. 8 d. 424/2125   ————————
1452   106-- 5 :
  12   70--16--8
————   1--15--4
17424   ————————
424/2125   178 l. 17 f. 0

QUESTION fur le rachat de rente.

On paye 127 livres 17 fols 4 deniers de rente, & on veut amortir cette rente pour la fomme de 2600 livres: on demande à quel denier fera amortie cette derniere rente. Réponfe, ce fera au denier 20 & 320/959.

OPERATION.

127 l. 17 f. 4 d.   2600 l.
    20   20
————   ————
2557   52000
  12   12
————   ———— ⎰ 30688
30688 d.   62.000 ⎱ 20 d. 320/959
                  10240
        Le 1/32..... 320/959

DEUXIEME QUESTION.

Un homme a une maison qui est louée 450 livres & il veut la vendre 8500 livres, on demande à quel denier cette maison sera vendue. Réponse, elle sera vendue au denier 18.8/9.

OPERATION.   **PREUVE.**

$$
\begin{array}{lll}
8500\ l.\ \Big(& 450 & \quad 450 \\
\quad 4000 & & \qquad 18.\ 8/9 \\
\text{Le } 1/5..\ 40/0 \Big\} & 18\ d.\ 8/9 & \overline{} \\
& & \quad 8100 \\
\text{Le } 1/5..\ 45/0 \Big(& 8/9 & \quad 400 \\
& & \overline{\quad 8500}
\end{array}
$$

QUESTION sur la tare.

Comme les uns diminuent tant pour cent, ou dans le cent, & les autres diminuent tant sur cent; j'ai jugé à propos d'en donner ici un éclaircissement, quoique j'aie donné la régle à tant pour $\frac{o}{o}$. à la page 251.

Diminuer tant pour $\frac{o}{o}$. ou dans le $\frac{o}{o}$. c'est quand on souftrait une quantité de cent, & qu'on livre le reste net, comme si la tare est à 8 pour $\frac{o}{o}$, on doit livrer 92 livres nets, comme on en voit des exemples à ladite page 251.

Diminuer sur 100, cela s'entend qu'il faut livrer 100, & quelque quantité au-dessus, comme si la tare est de 18 sur 100; l'acheteur de 118 livres ord. n'en payera que 100 livres net.

PROPOSITION.

Un Marchand a acheté & bariques de fucre pefantes 3780 livres ord. on demande ombien il y aura de livres net à payer, augmentant 13 livres fur 100 livres pour la tare.

OPERATION.

Si de 113. ℔ on n'en paye que 100 l. combien de 3780. ℔

```
              100
        ───────────
        378000   ⎰ 113
           390   ⎱ 3345 l.15/113
           510
           580
            15
```

PREUVE.

Si de 3780 l. on ne paye que 3345 : 15/113, comb. de 113.

```
              113
        ───────────
          10035
          36795
                  15. reftant.
        ───────────  ⎰ 3780
        378000       ⎱ ─────
        000000       ⎰ 100
```

Queftio

QUESTION fur les réductions d'aunage.

On demande combien 40 aunes de Hollande valent d'aunes de Paris. Réponfe, 22 aunes 6/7 de Paris Il faut confidérer que 7 aunes d'Hollande valent 4 aunes de Paris; ainfi il faut dire par une regle de trois.

OPERATION.

Si 7 aun. d'Hol. val. 4 aun. de Paris, c. 40 aun. d'Hollande.

$$4$$
$$160 \begin{cases} 7 \\ \end{cases}$$
$$20 \begin{cases} \\ 2 \ldots 6/7 . \text{aun. Rép.} \end{cases}$$
$$6 \begin{cases} \end{cases}$$

PREUVE.

Si 40 aun. d'Hol. val. 22 aun. 6/7 de Paris, c. 7 aun. d'Hol.

$$7$$
$$154 \begin{cases} 40 \\ \end{cases}$$
$$6 \begin{cases} 4 . \text{ aunes de Paris.} \end{cases}$$
$$160$$

DEUXIEME QUESTION.

Un Marchand a acheté du drap d'Hollande, au nombre de 7 aunes, à 12 livres 15 fols l'aune de Hollande, il veut favoir à combien lui revient l'aune de Paris. Réponfe, 22 livres 6 fols 3 deniers.

OPERATION.	PREUVE.
7 aunes d'Hol.	22 l. 6 f. 3 d.
7	Par . . . . . , 4. aunes.
A . . . 12 l. 15 f.	89 l. 5 f. -o
84	
4 18	
7	
89 l. 5 f.	
Le 1/4 . . 22 l. 6 f. 3 d.	R r r

QUESTION *sur la règle de trois simple.*

On a acheté 18 aunes d'étoffes pour 63 l. on demande combien on en aura pour 247 liv. Réponse, 70. aunes 4/7.

OPERATION.

l.   247 l.   l.
Si pour 63 on a 18 aunes, comb. on en aura-t-on pour 247,

$$
\left.\begin{array}{l} 4446 \\ 36 \\ 63 \end{array}\right\} o \left\{\begin{array}{l} 63 \\ \hline 70. \text{ aunes } 4/7. \end{array}\right.
$$

PREUVE.

l.   l;
Si pour 247 on a 70 aunes 4/7, comb. en aura-t-on pour 63

$$
63
$$

$$
\left.\begin{array}{l} 210 \\ 420 \\ 36 \\ \hline 4446 \\ 1976 \\ 000 \end{array}\right\} \left\{\begin{array}{l} 247 \\ \hline 18. \text{ aunes.} \end{array}\right.
$$

DEUXIEME QUESTION.

Si 1 marc d'arg. coute 47 l. 10 f. comb. coût. 7 m. 7 on. 5 gr.

```
   8              509                    8 onces.
 ━━━━            ━━━━              ━━━━━━━━━━━━
   8.            3563                      63
   8             2036                    8 gros.
 ━━━━            254—10             ━━━━━━━━━━━━
   64          24177—10  ⎫64        509 gros.
               497        ⎬377 l. 15 f. 5 d. 5/8.
               497        ⎭         Réponse.
                49        ⎰
                20        │   La preuve se peut faire
              ━━━━        │ par son contraire, comme
               990        │ celle ci-dessus, ou seulement
               350        │ multiplier le produit ou quo-
                30        │ tient par le diviseur, & ce
                12        │ dernier produit le diviser par
              ━━━━        │ 509. gros.
               360        
          40/64 ou 5/8.
```

QUESTION sur le Change.

Un Marchand desirant faire un voyage de Paris à la Rochelle, a besoin d'une lettre de change de 4500 livres, & pour ce faire va trouver un Banquier qui lui fournit une lettre de change de ladite somme de 4500 liv., à recevoir sur ledit lieu de la Rochelle ; on demande combien il doit donner au Banquier, le change étant accordé entre'eux à 3 liv. pour ∘⁄∘. Réponse, il doit donner 4635 liv. comptant.

R r r ij

OPERATION.

```
4500          4500
   3           135
─────         ─────
135/00        4635. pour répor
```

DEUXIEME QUESTIO[I]

Si on veut lavoir quelle fomme on
vra net à la Rochelle, ne donnant que
livres à un Banquier de Paris, & aux
ditions de 3 livres fur 100 livres Ré[p]
on recevra la fomme de 4368 liv. 18
den. 71/103 net à la Rochelle.

OPERATION.

```
                4500
Si 103 l. font réd a 100 l. à comb. feront réduites 4
          ────────────────
```

```
   450000
      380        ⎧  103
      710        ⎫  ─────────────────
      920        ⎬  4368 l. 18 f. 7 d. 7
       96        ⎭
       20           Nota. Il faut faire atte
   ────────         cette régle-ci eft un e
     1920           parce que fi celui qui
      890           l'argent prenoit 3 l po[r]
      ̸66            100 l. ce qui feroit 135 l
       12           l. prendroit le change [d]
   ────────         qu'il ne débourfe pas. A
      792           faire attention quand le [c]
    71/103.         en dehors ou en dedan[s]
                    dire, quand la [f]on
                    né à efcompte Il
                    fe conformer à la
                    deffus & à celle d[e]
                    300, &c.
```

PREUVE de la derniere opération ci-contre.

Si 4500 l. sont réduit à 4:68 l. 18 f. 7 d. 71/103, comb. 103 l.

103

13104
4368

92--14-- :
2--11-- 6
8-- 7
5 --11

450000.   { 4500
000000   (100 l.

QUESTION fur la régle d'escompte.

Quelqu'un doit (à payer dans 4 mois) L :
1787, le créancier dit à ce quelqu'un qui est
débiteur, que s'il le veut payer présentement,
il lui escomptera sa dette à 3. 1/2 fur %, pour
les mêmes quatre mois : on demande combien le débiteur doit payer présentement.

OPERATION.

Si 103 l. 1/2 font réd. à 100 l. c. 1787 l.

2   2

207   3574
                    100

                    357400 }207
                    1501 }1726=11 f. 4 d. 56
La preuve se peut faire par   550 }   69
Le contraire   1360   *Réponse.*
                    118
                    20

                    2360
                    290
                    83
                    12

                    996
                    168/207 ou 56/69.

fe.

rece-
4500
con-
onse,
fols 7

500 l.

1/103.

tion que
compte,
debourse
r chaque
fur 4,00
es 135 l.
nsi il faut
hange est
c'est-à-
me tour-
ant donc
régie ci-
la page

DEUXIEME QUESTION
fur la Régle d'efcompte.

Quelqu'un doit 1046 livres 15 fols , à payer au bout de fept mois , & il lui eft offert par fon créancier de lui efcompter, à 5 3/4 fur $\frac{o}{o}$, pour lefdits fept mois du jour qu'il le voudra payer : celui qui doit , cinq mois après , trouve le moyen de payer fa dette; on demande combien il doit payer au bout des cinq mois, au lieu des 1046 l. 15 f., qu'il devoit payer au bout des fept mois. Réponfe, 1029 l. 16 f. 7 d. 743/1423.

OPERATIONS.

Si pour 7. mois on efc. 5. 3/4 , c. p. 2. m. de reft.

$$2$$
_____
$$10$$
$$1 \text{--} 1/2$$
_____
$$11 \text{--} 1/2 \text{ ou } 10 \text{ f.}$$
$$4$$
$$20$$
_____
$$90$$
$$20$$
$$6$$
$$12$$
_____
$$72$$
$$02/7.$$

$\Big\{$ 1 l. 12 f. 10 d. 2

Réponfe.

l. f. d.   l.   l. f.
Si de 101-12-10-2/7, on ne paye que 100, c. pour 1046-15

20		20
2032		20935
12		12
24394		251220
7		7
170760		1758540

	100	
		175854000
		509400
		1678800
		141960
		20

l. f. d.
170760
1019-16-7-743
1423
Réponse.

2839200
1131600
107040
12

1284480
8916∅/170760∅.

On peut faire la preuve de cette maniere ci-deſſus.

l. f. d.   l. f. d.   l. f.
Si de 101-12-10-2/7, il vient 1-12-10-2/7, comb. 1046-15

on trouvera pour réponfe.... 16 l. 18 f. 4 d. 680/1423.
Pour double preuve ajoutez..1029—16—7—743/1423.

Vous trouverez les........1046 l. 15 f.— : preuve certaine.

TABLE pour trouver tout d'un coup l'escompte en dedans de toute somme proposée.

Lorsque l'on paye ou que l'on reçoit quelque somme que ce soit, escomptant à raison

de 1 pour cent, il la faut div. par 101.
de 1.1/4 .... par 81. ou en pr. le 1/9 du 1/9.
de 2 .... par 51.
de 2.1/2 .... par 41.
de 4 .... par 26.
de 5 .... par 21. ou en pr. le 1/7. du 1/
de 6 1/4 .... par 17.
de 8.1/3 .... par 13.
de 10 .... par 11. ou en pr. le 1/11.
de 12.1/2 .... par 9. ou en prendre le 1/9.
de 16.2/3 .... par 7. ou en prendre le 1/7.
de 20 .... par 6. ou en prendre le 1/6.
de 25 .... par 5. ou en prendre le 1/5.
de 50 .... par 3. ou en prendre le 1/3.

QUESTION *sur les deniers en dedans la livre.*

On veut ôter les 4 deniers pour livre en dedans compris dans 570 livres, & savoir à quelle somme sera réduite cettedite somme de 570 livres.

Pour ôter les quatre deniers pour livre compris dans 570 livres, il faut faire une régle de trois, & mettre pour le premier terme 244 deniers, parce qu'il y a 240 den. dans la livre, y joignant les 4 deniers que l'on veut ôter, cela fait 244 deniers; pour second terme, les 240 deniers pour la valeur de la livre; & pour troisieme terme, le montant ou la somme proposée par cette ques-

tion,

tion, qui eſt 570 livres, enſuite faire la régle
de trois, comme à l'ordinaire, ainſi qu'il eſt
exécuté ci-deſſous. Viendra pour réponſe,
560 liv. 13 ſols 1 denier 23/61.

OPERATION.

d.   d.

Si 244 don. 240 comb. 570
            240
        ――――――
        22800
        1140
        ――――――
        136800   244
        1480   ――――――
          160   l. ſ. d.
           20   560, 13, 1.23/61
        ――――――
         3200
          760
           28
           12
        ――――――
           56
           28
        ――――――
         336
          92/244
          23/ 61

La preuve peut ſe faire par ſon contraire;
je ne la mettrai point ici, parce que j'ai expliqué amplement les régles de trois, auxquelles on peut avoir recours.

    Je donne ci-après une table qui eſt d'une

grande utilité & d'une grande abbréviation,
fans être obligé de faire des régles de trois.
La question ci-devant peut servir de modele,
pour celles qui seroient proposées dans le
même genre; ayez recours à la table ci-après.

*TABLE pour trouver tout d'un coup la taxation
ou remise en dedans de toute somme proposée*

Pour prendre la taxation ou remise en dedans de quelque
somme à o l. o f. 2 d. pour chaque livre, il faut diviser la somme proposée par...... 121

à...... 3 d............... par....... 81
à...... 4 .... par....... 61
à...... 5 .... par....... 49
à...... 6 .... par....... 41
à...... 8 .... par....... 31
à...... 10 .... par....... 25
à.... 1 f. .... par....... 21
à.... 2 .... par....... 11
à.. .4 .... par....... 6
à... 5 .... par....... 5

Il faut observer que par le moyen d'une
simple division faite, comme il est marqué
dans la table ci-dessus, de quelque somme
que ce soit, on trouve la taxation totale ou
la remise en dedans, laquelle étant sous-
traite de la somme proposée, on aura le reste net à payer.

QUESTION sur la régle des gains & pertes.

Un Marchand vend à un autre Marchand
pour 1476 l. 10 f. de toiles au prix coûtant;
mais le vendeur a expliqué dans son marché,

qu'il vouloit gagner 8 livres 3/4 pour on
demande combien il faut augmenter pour
le profit de celui qui vend à la susdite raison de 8 livre 3/4 pour 100. Réponse 129
livres 3 sols 10 deniers 1/2.

OPERATION.

Si 100 prod. 8. 3/4, combi. prod. 1476. 10
```
  l.           l.              l.   f.
Si 100 prod. 8. 3/4, combi. prod. 1476. 10
  20                           20
————————                  ————————
 2000                         29530
                                 8 l. 3/4
                           ————————
                           236240
                           14765
                            7382—10  ⎫ 2000
                           ————————  ⎬
                          258387—10 ⎰ 129 l. 3 f. 10 d. 1/2
                            5838            Réponse.
                           18387
                             387
                              20
                           ————————
                            7750
                            1750
                              12
                           ————————
                           21000
                           3/000/2/000
                              1/2
```

PREUVE.

l. f.   2000 l.   l.

Si 1476. 10 don. 129. 3. 10. 1/2, comb. 100

20	18000	20
29530	24000	2000

```
                200--0
                100--:
                 50--:
                 33--6--8
                  4--3--4. pour le 1/2 den.
              258387-10--0 ⎰ 29530
                  22147    ⎱ 8 l. 15 f. ou 3/4 de l.
                    20

                442950
                147650
                 00000
```

On voit par l'opération ci-devant, que le vendeur gagnera sur son parti de toile, 129 livres 3 sols 10 deniers 1/2. La preuve ci-deſſus eſt faite par le contraire de l'opération, c'eſt-à-dire, prenant le dernier terme pour le premier de la preuve ; on voit auſſi par l'opération de la preuve, qu'après avoir pris le produit de 4 deniers, il faut prendre le produit d'un denier pour avoir celui d'un demi-denier, qui eſt en la propoſition. Le produit d'un denier ſeroit 8 livres 6 ſols 8 den. par conſéquent le produit d'un demi-denier, ſera 4 liv. 3 ſ. 4 d. Voyez à la preuve ci-deſſus.

DEUXIEME QUESTION
fur les gains & pertes.

Suppofé qu'un Marchand de cette ville ait fait venir des toiles de Laval, & qu'elles reviennent, rendues à Nantes, tant pour l'achat, voitures que autres frais, à 3 livres 15 fols 6 deniers l'aune, il veut favoir combien il doit la vendre l'aune, pour y gagner 10 pour ⁰∕₀. Réponfe 4 livres 3 fols 0 den. 3/5.

OPERATION.

$$
\begin{array}{c}
906 \\
\text{Si 100 l. viennent à 110 l. comb. 3 l. 15 f. 6 d.}
\end{array}
$$

20	99660	20
2000		75
12		12
24000		906

$$
\left.\begin{array}{r} 99660 \\ 3660 \\ 20 \end{array}\right\} \begin{array}{l} 24000 \\ \hline 4\ l.\ 3\ f.\ 0\ d.\ 3/5. \end{array}
$$

$$
\begin{array}{c}
73200 \\
1200 \\
12 \\
\hline
144/00 \ / \ 240/00. \\
48 \ / \ 80 \\
\end{array}
$$

Le 1/16 . . . . 3 / 5

PREUVE.

Si 3 l. 15 f. 6 d. val. 4 l. 3 f. d. 3/5 , comb. 100 l.

20	24000		20
75	96000		2000
12	2400		12
906	1200		24000
	60. pour les 3/5.eme		
	99660 906		
	906 110 l. preuve.		
	0000		

Faux produit d'un denier , 100 l.
Le 1/5. est 20

           3

Les 3/5.mes font . . . . . . 60 l.

L'opération & la preuve ci-deffus n'ont rien de difficile, excepté qu'à la preuve il y a 3/5 de den. ; il faut donc faire un faux produit en prenant pour un denier, & enfuite prendre les 3/5 fur le produit d'un denier; voyez ci-deffus. Les régles de gains & pertes font affez étendues pour en avoir un grand éclairciffement : quand il y a de la perte fur quelque marchandife, on peut opérer de la même maniere que pour les profits.

QUESTION fur la Régle de troc.

Deux Marchands veulent faire un échange de marchandifes, l'un a de la toile qu'il veut vendre argent comptant 25 fols l'aune, en troc il la veut vendre 30 f. l'aune, & il veut avoir un tiers en argent comptant; l'autre a du coton, qui vaut 22 fols la livre argent comptant; on demande combien il la doit vendre en troc. Réponfe, 29 f. 4 d.

Pour réfoudre cette queftion il faut prendre le tiers du prix en troc de 30 f. qui eft 10 f. & diminuer ce nombre 10 de 25 & de 30, dont il reftera 15 f. & 20 f. & puis dire par une régle de trois.

OPERATION.

Si 15 f. compt. val. 20 f. en tr. comb. 22 f. compt.

$$22$$

$$40$$
$$40$$

$$440 \left\{ 15 \right.$$
$$149 \left\{ 29 \text{ f. 4 d.} \right.$$
$$5 \left(Réponfe. \right.$$
$$12$$

$$60$$
$$00$$

PREUVE.

Si 22 f. valent 29 f. 4 d. combien 15 f.

$$15$$

$$435$$
$$5$$

$$440 \left\{ 22 \right.$$
$$000 \left\{ 20 \text{ f. re.} \right.$$

L'on voit par l'opération ci-devant, que la livre de coton vaudra en troc de la toise 29 fols 4 deniers. Voyez l'opération avec la preuve ci-devant.

DEUXIEME QUESTION
fur la régle de troc.

Deux Marchands troquent ou échangent un petit parti de marchandifes ; favoir, un des deux a du café créole, qu'il veut vendre 12 fols la livre comptant , & en troc il le veut vendre 16 fols ; l'autre a du poivre qu'il veut vendre 26 fols argent comptant, & en troc 30 fols : favoir lequel des deux aura plus de profit fur ce troc.

Pour réfoudre cette queftion, il faut augmenter fur le prix du café ce qu'il y a du furplus du poivre, du prix comptant à celui du troc. Ainfi comme il a 4, il faut dire par une régle de trois:

OPRRATION.

Si 16 f. au lieu de 12 f. val. 20 f. au lieu de 16 , comb. vaud. 26 f.

$$
\begin{array}{c}
20 \left\{ 16 \right. \\
\underline{} \\
520 \left\{ 32 \text{ f. } 6 \text{ d.} \right. \\
40 \left\{ \text{Réponfe.} \right. \\
8 \\
\underline{} \\
12 \\
\underline{} \\
96 \\
00
\end{array}
$$

Le

Le Marchand de poivre perd 2 f. 6 den. pour livre pesant.

Et le Marchand de café les gagne.

Mais si le Marchand de poivre vouloit avoir le tiers en argent comptant, on demande lequel profiteroit le plus.

Pour faire cette opération, il faut prendre la valeur du poivre en troc ; le tiers est 10 f. il faut diminuer ces 10 f. sur 26 f. & 30 f. il reste 16 f. & 20 f. & puis dire par une régle de trois si 16 f. donnent 20 f. combien 26 f.

$$
\begin{array}{c}
20 \\
\hline
\left.\begin{array}{c} 520 \\ 40 \\ 8 \end{array}\right\} \quad \begin{array}{c} 16 \\ \hline 32\ f.\ 6\ d. \end{array} \\
12 \\
\hline
96 \\
20
\end{array}
$$

Réponse, trente-deux sols six den. ci 32 f. 6 d.

On voit clairement que le Marchand de poivre ayant le tiers en argent comptant, fait troc égal avec le Marchand de café ; voyez & faites les opérations ci-devant.

QUESTION *pour la gaule de 7 pieds 1/2.*

On demande combien il y a de gaules quarrées dans un terrein, qui a cinq gaules sept pieds cinq pouces de longueur, sur trois gaules cinq pieds sept pouces de largeur. Réponse, vingt-deux gaules trois pieds deux pouces 23/90.

Ttt

Il faut entendre que la gaule a fept pieds
1/2 ou fept pieds fix pouces.

OPERATION.

	gaules.	pieds.	pouces de long.	
Multiplicande.........	5	7	5	
Multiplicateur.........	3	5	7	de largeur.

	15.	21.	15.	90. dénom
La 1/2. pour 3 pieds 9 pouc.	2— 7 —	5. 1/2.	45.
Le 1/3 pour 1 pied 3 pouc.	0— 7.—	5. 5/6.	75.
Le 1/3 pour : ......5 id.	0— 2.—	5. 17/18.	85.
Le 1/5. pour : .... 1 id.	0— 0 —	5. 89/90	89.
Le 1/5. pour : ..... 1 id.	0— 0.—	5 89/90.	89.

	gaul.	pieds.	pouc.	383 (90
	22—	3—	2. 23/)0.	23. (9. 50 & 1)

40. pieds 8 pouces à divifer par 7 pieds 6 pouces.
     12   12

488. pouces ⎰ 90   90. pouces.
 38.   ⎱
            ⎰ 5. gaul. 38po uc. ou 3 pieds 2 pouc

Pour faire l'opération ci-deffus, il faut
commencer à multiplier les pouces de la longueur par les gaules de la largeur, & en
mettre le produit fous les pouces, tant de
la longueur que de la largeur, de fuite les
pieds & les gaules; enfuite de quoi il faut
prendre, 1°. pour 3 pieds 9 pouces la 1/2.
fur le total de la longueur; 2°. pour 1 pied
3 pouces, il faut prendre le tiers fur cette
derniere 1/2. 3°. il faut prendre pour 5 pouces le 1/3. fur ce dernier tiers; 4°. pour les

2 pouces reſtans, il faut prendre les 2/5. ſur le produit de ce dernier tiers, & ayant fait ces quatre opérations, vous aurez pris pour les 5 pieds 7 pouces de largeur ſur le total de la longueur. Et pour le montant de l'addition, vous trouverez 40 pieds 8 pouces quarrés, qu'il faut diviſer par 7 pieds 6 pouces, leſquels deux termes il faut réduire en pouces pour trouver des gaules. Voyez ci-contre, il y a 5 gaules 3 pieds 2 pouces.

PREUVE.

de la queſtion ci - contre.

Il faut diviſer les vingt-deux gaules trois pieds deux pouces 23/90, par cinq gaules ſept pieds cinq pouces de longueur pour trouver le montant de la largeur. Pour ce faire, il faut réduire tant le dividende que le diviſeur en même dénomination, c'eſt-à-dire, en pieds, en pouces & en fraction. Voyez l'opération ci-après.

OPERATION.

gaules.	pieds.	pouces.		gaules.	pieds.	pouces.
22.	3.	2.	23/90 {	5.	7.	5.
	7. 1/2		{	7. 1/2.		

$$
\begin{array}{c}
157 \\
11 \\
\hline
168 \\
12 \\
\hline
2018 \\
90 \\
\hline
181643
\end{array}
\qquad
\begin{array}{c}
42 \\
\text{2.1/2. ou 6. pouc.} \\
\hline
44 \qquad 6 \\
12 \\
\hline
539 \\
90 \\
\hline
48510
\end{array}
$$

181643　　{ 48510
36113　　{ 3. gaul. 5 pieds 7 pouces de larg.
　7. 1/2 { Preuve certaine pour réponse.

252791 { Multipliant par 7. 1/2, il faut
18056---6 { ajouter les pieds qui sont au
270847---6 { nombre proposé, de même que
28297 { multipliant par 12, il faut ajou-
12 { ter les pouces, parce qu'il faut
339570 { 12 pouces pour 1 pied, multi-
00000 { pliant aussi par le dénominateur
　　　　　{ de la fraction, il faut ajouter le
　　　　　{ numérateur : voyez ci-dessus.

QUESTION sur la régle d'alliage.

Supposez qu'on veuille faire faire de la vaisselle d'argent, & qu'il y ait 17 marcs d'argent pesant, à raison de 22 liv. le marc : mais comme l'Orfévre n'a poit d'argent à ce titre, & qu'il en a à différens autres prix, il faut qu'il les allie. Il a de l'argent de qua-

DÉMONTRÉE.

tre différens prix, le premier à 20 livres le marc, le second à 21 livres, le troisieme à 26 liv. & le quatrieme à 29 livres. Je veux savoir combien il en doit prendre de chaque sorte, pour faire les 17 marcs qu'on lui demande. Les réponses se voyent ci-dessous.

DÉMONSTRATION.

Réponses.

Livres		marcs	marc	14. dén. com.
29. l..	prix	1	1. 3/14.	3
26...	commun	2	2. 3/7.	6
21...	22 l.	7	8. 1/2.	7
20...		4	4. 6/7.	12
		14.	17. m. 0.	28 { 14
				90 { 2. marcs.

OPERATIONS.

I. Si 14. marcs don. 1. comb. 17

$$\frac{1}{17}$$
$$\frac{3}{14}$$

{ 14 / 1 m. 3/14. *Réponse.*

II. Si 14. marcs don. 2. comb. 17

$$\frac{2}{34}$$
$$\frac{6}{14.3/7.}$$

{ 14 / 2. m. 3/7. *Réponse.*

III. Si 14. marcs don. 7. comb. 17

$$7$$
$$119 \begin{cases} 14 \\ 8.\ m.\ 1/2. \end{cases}$$
$$7$$
Reponse.

14. ou 1/2.

IV. Si 14. marcs don. 4. comb. 17

$$4$$
$$68 \begin{cases} 14 \\ 4\ m.\ 6/7. \end{cases}$$
$$12$$
Réponse.

14. ou 6/7.

Explication de la Règle ci-devant.

Il faut mettre le prix commun entre les quatre autres prix, ensuite prendre la différence qu'il y a de 29 à 22, prix commun; il y a 7 qu'il faut écrire vis-à-vis 21, parce qu'il est moindre que 22; encore la différence de 26 à 22 est 4, qu'il faut poser vis-à-vis de 20; il faut ensuite remonter, & dire la différence de 20 à 22 est 2, qu'il faut poser vis-à-vis 26; il faut enfin dire la différence de 21 à 22 est 1, qu'il faut poser vis-à-vis 29, ensuite il faut additionne les différences, ce qui fait 14; & pour sa voir combien il faut prendre de chaque sort d'argent, pour faire les 17 marcs; comm pour savoir combien il en faut prendre d celui de 29 livres le marc; il faut faire un régle de trois, comme on voit ci-devant, d fant. Si pour 14 marcs d'argent, il en faut 1 marc de 29 liv. combien, en faut-il pour 17 marcs Réponſe, 1 marc 3/14, ainſi de ſuite pour les trois autres opérations; voyez ci-devant & ci-contre. Pour preuve additionnez les marcs de différens prix, vous trouverez 17 marcs, & c'eſt la preuve. Voyez ci-devant page 517.

DEUXIEME QUESTION

ſur la régle d'alliage.

Un Aubergiſte a de 4 ſortes de vin, & à différent prix; ſavoir, du vin d'Alicante à 30 ſols la pinte, du vin de Bordeaux à 16 ſols, du vin d'Anjou à 8 ſols, du vin de Nantes à 5 ſols la pinte. On va lui en demander de tous ces prix 100 pintes, à 9 ſols la pinte: ſavoir combien il en doit prendre de chaque ſorte, pour faire les 100 pintes qu'on lui demande; les réponſes ſont ci-deſſous.

OPERATIONS.

Sols.		Pintes.	Réponſes.	
30. ſ.		1	3.1/32.	33. den. com.
16. ..	Prix	4	12.4/33.	1
8. ..	com.	21	63.7/11.	4
5. ..	9 ſ.	7	21.7/33.	21
		33	100.—0	7
				33 ⎰ 33
				⎱ 1.

OPERATIONS.

I. Si 33. pint. don. 1 pinte, combien 100

$$100$$

$$\left.\begin{array}{c} 100 \\ 1 \\ \overline{33} \end{array}\right\} \begin{array}{c} 33 \\ \hline 3. \text{ pintes } 1/33. \\ \textit{Réponse.} \end{array}$$

II. Si 33. pint. don. 4 pintes, combien 100

$$100$$

$$\left.\begin{array}{c} 400 \\ 70 \\ 4 \\ \overline{33} \end{array}\right\} \begin{array}{c} 33 \\ \hline 12. \text{ pintes } 4/33. \\ \textit{Réponse.} \end{array}$$

III. Si 33. pint. don. 21 pintes, combien 100

$$100$$

$$\left.\begin{array}{c} 100 \\ 200 \\ \overline{2100} \\ 120 \end{array}\right\} \begin{array}{c} 33 \\ \hline 63. \text{ pintes } 7/11. \\ \textit{Réponse.} \end{array}$$

$$21/33 \text{ ou } 7/11$$

I.V. Si 33. pintes don. 7 pintes, combien 100

$$100$$

$$\left.\begin{array}{c} 700 \\ 40 \\ 7 \\ \overline{33} \end{array}\right\} \begin{array}{c} 33 \\ \hline 21. \text{ pintes } 7/33 \\ \textit{Réponse.} \end{array}$$

Voyez

DÉMONTRÉE. 521

Voyez ci-devant, à la premiere queſtion, page 518, elle vous inſtruira pour cette queſtion ci - contre.

QUESTION ſur la Régle teſtamentaire.

Un homme, faiſant ſon teſtament, a laiſſé 5478 livres à ſa femme qui étoit enceinte, à condition que ſi elle enfante un garçon, il aura les deux tiers de ladite ſomme, & ſa femme l'autre tiers ; mais s'il arrive qu'elle enfante une fille, la femme aura les 2 tiers, & la fille l'autre tiers : il arrive qu'elle enfante un garçon & une fille ; & afin d'exécuter le teſtament, on demande la part de la mere, du garçon & de la fille. Les réponſes ſont ci - deſſous.

DEMONSTRATION.

Dénomin. com.	12	Réponſes.	d.
Les 2/3........	8. pour le garç.	il rev au garç	3130- 5- 8-4/7.
La 1/2 des 2/3...	4. pour la mere,	à la mere,	1565- 2-10-2/7.
La 1/2 de la 1/2..	2. pour la fille,	à la fille,	782-11- 5-1/7.
	14.	Preuve...L : 5478 l.	

OPERATION.

Si 14. donnent 5478, combien 8

$$
\begin{array}{c}
8 \\
\hline
43824 \\
18 \\
42 \\
04 \\
20 \\
\hline
80 \\
10 \\
12 \\
\hline
120 \\
8/14 \\
4/7
\end{array}
\quad\Bigg\{
\begin{array}{l}
14 \\
\hline
3130 \text{ l. } 5 \text{ f. } 8 \text{ d. } 4/7
\end{array}
$$

Il faut confidérer que puifque la part du garçon eft double de la part de la mere, la part de la mere doit être double de celle de la fille ; ainfi l'on fuppofe un nombre 12, 24 ou, &c. où toutes les parties puiffent entrer. On a donc fuppofé 12, on a trouvé 8 pour le garçon, ce fera donc 4 pour la mere & 2 pour la fille, ces trois parties font 14 : il faut dire, par une régle de trois, fi 14 donnent 5468 livres, combien 8 ; on trouve au quotient 3130 livres 5 fols 8 deniers 4/7 pour la part du garçon, 1565 livres 2 fols 10 deniers 2/7 pour la part de la mere, 782 livres 11 fols 5 deniers 1/7 pour la part de la fille ; comme on voit par l'opération ci-deffus.

DEUXIEME QUESTION

sur la Régle testamentaire.

Un Marchand de cette Ville, faisant son testament, laisse à son épouse enceinte 18376 livres 17 sols 8 deniers en argent sonnant, pour être partagées aux conditions suivantes: savoir, que si elle enfante un fils, il aura 13782 livres 13 sols 3 deniers, & la mere le reste ; mais si elle enfante une fille, elle aura 13782 livres 13 sols 3 deniers & la fille le reste : il arrive qu'elle enfante un fils & deux filles. Pour exécuter le testament, comment faut-il faire? La réponse & l'explication est ci-dessous.

DEMONSTRATION.

12. dénom. com.	Réponses. l. s. d.
Les 3/4.. 9 pour le fils, il revient au fils.	11813-14-2-4/7
Le 1/4... 3 pour la mere, à la mere......	3937-18-0 6/7
Le 1/12. 1 pour une fille, à une fille.....	1312-12-8-2/7
Le 1/12.. 1 pour l'autre fille, à l'autre fille.	1312-12-8-2/7
14	Preuve..L - 18376-17-8

V u u ij

OPERATION.

Si 14 don. 18376 l. 17 f. 8 d. comb. 9.

$$9$$

165391.---19---0   14

25

113   l.   f.   d.

19   11813. 14. 2. 4/7

51

9

20

199

59

3

12

36

8/14 ou 4/7.

Il faut remarquer que puifque le fils doit avoir trois fois autant que la mere, quand le fils aura 9, la mere n'aura que 3, & comme la part de la fille eft à celle de la mere, en même raifon que celle de la mere eft à celle du fils; la mere ayant 3, chacune des deux filles n'aura que 1. Ainfi il faut faire comme à la précédente queftion, prendre 12 pour nombre, où toutes les parties entreront, lefquelles étant additionnées font 14 pour le premier terme d'une régle de trois; difant, fi 14 donnent 18376 livres 17 fols 8 deniers, combien 9, on trouve au quotient 11813 livres 14 fols 2 deniers 4/7 pour la part du fils, enfuite il faut prendre le tiers de cette fomme, qui eft 3937 livres 18 fols o deniers 6/7 pour la part de la mere, & prendre le tiers de cette derniere fomme, qui eft 1312 livres 12 fols 8 den. 2/7 pour chaque fille : additionnant ces quatre fommes, on trouve la fomme totale de 18376 livres 17 fols 8 deniers qu'ils avoient à partager, & c'eft la preuve. Voyez les opérations ci-contre.

QUESTION *fur la Régle de fauffe pofition.*

Il eft queftion de trouver un nombre duquel 3/7 : 4/5 : 7/8 & 11/12, faffe 126.

DEMONSTRATION.

336c. dénominateur commun.

```
            7    ‾‾‾‾‾‾‾‾‾‾‾‾‾
3/7 ..... 5..1440... le 1/7 eft 480
        ‾‾‾‾‾‾‾                3
         35               ‾‾‾‾‾‾‾‾‾‾
                          1440 pour les 3/7.mes

4/5 ........ 2688.. le 1/5 eft 672
          8                   4
       ‾‾‾‾‾‾‾            ‾‾‾‾‾‾‾‾‾‾
        280              2688. pour les 4/5. mes.

7/8 ..... 12..2940.. le 1/ eft 420
        ‾‾‾‾‾‾‾               7
        3360             ‾‾‾‾‾‾‾‾‾‾
                         2940. pour les 7/8.mes.

11/12 ........ 3080 ...Le 1/12 280
        ‾‾‾‾‾‾‾‾‾             11
        10148            ‾‾‾‾‾‾‾‾‾‾
       ‾‾‾‾‾‾‾‾‾         3080. pour les 11/12.mes.
```

OPERATION.

Si 10148. viennent de 3360, combien 126,

```
              126
          ─────────
           20160
           40320    ⎧ 10148
          423360    ⎨ 41. 1823/2537.
           17440    ⎩   Réponse.
            7292
          1823/2537.
```

Preuve.... 41:1823/2537, dénominateur commun.

2537. dénom. com.

		2537. dénom. com.
Les 3/7.....	17.2231/2537.........	2231.
Les 4/5.....	33. 951/2537.........	951.
Les 7/8.....	36.1278/2537.........	1278.
Les 11/12....	38. 614/2537.........	614. ⎫ 2537
Preuve... 126... o. juste.		5074. ⎬
		0000. ⎭ 2. entiers

OPERATION pour les 3/7. de la preuve.

```
                                        17759 ⎞
      Le 1/7. est 5—6/7. . . . . . . .   15222
               & 1823./17759. . . .       1823
         ───────                         ─────
           3                             17045
        ─────                               3
          15                             ─────
        2. 2231/2537.                    51135
  Pour les 3/7. . 17.2231/2537. 51135 ⎧  17759
                          15617 ⎨  2. ent. &
                       ──────────    ─────────
                       2231/2537
```

OPERATION pour les 4/5.me. de la preuve.

$$12685$$

Le 1/15. eſt 8--1/5. 2537
& 1823/12685. 1823

$$\frac{4}{32}$$

$$4360$$
$$\underline{4}$$

1. 951/2537.

$$17440$$

Pour les 4/5. . . 33.951/25 7. . 17440. . $\Big\{$ 12685
4755. . $\Big\{$ 1. ent. &

$$951/2537$$

OPERATION pour les 7/8.

$$20296$$

Le 1/8. eſt 5--1/8 2537
& 1823/20296. . . . 1823

$$\frac{7}{35}$$

$$4360$$
$$\underline{7}$$

1. 1278/2537. 30520 $\Big\}$ 20296

Pour les 7/8. . . 36. 1278/2537. 10224 $\Big\}$ 1.

$$1278/2537.$$

OPERATION pour les 11/12.

$$30444$$

Le 1/12. eſt --3--5/12. 12685
& 1823/30444. . . 1823

$$\frac{11}{33}$$

$$14508$$
$$\underline{11}$$

5.614/2537. 159588 $\Big\{$ 5. ent. 614/2537. par-
38.614/2537. 7368 $\Big\{$ ties ent.

$$614/2537.$$

Explication de la question précédente.

Comme il est difficile de s'imaginer un nombre, où toutes les fractions ou parties d'entiers puissent y entrer; alors il faut multiplier tous les dénominateurs desdites fractions, les uns par les autres, pour trouver un dénominateur commun, qui sera 3360, nombre sur lequel on peut prendre toutes les fractions proposées, on trouvera 10148. Pendant que, selon la question, le montant desdites fractions ne devoit être que de 126: il est donc constant que 3360 n'est pas le nombre que l'on cherche; pour le trouver, il faut dire, par une régle de trois, si 10148 viennent de 3360, combien 126; ayant fait l'opération, comme on la voit ci-devant, il viendra 41. 1823/2537, d'où je conclus que ce dernier est le nombre que l'on cherche.

Pour preuve il faut en tirer les trois septiemes, quatre cinquiemes, sept huitiemes & onze douziemes, & additionnant toutes les parties qui en viennent, on trouvera juste & sans reste 126; voyez les opérations ci-devant, vous y trouverez toutes les parties prises à part.

QUESTION *sur la Régle de trois inverse.*

Dans le tems que le bled vaut 16 livres le septier, & que l'on a 15 livres de pain

pour

pour 14 fols, on demande, lorfque le feptier de bled vaudra 24 livres, combien on aura de livres de pain pour 14 fols. Réponfe, 10 livres.

OPERATION.   **PREUVE.**

Si 16. don. 15. comb. 24.   Si 24. don. 10. comb. 16

```
      15                           10
     ___                          ___
     240  ⎧  24                   240  ⎧  16
     000  ⎨  10. ℔                 80  ⎨  ___
          ⎩  ___                   00  ⎩  15. ℔
             Réponfe.                     Réponfe.
```

Il faut faire attention que dans les régles de trois inverfe, on multiplie le premier terme par le deuxieme, & on divife le pro-duit par le troifième ; voyez l'inftruction des régles de trois inverfe, à la page 331.

Mais il faut entendre que dans la régle de trois inverfe, il y a toujours un terme com-mun, qui fe reféré à quatre autres ; comme fi on difoit le bled coûtant 16 livres le fep-tier, on a 15 livres de pain pour 14 fols : on demande quand le feptier de bled vaut 24 liv. combien on a de livres de pain pour 14 f. on voit par cette queftion que le terme com-mun eft 14 fols pour le prix ; il n'y a que le feptier qui change de prix : c'eft pourquoi il faut que les livres, ci ℔. de pain que l'on aura, changent, c'eft-à-dire, que le plus

X x x

grand prix donne moins de livres de pain ,&
le moindre en donne plus. Il faut donc faire
la régle selon qu'il eſt enſeigné , & on trouvera 10 livres de pain pour 14 ſols ; voyez
l'opération avec ſa preuve, qui peut ſervir
d'une autre queſtion, comme ſi on demandoit combien on aura de livres de pain pour
14 ſols, dans le tems que le ſeptier de bled
vaut 24 livres, & qu'on en a 10 pour 14
ſols, lorſque le ſeptier vaut 16 livres. Réponſe, 15 livres. Voyez ci-devant.

DEUXIEME QUESTION
ſur la régle de trois inverſe.

Le Buiſſon a prêté à la Haie 1746 liv. de
laquelle ſomme la Haie s'eſt ſervi pendant
9 mois; on demande quelle ſomme la Haie
prêtera à le Buiſſon pour 5 mois , afin de
jouir des mêmes priviléges. Réponſe , la
Haie doit prêter à le Buiſſon, 3142 liv. 16ſ.

OPERATION.

1746 liv.
Si dur. 9 mois la Haie s'eſt ſervi de 1746 l. comb. prêtera t-il
pour 5 mois.

15714 ⎰ 5
07   ⎱ 3142 li. 16 ſ. *Réponſe.*
21
14
4
20
——
80
30
0

PREUVE.

Si pour 5 mois il a 3142 l. 16 f. comb. aura-t-il pour 9 mois.

$$\frac{5}{\substack{15714\text{---}0}}\Big\}\frac{9}{17.6\,l.\,\text{Réponse.}}$$

67
41
54
0

Ayant fait l'opération de la question selon le précepte ci-devant, & d'autre part donné, on trouve que la Haie doit prêter à le Buisson 3142 livres 16 sols pour cinq mois.

QUESTION *sur la Régle de trois, double, droite à cinq termes.*

Un Négociant a prêté à un autre 1574 l. pour 7 mois, dont il a retiré 127 livres 12 sols 4 deniers de profit, on demande combien il retirera d'un autre, qui lui demande 1210 livres à emprunter pour quatre mois, à la même condition que ci-dessus.

OPERATION.

Si 1574. en 7 mois ont gag. 127–12–4 comb. 1210 en 4 m
```
    l.                    l.  f  d.                l.
Si 1574. en 7 mois ont gag. 127–12–4 comb. 1210 en 4 m
    7                      4840                     4
─────────              ─────────              ─────────
  11018                   5080                   4840
                          7016
                          508
                          2904—:
                          80—13—4
                       ─────────────        11018
                       617664 l. 13 f. 4 d.   l.  f.  d.
                        66764                 56--1-2  1674
                         656
                          20                  Rép.    5509
                       ─────────
                        13133
                        2115
                          12
                       ─────────
                        4234
                        2115
                       ─────────
                        25384
                        3348/11018
                        1674/ 5509
```

Pour l'opération ci-dessus, il faut multiplier, comme il a été enseigné à la page 355, le troisieme, quatrieme & cinquieme terme l'un par l'autre, il viendra 6176 4 liv. 13 sols 4 deniers, pour nombre à diviser. Il faut aussi multiplier le premier terme par le deuxieme, le produit sera 11018 pour diviseur: voyez l'opération ci-dessus.

DEUXIEME QUESTION
comme la précédence & servant de preuve à ladite.

Supposé qu'un Marchand ait prêté à un

autre 1210 livres) pour 4 mois , dont il a eu de profit 56 liv. 1 fol 2 den., 1674/5509 ; il veut favoir combien il gagnera , ou profitera fur un autre , qui lui demande 1574 livres pour 7 mois. Réponfe , 127 livres 12 fols 4 deniers.

OPERATION.

l.	l. f. d.	l.

Si 1210 en 4 mois gag. 56. 1. 2. 1674/5509, c. 1574 en 7 m.

l.	l. f. d.	l.
4	11018	7
4840	66108	11018
	55090	
	550--18	
	91--16--4	
	13--19-- : pour les 1674/5509.	

617664--13--4 d. { 4840
13366   { 127 l. 12 f. 4 d.
36864   Réponfe.
2984
20

59693
11293
1613
12

19360
0000

L'opération ci-deffus fe fait dans le même genre de la précédente ; on peut fe régler fur celles-ci, pour toutes autres qui pourroient être propofées dans le même goût.

QUESTION *sur la Règle de trois double inverse à cinq termes.*

Supposé que 850 hommes travaillans 11 heures par jour, aient fait & fini l'ouvrage qu'ils avoient à faire, en 17 jours ; on demande combien 1518 hommes, ne travaillans que 7 heures par jour, mettront de tems à finir un pareil ouvrage. Réponse, 14 jours 23 heures 11/1771 parties d'heure.

UPÉRATION.

Si 850 hom. trav. 11 h. ont fait en 17 j. comb. 1518 h. en 7 h.

$$11 \qquad\qquad 7$$

$$9350 \qquad\qquad 10026$$

$$17$$

$$\left.\begin{array}{l} 158950 \\ 52690 \\ 10186 \end{array}\right\} \begin{array}{l} 10626 \\ \overline{\qquad} \\ 14. \text{ jours.} \end{array}$$

$$24 \text{ heur}$$

$$\left.\begin{array}{l} 244464 \\ 31944 \end{array}\right\} \begin{array}{l} 10626 \\ \overline{\qquad} \\ 23 \text{ heur.. } 11/1771. \end{array}$$

066/1062
33 /53(3
11/ 1771

Plus on a d'hommes, moins il faut de tems. Ainsi selon le raisonnement, quand le plus donne le moins, la régle est inverse Et quand le moins donne le plus, est encore inverse ; mais quand plus donne le plus, elle est droite, de même quand moins donne le moins, la régle est droite.

Dans mon Traité du Guide du commerce, premiere partie du second volume, il y a des régles de trois doubles inverses, jusqu'à onze termes, de même que beaucoup d'autres régles utiles & curieuses : on peut y avoir recours ; car c'est une partie essentielle de bien entendre les propositions d'arithmétique.

Preuve de la Question ci-contre.

Si 1518 hom. en 7 h. ont fait en 14 j. 5093/5313. c. 850 h.
en 11. heures.

```
      7                              850
  10626                              11
  14. 5093/5313.                   ____
  _____                          9350
  148764
  10186. pour les 5093/5313
  _____
  158950  ⎧ 9350
   65150  ⎨ _____
    0000  ⎩ 17. jours.
              Réponse
```

Pour l'opération de la question ci-contre, & la preuve ci-dessus, il faut multiplier tous les termes de la régle, qui suivent le nombre du milieu pour former le diviseur, & pour former le dividende, il faut multiplier tous les nombres qui précédent celui du milieu, & ensuite multiplier le produit par le nombre du milieu, ce qui forme le dividende, comme on voit ci-dessus.

Et pour savoir si la régle entiere est inverse, il faut remarquer que plus il y a d'hommes, moins il faut de tems à finir un ouvrage; ainsi le plus donnant le moins, elle est inverse; & moins on a d'heure par jour, plus il faut de jours; & comme le moins donne le plus, elle est toute inverse: voyez les opérations ci-devant & dessus.

QUESTION sur la Régle de compagnie.

Il y a cinq détenteurs d'une tenue, qui doivent au Seigneur du Fief, où elle est située ;

SÇAVOIR;

```
.... 12. boisseaux 9 écuellées 1/2 de froment.
....  6 boisseaux 7 écuellées 1/2 de seigle.
....  6. boisseaux 4 écuellées 1/2 d'orge.
....  9. boisseaux 5 écuellées 1/2 d'avoine.
Et .. 25. sols. .............. d'argent.
```

Le prem. des cinq dét. doit pour sa part du from.

```
ci. .  .  .  .  . 3 boisseaux 4 écuellées 1/2
Le second. .  . 4 b.x. ... 5 éc. .... 1/2
Le troisieme.  . 3 b.x. ... 4 éc. .... 1/4
Le quatrieme. . 0 .... 10 éc. .... 1/4
Le cinquieme . 0 . . 9 éc. ..... :
            ─────────────────────────────
Total. .. 12 b.x. .. 9 éc. .... 1/2
```

Le ségle, l'orge, l'avoine & l'argent étant dûs par chaque détenteur, à proportion de ce qu'il doit de froment ; on demande combien ils en donneront chacun en particulier : vous verrez la réponse à la fin des opérations suivantes : la réduction est ci-après.

Réduction

REDUCTIONS.

Multiplier 12 boisseaux 9 écuellées 1/2.
Par . . . . 12 écuellées, valeur du boisseau.

153 écuellées.
Par . . . . . 2 pour la demie.

Premier terme de
toutes les régles de
trois pour le fro-
ment, attendu que
ceci est tout le from.

⎰ 306
⎱ 1

307 demies écuellées.

I. Multiplier 3 boisseaux 4 écuellées 1/2.
Par. . . 12 écuel. valeur du boisseau.

40 écuellées.
Par. . . . 2 pour la 1/2.

81 demies écuellées.

Second terme de la premiere opération pour le
fégle, &c. ceci est la part du froment du premier
détenteur. Premiere régle.

II. Multiplier 4 boisseaux 5 écuellées 1/2.
Par. . . 12 écuel. valeur du boisseau.

53
Par. . . . . 2 pour la 1/2.

107 demies écuellées.

Second terme de ladite premiere opération pour
le fégle, &c. ceci est la part du froment du fecond détenteur. Seconde régle.

III. Multiplier 3 boisseaux 4 écuellées 1/4.
Par. . . . . 12 écuel. valeur du boisseau.

40
4

161 quarts d'écuellées.

Second terme de ladite premiere opération pour le fégle,
&c. & troisieme régle de trois, ceci est la part du froment du
troisieme détenteur. Y y y

IV. Multiplier 10 écuelles 1/4.

Par le 1/4. ci. . 4

___

41

Second terme de ladite premiere opération pour le régle, &c. & quatrieme régle de trois, ceci est la part du froment du quatrieme détenteur.

___

Nota. Il ne faudra aussi réduire les 12 bx. 9 éc. 1/2 qu'en dem. comme on le voit à la cinquieme régle.

V. Multiplier 9 écuellées.

Par le 1/2, ci. . . 2 dem. écuel.

___

18 dem. écuel.

Second terme de ladite premiere opération pour le régle, &c. & cinquieme régle de trois, ceci est la part du froment du cinquieme détenteur.

___

Nota. Comme il faut 12 écuellées pour un boisseau, il faut réduire les boisseaux en écuellées, en les multipliant par 12, de même que en 1/2 & en 1/4, s'il y en a, comme on voit à la troisieme régle, où il faut réduire les 12 boisseaux 9 écuellées 1/2 en quarts, pour être en même dénomination.

OPERATIONS pour le régle.

I. Si 307 don. 81, comb. 6 boif. 7 éc. 1/2 de feigle.

12	159	12	12879 (7368	parties de quarts.
3684	159	72	5511	lb. 8 éc. 3/4 & 227/37
2	1272	7	12	
div. 7368	12879	divid. 79	66132 (	Réponse.
		2	7188	

par 1/4. 4

158
1

28752
6648/7368

Multiplicateur . . . 159. Le 1/24 est 177/307.

II. Si 307 don. 107, comb. 6 boiſ. 7 éc. 1/2

12	159	12	17013	7368 part. de quarts.	256
3684	963	79	2277	2 b. 3 é. 2/4 &	307
2	535	2	12	Réponſe.	
	107	159	27324		
7368	17013		5220		

Par 1/4. . 4

20880
6144/7368

Le 1/24.eme eſt . . 256 / 307

III. Si 614 don. 161, comb. 6 boiſ. 7 éc. 1/2

12	159	12	25599	14736 part. quarts.	118
7368	1449	79	10863	1 b. 8 é. 3/4 &	307
2	805	2	12	Réponſe.	
	161	159	130356		
14736	25599		12468		

Par 1/4 4

49872
3664/14736

Le 1/48 eſt 118/307

Nota. On auroit pu mettre en toutes les régles de trois, ſi 12 boiſſeaux 9 écuellées 1/2 donnent 3 boiſſeaux 4 écuellées 1/2 pour le premier détenteur, combien 6 boiſſeaux 7 écuellées 1/2 de ſégle : mais comme on voit qu'ils ſont réduits ci-devant, en leur plus petite dénomination, je n'ai mis pour premier terme que le montant de la réduction, comme on voit ci-deſſus pour les cinq détenteurs, & comme on verra dans les opérations ſuivantes.

Suite de l'autre part.

IV. Si 614 donnent 41, comb. don. 6 boiſſeaux 7 écuel. 1/2.

12	159	12
7368	159	79
2	636	2
14736	6519	159
	12	

	78228	⎰ 14736	parties de quarts,
	4548	⎱ 5. écuellées 1/4 & 72/307.
Par 1/4, ci . . .	4	*Réponſe.*

38192
34 6/14736
Le 1/48 eſt . . . 72 / 307

V. Si 307 don. 18, comb. 6 boiſ. 7 éc. 1/2.

12	159	12		34344	⎰ 7368	part. de quarts.
3684	1272	79		4872	⎱ 4. éc. 2/4 & 198
2	159	2	Par 1/4 : 4		*Réponſe.* 307
7360	2862	159		19488	
	12			47 2/7368.
	34344			Le 1/12 eſt . . 198/307

Pour le ſegle.

Le I. doit 1 boiſſeau 8 écuel. 3/4, &c. de ſegle.
Le II... . 2 . . . . 3 . . . 1/2, &c.
Le III. . . 1 . . . . 8 . . . 3/4, &c.
Le IV... 0 . . . . 5 . . . 1/4, &c.
Le V. . . 0 . . . . 4 . . . 1/2, &c.
Reſtant des fractions ou ſurplus. 3/4.

Preuve. . . 6 boiſſeaux 7 écuel. 1/2.

OPERATIONS pour l'Orge.

I. Si 307 don. 81, comb 6 boif. 4 éc. 1/2 d'orge.

12	153	12	12393	⌠7368	part. de qua. ts.
			5025	⎰ 1 b. 8 écu. 0/4. 226/	
3684	153	76	12	⎱	307
2	1224	2	―――	Réponse.	
			60300		
7368.	12393	153	1356		
		Par. 1/4. 4		

5424/7368.

Le 1/12... 226/307.

――――――――――――――――

II. Si 307 don. 107, comb. 6 boif. 4 éc. 1/2. d'orge.

12	153	12	16371	⌠7368	part. de quarts.
			1635	⎰ 2 b. 2 é. 1/4 &c. 200	
3684	321	76	12	⎱	307
2	535	2	―――	Réponse.	
	107		19620		
7368	―――	153	4884		
	16371	Par 1/4, ci.. 4		

19536
4800/7368

Le 1/24... 200/307

――――――――――――――――

III. Si 614 don. 161., comb. 6 boif. 4 éc. 1/2 d'orge.

12	153	12	24633	⌠14736	
			9897	⎰ 1 b. 8 éc. 0/4. 73	
7368	483	76	12	⎱	307
2	805	2	―――	Réponse.	
	161		118764		
14736	―――	153	876		
	24633	Par 1/4, ci 4		

3504/14736
Le 1/48..., 73/307.

Suite de l'autre part.

IV. Si 614 don. 41, comb. 6 boiſ 4 éc. 1/2 d'orge.

12	153	12	75276 ⎰14736	part. de quaits.
7368	153	76 Par 1/4, ci	1596 ⎰ 5 éc. 0/4. 133/307.	
2	612	2	4 ⎱ Réponſe.	
14736	6273	153	6384/14736 Le 1/48 eſt 133/ 307	
	12			
	75276			

V. Si 307 don. 18, comb. 6 boiſſeaux 4 éc. 1/2

12	153	12	33048 ⎰7368	
3684	1224	76	3576 ⎰ 4 éc. 1/4. 289	
2	153	2	Par 1/4, ci... 4 ⎱ 307	
7368	2754	153	Rép nſe.	
	12		14304	
	33048		6936/7368	
			Le 1/24... 289/307	

Pour l'Orge.

Le I. doit pour ſa part de l'Orge.

ci . . . . 1 boiſſeau 8 éc. 0/4. 226

	307 parties de quaits.
	307 . . . 226

Le II. . 2 id. . . 2 id. 2/4. 200/307. 200
Le III. 1 id. . . 8 id. 0/4. 73/307. 73
Le IV. 0 id. . . 5 id. 0/4. 133/307. 133
Le V.. 0 id. . . 4 id. 1/4. 289/307. 289

921 ⎰ 307
000 ⎱ 3/4

Surplus des quartt poſés. 0 . . . . . 0 . . . 3/4.

Preuve. 6 b. . . . 4 éc. 1/2.

OPERATIONS pour l'Avoine.

I. Si 307 don. 81, comb. 9 boisseaux 5 éc. 1/2 d'avoine:

```
    12          9 b. 5 éc. 1/2.
  ─────       ──────────────
   3684        729              18387 ⌠ 7368          part. de
      2         27               3651 ⎱ 2 b. 5 c. 3/4 & 241/307  quares.
  ─────          6─9               12 ⎰ Réponse.
   7368          3─4─1/2      ──────
              ──────────        43812
               766─1─1/2         6972
                  12       Par 1/4, ci.. 4
              ──────          ──────
                9193           27888
                   2            578ı/7368
              ──────       Le 1/24.. 241/307
               18387
```

II. Si 307 don. 107, comb. 9 boisseaux 5 éc. 1/2.

```
    12          9─ 5─1/2
  ─────       ──────────
   3684        963            24289 ⌠ 7368
      2         35─ 8          2185 ⎱ 3 b. 3 écu. 2/4 &
  ─────          8─11            12 ⎰ Réponse.    72/307
   7368          4─5─1/2     ──────
              ──────────       26220
               1012─ ─1/2       4116
                  12       Par 1/4, ci. 4
              ──────          ──────
               12144           16464
                   2            1728/7368
              ──────       Le 1/24? ,,72/307
               24289
```

III. Si 614 don. 161, comb. 9 boisseaux 5 éc. 1/2.

```
    12          9─5─1/2
  ─────       ─────────
   7368        1449           36547 ⌠ 14736
      2         53─8           7075 ⎱ 2 b. 5 é. 3/4 &
  ─────         13─5             12 ⎰      14/307
   14736         6─8─1/2     ──────  ⎰ Réponse.
              ──────────       84900
               1522─9─1/2      11220
                  12       Par 1/4, ci. 4
              ──────          ──────
               18273           44880
                   2            0672/14736
              ──────       Le 1/48... 14/307
               36547.
```

Suite de l'autre part.

IV. Si 614 don. 41, comb. 9 boisseaux, 5 éc. 1/2 d'avoine.

				part. de quarts.
12	9	111684 ⌠ 14736	
‾‾‾‾	‾‾‾‾	8532	
7368	369	⌡ 7 éc. 2/4 & 97	
2	13—8	Par 1/4, ci. . 4 ⌡ ‾‾‾	
‾‾‾‾	3—5	307	
14736	1—8—1/2	34128 ⌡ *Réponse*	
		4656/14736	

387—9—1/2 Le 1/48. . 97/307
12
‾‾‾‾‾
4653
2
‾‾‾‾‾
9307. il ne peut y avoir de boisseaux.
12 : 0 boisseaux.
‾‾‾‾‾‾‾
111684

V. Si 307 don. 18, comb. 9 boisseaux 5 éc 1/2 d'avoine.

9—5—1/2
‾‾‾‾‾‾‾‾‾
162   2043 ⌠ 307
6   201 ⌡ 6 éc. 2/4 & 190
1—6   Par 1/4, ci. . 4 ⌡ ‾‾‾
0—9   804 ⌡ 307
‾‾‾‾‾   *Réponse.*
170—3. il ne peut y avoir de boisseaux.   190/307
12
‾‾‾‾‾
2043

Pour l'Avoine. partie de quarts.
307

Le I.er doit 2 b. 5 éc. 3/4 & 241/307. 241
Le II. . . . 3 id . 3 . . 2/4. 72/307. 72
Le III. . . . 2 id . 5 . . 3/4. 14/307. 14
Le IV. . . . 0 id . 7 . . 2/4. 97/307. 97
Le V. . . . 0 id . 6 . . 2/4. 190/307. 190

Surplus des quarts posés. . . 0 . . . . . 2/4.   614 ⌠ 307
                                            000 ⌡ 2/4
Preuve.. 9 b. 5 éc. 1/2.

OPERATIONS

OPERATIONS pour l'argent.

I. Si 307 donnent 81, combien donneront 25 fols.

$$25$$

$$405$$
$$162$$

$$2025$$
$$183$$
$$12$$

$$\left.\begin{array}{l}307\\ \\6\ \text{f.}\ 7\ \text{d.}\ \&\ 47/307.\\ \textit{Réponse.}\end{array}\right.$$

$$2196$$
$$47/307$$

II. Si 307 donnent 107, comb. donneront 25 fols.

$$25$$

$$535$$
$$214$$

$$2675$$
$$219$$
$$12$$

$$\left.\begin{array}{l}307\\ \\8\ \text{f.}\ 8\ \text{d.}\ \&\ 172/307\\ \textit{Réponse.}\end{array}\right.$$

$$2628$$
$$172/307$$

III. Si 614 donnent 161, comb. donneront 25 fols.

$$25$$

$$805$$
$$322$$

$$4025$$
$$341$$
$$12$$

$$\left.\begin{array}{l}614\\ \\6\ \text{f.}\ 6\ \text{d.}\ 204/307\\ \textit{Réponse.}\end{array}\right.$$

$$4092$$
$$408/614$$
$$204/307$$

Zzz

Suite de l'autre part.

IV. Si 614 donnent 41, comb. donneront 25 fols.

$$25$$

$$205$$
$$82$$

$$1025$$
$$4^{1}1$$
$$12$$

$$4932$$
$$20/614$$
$$10/307$$

$$\left\{ \begin{array}{l} 614 \\ \hline 1 \text{ f. 8. d. } 10/307 \\ \textit{Répo se.} \end{array} \right.$$

V. Si 307 donnent 18, comb. donneront 25 fols.

$$25$$

$$90$$
$$36$$

$$450$$
$$143$$
$$12$$

$$\left\{ \begin{array}{l} 307 \\ \hline 1 \text{ fol } 5 \text{ d. } 181/307 \\ \textit{Réponse.} \end{array} \right.$$

$$1716$$
$$181/307$$

Pour l'argent.   dénominateur commun.
307.

Le I.er doit. .	o l.	6 f.	7 d.	47/307.	47.
Le II.	o—	8—	8—	172/307.	172.
Le III.	o—	6—	6—	204/307.	204.
Le IV.	o—	1—	8—	10/307.	10.
Le V.	o—	1—	5—	181/307.	181.
Surplus des deniers.	o—	o—	2—		614

$$\left\{ \begin{array}{l} 307 \\ 2\,d. \end{array} \right.$$

000

Preuve . . 1—5—0 ou 25 f.

Ce mémoire, pour la question de la régle de compagnie, commençant à la page 536, & finissant à la page 546, fait connoître ce que les cinq détenteurs doivent chacun en particulier, tant en froment, ségle, orge, avoine qu'en argent: & par la récapitulation suivante.

I. Le premier doit 3 boif. 4 éc. 1/2 de froment.
                  1 d.   8 d. 3/4 de segle.
                  1 d.   8 d. o d'orge.
                  2 d.   5 d. 3/4 d'avoine.
Et six f. sept d. ci. . . 6 f.   7 d. d'argent.

II. Le second doit 4 boif. 5 éc. 1/2 de froment.
                  2 d.   3 d. 1/2 de ségle.
                  2 d.   2 d. 1/2 d'orge.
                  3 d.   3 d. 1/2 d'avoine.
Et huit f. huit d. ci. 8 f.   8 d. d'argent.

III. Le troisieme doit 3 boif. 4 éc. 1/4 de from.
                  1 d.   8 d. 3/4 de ségle.
                  1 d.   8 d. o d'orge.
                  2 d.   5 d. 3/4 d'avoine.
Et six f. six d. ci. . . . . 6 f.   6. d. d'argent.

IV. Le quatrieme doit 10 écuel. 1/4 de fromen
                  5 d.   1/4 de ségle.
                  5 d.   o d'orge.
                  7 d.   1/2 d'avoine.
Et un fol huit d. ci . . . . 1 fol 8 d. d'argent.

V. Le cinquieme doit 9 écuel. : de froment.
                  4 d.   1/2 de ségle.
                  4 d.   1/4 d'orge.
                  6 d.   1/2 d'avoine.
Et 1 fol cinq d. ci. . . . . 1 fol 5 d. d'argent.

Z z z ij

Nota. Pour faire le total, les cinq détenteurs payeront ensemble les restans qui suivent :

SÇAVOIR,

3/4. d'écuellées de ségle.
3/4. d'écuellées d'orge.
1/2. d'écuellées d'avoine.
Et 2. deniers en argent.

Il faut remarquer pour la question de la régle de compagnie ci-devant, que dans les opérations des régles de trois pour les grains, c'est-à-dire, pour les fromens, ségles, orges & avoines, j'ai multiplié par 12, parce que le boisseau est composé de 12 écuellées, & que pour le mettre en écuellées, il faut le multiplier par 12, de même que pour réduire les écuellées en quarts; il faut les multiplier par 4 ; car comme il faut quatre quarts, ci 4/4, pour faire un entier, de même aussi il faut quatre quarts d'écuellées pour faire une écuellée.

On opérera de la même maniere que ci-devant, pour toutes propositions faites dans ce genre.

QUESTION *sur la régle de fausse position double.*

Un Capitaine étant interrogé sur le nombre des soldats de sa compagnie, répondit que (si on ôtoit le tiers de ce qu'il en a été ôté) le reste seroit autant au-dessous de 40;

comme il eſt à préſent au deſſus deſdits 40 on demande combien il avoit de ſoldats. Réponſe, 48.

Je ſuppoſe que ce Capitaine eût 24 ſoldats, ſi on en ôte 1/3, qui eſt 8, le reſte ſera 16, qui eſt un nombre autant moins de 20; comme 24 eſt plus de 20; cependant il devoit être moins de 40; ma premiere poſition eſt donc fauſſe, puiſque la différence eſt 20; cela étant, j'écris le nombre pris à plaiſir, avec ſon ſigne & différence, en cette ſorte 24 moins 20.

Je prends un autre nombre à plaiſir, & ſuppoſe qu'il y eut 36 ſoldats, ſi on en ôte 1/3 qui eſt 12, le reſte ſera 24, qui eſt un nombre autant au-deſſous de 30, comme 36 eſt au-deſſus de 30 : cependant la queſtion eſt que 24 ſoient moins de 40, ma ſeconde poſition eſt encore fauſſe, puiſqu'il ſe trouve 10 de différence : j'écris encore le nombre pris à plaiſir avec ſon ſigne & différence, en cette ſorte 36 moins 10; & je continue le reſte de la régle en multipliant 36 par 20, ce qui produit 720, que je mets à côté de 20; & je multiplie encore 24 par 10, ce qui fait 240, leſquels étant ſouſtraits de 720, il reſte 480, qui étant diviſés par 10, produiſent 48; ce qui fait voir que ce Capitaine avoit 48 ſoldats. Voyez ci-devant la régle de fauſſe poſition double, page 413 & l'opération ci-contre.

OPERATION de la régle ci-contre.

```
    24. 16. ⎫       36. 24
1/3.  8. 20. ⎬ 1/3. 12. 30
    ―――――――     ―――――――
    16. 24. ⎭       24. 36
```

```
24. moins 20. 720                      48. 32 ⎫
36. moins 10. 240              1/3. 16. 40 ⎬
――――――――――――                   ――――――― ⎭
         10. 486 ⎫  10           32. 48
         ―――――    ⎬ ―――
            80   ⎬ 48. Rép.
            0    ⎭ Soldats.
```

AVERTISSEMENT.

Je pourrois facilement remplir ce volume de plufieurs autres queftions fur les fauffes pofitions fimples & compofées; mais comme elles font plus curieufes que néceffaires, attendu qu'elles font rarement en ufage, je me fuis contenté de ce peu d'explication. Ceux qui auront deffein de s'y exercer, pourront avoir recours aux doctes Auteurs mathématiciens, fur-tout à M. Clavius dans fon Arithmétique.

Diverfes queftions fur l'Arithmétique.

PREMIERE QUESTION.

Un homme a fait faire une muraille qui a 84 pieds de longueur fur 12 de hauteur, je demande combien il y a de toifes dans ladite muraille, & combien il faut payer au maçon qui a fourni de toutes matieres, à raison de 10 livres 12 fols la toife, qui contient 36 pieds quarrés.

Pour opérer cette régle, je multiplie la longueur par la hauteur, & divife le produit par 36 ; le quotient donne des toifes quarrées.

OPERATIONS.

84. longueur	PREUVE.	28 toifes.
12. hauteur	28 toif.	6
1008 ⎰ 36	par 36	A. 10 l. 12 f.
288 ⎱ ―――	168	280
00 ⎰ 28. toifes	84	16-16
Réponfe.	1008	2961. 16 f.
		Réponfe.

PREUVE.

| 276 l. 16 f. ⎰ 28 |
| 16 |
| 20 | 10 l. 12 f. la toife. |
| ――― | Preuve. |
| 336 |
| 56 |
| 00 |

DEUXIEME QUESTION.

On a acheté une Terre de 25 900 livres, combien doit-on payer pour le contrôle & infinuation du contract d'acquêt, payant pour 1000 liv. celle de 18 liv. 12 fols, tant pour contrôle qu'infinuation.

Pour opérer cette question, il faut faire une régle de trois en cette sorte.

Si 1000 l. payent 18 l. 12 f. combien 25900 liv.

$$\begin{array}{r} 25900 \\ \underline{-\quad 9\quad} \end{array}$$

466200
15540
_____
481/740
    20
_____
14/800   par. . 1000
     12 }   _____
_____   481000
9/600   700-- 0
               25
               12--10
               2--10 p.ʳ les 3/5

Réponse.

C'est 481 l. 14 f. 9 d. 3/5

Preuve. . . 481740 } 25900
            222740 } 181.12 f.
            15540
               20
_____
310800
51800
0000

Remarque pour ce qu'il faut payer au contrôle pour l'achat de quelque bien : SAVOIR, de 1000 liv. on paye 5 liv. 10 fols pour le contrôle du contrat d'acquêr, & pour l'infinuation dudit contrat de 1000 liv. on paye 10 liv. outre cela il appartient 4 fols pour livre dû au Roi ; ainfi pour le contrôle & infinuation defdites 1000 liv. c'eft 15 liv. 10 fols, les 4 f. pour livre font 3 liv. 2 f. de forte que

que le tout fe monte à 18 liv. 12 f. pour tout droit de contrôle fur 1000 liv.

TROISIEME QUESTION.

On a fait faire un contrat de conftitution de 17900 liv. & placé au denier 20, dont il eft dû les intérêts, depuis le 14 mai 1737 jufqu'au 2 octobre 1744, & dont on veut faire le rembourfement: on demande combien il eft dû d'années, de mois & de jours, & quelle fomme pour le rembourfement du principal & de l'intérêt.

OPERATION

```
1744. 9. mois 2. jours )17900 (20
1737. 4.——— 14.    )  190 ) 895 pour l'in-
                   )  100 )     térêt d'un
     7. ans 4 mois 18 j.    00        an.
   895 l.
par. . . . 7 ans 4 m. 18 jours        PREUVE.
   6265                       447 liv. 10 f.
     298——6—— 8   par. . . 14 ans  9 m. 6 jou.
     37——5——10       6258
     7——9—— 2        223———15
   6608 l.— 1 f.— 8 d.   111———17——6
                           7——— 9——2
principal. 17900 l.          7—— : —— :
intérêt. . . . 6608--1 f. 8 d.   6608 l.— 1 f.—8 d.
total. . . 24508 l. 1 f. 8 d.
```

QUATRIEME QUESTION.

Un Receveur fait une recette, dans la-

Aaaa

quelle il a 18 deniers de profit pour livre,
& le profit total eſt 9710 liv. on demande
quelle eſt la recette totale.

Pour réſoudre cette queſtion, je multiplie
le profit total par 20, & le produit par 12;
enſuite je diviſe ce dernier produit par 18 d.
le quotient qui en proviendra, ſera la recette; & pour preuve, je fais une partie aliquote à 1 ſol 6 d. à l'addition de laquelle
on trouvra les 9710 l. de profit; ce qui ſera
voir que la régle eſt bien faite & juſte.

OPERATION.	PREUVE.
9710 liv.	129466. l. 2/3
20	par.... 1 ſ. 6, ou 18 d.
——	——
194200	6473 l. 6 ſ.
12	3236 — 13
——	1 ſ.
2330400 {18	p. r les 1/3
53 {129466 l. 13 ſ. 4 d.	——
170	9710 l. — 0
84	
120	
120	
12/18 ou 2/3	
20	
——	
240	
60	
6	
12	
——	
72	
00	

CINQUIEME QUESTION.

Cinq Particuliers ont pris une Ferme de 1000000 liv. ils y entrent tous au marc la livre.

SÇAVOIR,

Le premier pour. . . .	4 f. 8 d.
Le second	4---6
Le troisieme	4---3
Le quatrieme.	3--10
Et le cinquieme. . . .	2---9

Ils doivent porter d'avance à la caisse trois huitiemes desd. 1000000 l. & le bail étant fini, ils ont trouvé avoir gagné 30. 1/2 pour $\frac{0}{0}$, je demande combien chacun doit avancer pour sa part, combien ils auront chacun en particulier du profit, & combien en général ; & à quel denier leur argent leur a profité par an, leur bail n'étant que de trois ans.

Pour opérer cette régle, 1°. afin de savoir combien ils porteront chacun à la caisse, je tire les trois huitiemes de 1000000 liv. dont je fais des parties aliquotes, pour ce qu'ils y entrent chacun ; le produit de chaque partie aliquote donnera la part d'un chacun. 2°. Pour savoir quel est le profit total, je fais une régle de trois, disant, si 100 l. gagnent 30. 1/2, combien gagneront 1000000 l. le quotient me donne le profit

total. 3ᵛ. Pour favoir quel eft le profit d'un
chacun, je fais des parties du profit général
par la mife d'un chacun, l'addition de chaque partie aliquote me donne le profit d'un
chacun en particulier. 4º. Pour favoir à quel
denier leur argent eft placé, je divife 100
par 30. 1/2, ayant mis l'un & l'autre en demies. 5ᵒ. Pour favoir quelle eft le profit de
chaque année, je tire le tiers du profit total.
Voyez les opérations ci-après.

OPERATION de la Queſtion ci-deſſus.

```
                10000000 l.                    3750000
Le 1/8.ᵐᵉ  1250000                                      2
                 3                  A. . . . . o l. 4 f. 3 d.
           ──────────                        ──────────
Les 3/8. .  3750000                          750000—0
                                               46875
                     2                       ──────────
1º. A .. . . . . . . l. 4 f. 8 d.              796875
─────────────                                3750000    1
   750000—0                          A. . . . . o l. 3 f. 10 d.
   125000—:                                  ──────────
─────────────                                375000—0
   875000 l.                                 187500—:
─────────────                                 93750
   3750000                                    62500
                     2                       ──────────
A. . . . . . o l. 4 f. 6 d.                    718750
──────────────                               3750000    1
   750000—0                          A. . . . . o l. 2 f. 9 d.
    93750                                     ──────────
─────────────                                375000—0
   843750                                     93750—:
                                              46875
                                             ──────────
                                              515625 l.
```

2°. Si 100 l. don. 30. 1/2, comb. donneront 10000000 l,

PREUVE.

pour les cinq parties aliquotes ci-contre.

$$30.\ 1/2.$$
$$\overline{}$$
300000000
5000000
$$\overline{}$$
305000000/00
ci... 3050000

875000 liv.
843750
796875
718750
515625
$$\overline{}$$
3750000. preuve.

3°.
$$3050000 \quad \tfrac{2}{}$$
A.......... o l. 4 f. 8 d.
$$\overline{}$$
610000— o
101666—13—4
$$\overline{}$$
Pour le I. 711666 l. 13 f. 4 d.

$$3050000 \quad \tfrac{1}{}$$
A........ o l. 3 f. 10 d.
$$\overline{}$$
305000—0
152500
76250—:
50833—6— 8

$$3050000 \quad \tfrac{2}{}$$
A............ o l. 4 f. 6 d.
$$\overline{}$$
610000—o
76250—0
Pour le II. 686250 l. o

Le IV. 584583 l. 6 f. 8 d.

$$3050000 \quad \tfrac{1}{}$$
A........ o l. 2 f. 9 d.
$$\overline{}$$
305000—0
76250—:
38125—:

$$3050000 \quad \tfrac{2}{}$$
A............ o l. 4 f. 3 d.
$$\overline{}$$
610000—0
38125
Pour le III. 648125 l.

Le V.. 419375 l.

PREUVE.

711666 l. 13 f. 4 d.
686250
648125
584583— 6 8
419375
$$\overline{}$$
3050000 l. o f. d.

4°. 100
2
$$\overline{}$$
200
reft. 17

30. 1/2. preuve.
2
$$\overline{}$$
61   61
3. 17/61.   3
183
17 reftant.
$$\overline{}$$
200

5°. Profit, total.... 3050000 l.

Le tiers. . . . 1016666 l. 13 f. 4 d.
Par. 3

Les 3/3. . . . 3050000—0—0 preuve.

Suite de ci-contre.

Maintenant vous pouvez voir par l'opération de cette régle, 1°. qu'ils doivent porter à la caiffe en général, 3750000 liv.

Sçavoir,

Le premier . . . . 875000 liv.
Le fecond. 843750
Le troifieme . . . . : 796875
Le quatrieme 718750
Et le cinquieme. 515625

————————
3750000
————————

Vous voyez encore qu'ils ont gagné en général, 3050000 liv.

Sçavoir,

Le premier . . . . 711666 l. 13 f. 4 d.
Le fecond 686250
Le troifieme. 648125
Le quatrieme . . . . 584583—— 6——8
Et le cinquieme. 419375

————————
3050000
————————

Enfin, vous voyez que le profit de chaque année eft 1016666 l. 13 f. 4 d. & que leur argent leur a profité au denier 3, & 17/61 partie de denier.

SIXIEME QUESTION.

Un Particulier a acheté une Terre de 35000 liv. je demande combien il doit payer au Seigneur pour les lods & ventes ; pour l'ordinaire quand l'on paye dans l'an, le Seigneur remet un tiers, sinon on les paye à l'entier, qui est un douzieme.

Pour l'opération de cette régle, je tire la douzieme partie des 35000 l. ensuite je tire le tiers de la douzieme.

OPERATION.

	35000
Le 1/12.ᵐᵉ est	2916 l. 13 f. 4 d.
Le 1/3 est	972 — 4 — 5. 1/3
	1944 l. 8 f. 10 d. 2/3

Cette opération fait voir que si on paye les lods & ventes à l'entier, on doit payer 2916 liv. 13 f. 4 d. au Seigneur ; mais si le Seigneur remet un tiers, on ne lui doit payer que 1944 l. 8 f. 10 d. 2/3.

SEPTIEME QUESTION.

Un Receveur fait une recette de 111000 l. dont il lui appartient 11 den. pour livre : on demande quel profit il a.

Pour opérer cette régle, je fais une partie aliquote à 11 den. le produit qui reviendra, sera le profit total.

OPERATION.	PREUVE.
111000 liv.	5087 l. 10 f.
	20
A.....0 l. 0 f. 11 d.	101750
3700	12
1387--10	1221000 ⎰ 111000
C'eſt 5087 l. 10 f. Réponſe	111000 ⎱ 11 den.
	00000

HUITIEME QUESTION

ſervant de preuve à la ſeptieme.

Un Receveur fait une recette, dans laquelle il a 5087 liv. 10 ſols de profit, n'ayant que 11 den. pour livre, on demande combien ſe monte la recette. Réponſe, 111000 liv.

Pour opérer cette régle, je multiplie les 5087 liv. 10 f. par 20, pour les réduire en ſols, enſuite le produit qui en vient par 12, pour le réduire en denier, enſuite je diviſe le dernier produit par 11; le quotient qui en proviendra, ſera la ſomme totale.

OPERATION.

5087 l. 10 f.	
20	
101750	
12	
1221000 ⎰ 11	
12 ⎱ 111000 l.	
11	
0000 ⎱ Réponſe.	

Vous pouvez maintenant voir que la recette ſe monte à 111000 liv. ſelon l'opération qui en eſt faite ci-deſ-ſus.

Neuvieme

Un homme dit avoir perdu, fur la diminution des efpeces, la fomme de 790 liv. l'écu de 6 liv. 2 f. 6 d. ayant été mis à 6 liv. je demande combien il falloit qu'il eût d'écus, quelle fomme il avoit devant & après la diminution.

Pour réfoudre cette queftion, je multiplie la perte par 20, & le produit par 12; enfuite je divife par 30 d. qu'il y a de perte fur chaque écu. Vous verrez dans l'opération, quelle fomme il avoit avant la diminution.

OPÉRATION.

```
 790 l.                6320. écus.
  20                      6
─────────             ─────────
15800                 37920 l. fomme avant la dim.
  12                    790. perte totale.
─────────             ─────────
189600                37130 liv. fomme après la
096   ⎰ 30                      diminution.
 60   ⎱
000     6320. écus de 6 l.
```

DIXIEME QUESTION.

20045 liv. font compofées du principal & de l'intérêt d'un an au denier 18; je demande que vous me détachiez l'intérêt d'avec le principal.

L'opération de cette régle, fe fait par une régle de trois, difant que 18 au bout de l'an

ont produit 19, & arrangeant ma régle comme fuit ; fi 19 viennent de 18, d'où vien-
dront 20045 liv. le quotient donnera le principal, que vous fouftrairez de la fomme propofée, le refte de la fouftraction fera l'intérêt,

OPERATION.

Si 19 don. 18 , comb. don. 20045 liv.

20045 l.		18
18990		19
1055 l. intérêt.	360810	18990 principal
	170	
	188	
	171	
	00	

ONZIEME QUESTION.

L'ombre d'une Pyramide porte 78 pieds, un
bâton de 6 pieds, à proportion porte 7 pieds
1/2 d'ombre, je demande quelle eft la hauteur de la pyramide. Cette régle s'opére par
une régle de trois ; difant, fi 7 pieds 1/2,
portent 6 pieds de hauteur, combien porteront 78 pieds. Mettant les 7. 1/2. en demi,
& difant :)

Si 7 pieds 1/2 d'ombre portent 6 pieds de hauteur, combien 78 pieds d'ombre.

2		2
15		156
		6
		936 — 15
		36 — 62 p. 2/5.
		6/15 — Réponfe

Vous voyez par l'opération de la régle, que la pyramide a 62 pieds 2/5, ou 10 toifes 2 pieds 4 pouces 9 lignes 7 points 1/5 de points.

DOUZIEME QUESTION.

Le Tréforier Général des guerres a un envoi à faire de 1900000 liv. cette fomme eſt compofée de l'envoi & des trois deniers en dehors de la livre, qui appartiennent au Tréforier pour les taxations ; je demande quel fera l'envoi & fes taxations.

Pour réfoudre cette queſtion, il faut réduire la livre en deniers, y ajoûtant les 3 den. & trouver un certain nombre qui divife jufte le nombre de deniers, & ce fera le divifeur pour divifer les 1900000 l. ce fera 81. qui fervira de divifeur.

OPERATION.

```
1 l. ou 20 f. 3 d.    1900000 l. ⎰81
        12              280       ⎱
      ‾‾‾‾‾     ⎰ 81    370          ⎰      l.   f.   d.  17
      243      ⎨ ‾‾‾    460          ⎱ 23456. 15.  9.   27
      00       ⎩  3.    550
                        64
                        20
                       ‾‾‾‾
                       1280
                        470
                         65
                         12
                        ‾‾‾‾
                        780
                        51/81
                        17/27
```

PREUVE.

234561. 15 ſ. 9 d. 27/27

    81

———————————

   23456
187648

     56 ——— 14

      4 ——— 1

      2 ——— 0 ——— 6

      1 ——— 0 ——— 3

      4 ——— 3 pour les 17/27.

===================

1900000 ——— 0 ——— 0

  23456 ——— 15 ——— 9 ·· 17/27

———————————————

1876543 l. — 4 ſ. — 2 d. 10/27

} On voit par l'opération de cette Queſtion, que le diviſeur eſt 81, que le Tréſorier a pour es taxations 23456 l. 15 ſ. 9 d. 17/27, que l'envol qu'il doit faire eſt 1876543 l. 4 ſols 3 d. peu près.

TREIZIEME QUESTION.

Un Marchand a acheté pour 20000 liv. de mouſſeline, à raiſon de 6 liv. 10 ſols l'aune ; tous frais payés, il veut y gagner 9. 1/3 pour 100 ; je demande quel profit il fera, combien il y a d'aunes, combien il la vendra, & à quel denier ſon argent lui aura profité.

Pour réſoudre cette queſtion, je fais premierement, afin de ſavoir combien il aura de profit, une régle de trois, arrangée comme vous la verrez ci-contre. Secondement pour ſavoir combien il y a d'aunes, je divi-ſe les 20000 liv. par 6 liv. 10 ſols, les ayant

mifes en fols. Troifiemement pour favoir combien il vendra l'aune, je divife l'achat & le
profit additionnés enfemble , par le nombre
des aunes ; quatriemement pour favoir à quel
denier fon argent lui aura profité, je divife
100 par 9. 1/3, ayant mis l'un & l'autre nombre en tiers.

OPERATION.

1º. Si 100, gagnent 9. 1/3, combien 20000 liv.

$$20000$$

$$180000$$
$$6666 - 13 - 4$$
$$1866/66 - 13 - 4 \ d.$$
$$20$$
$$13/33$$
$$12$$
$$4/00$$

2º. 2000 l. 6 l. — 10 f.
$$20 \qquad 20$$
$$400000 \qquad 130$$
$$1000$$
$$900 \qquad 3076. \ aunes \ 12/13.$$
$$20/130.$$
$$12/13.$$

3°. { 20000 l.
     { 1866--13 f. 4 d.

21866--13---4 d.   { 3076
334   { 7 l. 2 f. 2 d.   86
20   { l'aune.   769

6693   4°. { 100   9. 1/3
54   { 3   3
12   { ─────────
                    { 300   { 28
6496   { 20/28   { 15 d. 5/7
344/3076   { 5/7
86/769

Réponse de la Question ci-dessus.

1°. Il aura de profit. . . . . 1866 liv. 13 f. 4 d.
2°. Il aura. . . . . 3076. aunes 12/13
3°. Il vendra l'aune. . . . . 7 liv. 2 f. 2 d.
4°. Il a placé son argent au denier 10. 5/7.

QUATORZIEME QUESTION.

Un Particulier me demande combien produiront 17 fols 11 den. étant multipliés par
12 fols 7 den. je réponds qu'ils me produiront 225 fols 5 den. 5/12.

OPERATION.

Multiplier 17 f. 11 d. par 12 f. 7 den.

```
      12              12
   ─────────       ─────────
      215             151
      151          ─────────

      215             12
     3225             12
   ─────────       ─────────
    32465    }      144
      366        ─────────
      785          225. f. 5 d. 5/12.
       65        ─────────
       12    }    Pour opérer cette régle, il faut réduire
   ─────────      le multiplicande & le multiplicateur en
      780         deniers ; ensuite les multiplier l'un par
    60/144 }      l'autre, & le produit le diviser par 144,
      5/12        parce que 12 fois 12, qui sont les deux
                  multiplicateurs, font 144.
```

PREUVE.

Si 17 f. 11 d. donnent 225 f. 5 d. 5/12, comb. 1 f.

```
    12           12                12
  ───────      ───────           ───────
    215         2705               12
  ───────        0-5
              ───────      } 215
              2705 f. 5 d.  ───────
                555         12 f. 7 d.
                125
                 12
              ───────
               1505
                000
```

QUINZIEME QUESTION.

On demande combien produiront 12 l. 11 fols 5 d. multipliés par 12 l. 11 f. 5 d. Réponse, 158 l. o f 6. d. 49/240.

OPERATION.

Multiplier 12 l. 11 f. 5 d. par 12 l. 11 f. 5 den.

$$\underline{12} \qquad \underline{12}$$

Mult.., 12--137/240. par 12--137/240

$$\underline{240}$$

$$\underline{2880}$$
$$137$$

Mult. 3017   Multiplier... 240
par.. 3017   par..... 240

$$\underline{}$$

21119   9600
3017   480
9051 $\overline{}$ 57600. divif

$$\overline{}$$

9102289 } 57600
334228 } $\overline{}$
462289 } 158 l. o--6 d. 49/240.
1489
20

$$\overline{}$$

29780
12

$$\overline{}$$

357360
1176/0/5760/0
588/2880
294/1440
147/ 720
49/ 240

PREUVE.

PREUVE.

Si 12 l. 11 f. 5 d. don. 158 l. 0. 6 d. 49/240 , c. 1 l.

20	240	20
251	6320	20
12	316	12
3017	6	240

0-4 f. 1 d. p. les 49/240

$$
\begin{array}{c}
37926\text{-}4\text{--}1 \\
7756 \\
1722 \\
20
\end{array}
\left\{
\begin{array}{l}
3017 \\
12 \text{ l. } 11 \text{ f. } 5 \text{ d.} \\
\textit{Preuve.}
\end{array}
\right.
$$

$$
\begin{array}{c}
34444 \\
4274 \\
1257 \\
12 \\
\hline
15085 \\
0000
\end{array}
$$

Plufieurs Queftions très-curieufes.

PREMIERE QUESTION.

Dix-huit perfonnes, tant hommes que femmes, ont dépenfé 9 liv. 18 f. les hommes ont payé 18 fols & les femmes 7 f. 6 d. on demande combien il y avoit d'hommes, & de femmes, mais qu'ils ne fuffent que dix-huit en tout ; la réponfe eft ci-après.

Je fuppofe qu'il y eût deux hommes à 18 fols, font 36 fols, & qu'il y eût 16 femmes qui à 7 fols 6 den. font 120, que j'ajoûte avec les 36 f. le tout fait 156 f. Cependant je devois trouver 9 liv. 18 f. qui font 198 fols; il y a donc erreur de 42 f. que je pofe en cette forte, 2. moins 42. Enfuite je fuppofe qu'il y eût 4 hommes à 18 f. il y a donc 14 femmes à 7 f. 6 d. le tout fait 177 f. il y a donc encore 21 f. de moins; car je devois trouver 198, qu'ils ont dépenfé; cela étant, j'écris le nombre pris à plaifir avec fon figne & différence, comme s'enfuit, 4 moins 21, & faifant l'opération de la régle, je trouve au quotient qu'il y avoit 6 hommes, qui, à 18 f. font 5 liv. 8 fols; ainfi puifqu'il y avoit 6 hommes, il falloit donc qu'il y eût 12 femmes, lefquelles à 7 f. 6 d. font 4 l. 10 f. qui, étant ajoutées avec les 5 l. 8 f. le total donne 9 liv. 18 f. comme la queftion le demande. Voyez ci-deffous l'opération qui en eft faite.

Opération de la Queftion ci-deffus.

2. hom.	16. fem.	9 l. 18 f.	4. h	
A 18 f.	A 7 f. 6 d.	20	118 f.	
36. hom.	112	198. f.	72 h	198 f.
120. fem.	8	156	105 f	177
			177 f	moi. 21
156	120. f.	42. moins.		
14. fem.	2. moins 42. 168		8 h.	12. fe.
A 7 f. 6 d.	4. moins 21. 42		à 18 f.	a 7 f. 6 d.
	21. 126 {21		108 f. h.	8
98	00 }6. hom.		90 f. f.	6
7			198 f.	90
105. f.			9 l. 18 f. preuve.	

DEUXIEME QUESTION

Un jeune homme fe promenant fur le foir, rencontra une bande de Demoifelles, auxquelles il dit bon foir les douze belles Demoifelles ; une d'entre elles lui répondit : Monfieur, nous ne fommes pas 12, mais fi nous étions encore 4 fois autant que nous fommes, nous ferions autant plus de 12 ; comme nous fommes à prefent moins de 12, devinez combien nous fommes.

Ce jeune homme fachant l'arithmétique, dit en lui-même, je fuppofe qu'elles foient 6 avec 4 fois autant, font 30, qui furpaffent 6 de 24 : cependant je ne veux que 12, ainfi la différence eft 12, que j'écris en cette forte, 6 plus 12.

Il continua ainfi, difant, puifque je n'ai pu trouver le vrai nombre par le moyen de ma premiere pofition, je prends un autre nombre à plaifir, fuppofant qu'elles fuffent cinq avec quatre fois autant, font 25, qui furpaffent 18 de 7 ; & néanmoins je ne demande que 12, la différence de 12 à 18 eft 6, que j'écris comme on voit ci-après, 5 plus 6 ; enfuite opérant la régle, je trouve qu'elles étoient quatre Demoifelles.

La preuve eft facile, parce que fi à ces 4 Demoifelles, on y ajoute 4 fois autant, on aura 20, qui font autant au-deffus de 12, comme 4 font au-deffous.

OPERATION.

6. plus 12. . . . 60
5. plus 6. . . . 36
_____
6.   24 ⎰ 6
          0   ⎱ 4. Demoiselles

TROISIEME QUESTION.

Vingt-sept personnes, tant hommes que femmes & enfans, ont dépensé 27 sols, les hommes ont payé 6 sols, les femmes 1 sol 6 d. & les enfans 3 d. on demande combien il y avoit d'hommes, de femmes & d'enfans.

Je suppose qu'il n'y ait que des enfans, les 27 à 3 den. chacun, doivent avoir payé 81 d. qui font 6 s. 9 d. que je souftrais de 27 s. le reste est 20 s. 3 d. ou 81/4 de sols, que j'écris à part.

Je considere combien les hommes ont plus payé que les enfans, je trouve 5 sols 9 d. ou 23/4 de sols.

Je cherche aussi combien les femmes ont plus payé que les enfans, je trouve 1 sol 3 d. ou 5/4 de sols.

Ensuite je divise 81 en deux nombres, de sorte que le premier se puisse diviser par 23, & le dernier par 5; & pour cette effet, je souftrais 5 de 81, jusqu'à ce qu'il me reste un nombre divisible par 23, je trouve que c'est 46, la division étant faite, le quotient donne 2 pour le nombre des hommes : & pour trouver le nombre des femmes, je cherche la différence qu'il y a depuis 46 jusqu'à 81, elle est 35, que je divise par 5, le quotient donne 7, c'est-à-dire, 7 femmes, il est facile de voir qu'il y a 18 enfans; car 2 hommes 7 femmes & 18 enfans, font 27 personnes, comme la question le demande.

OPERATION.

```
27. enfans.          de.....1 f. 6 d. chaque femme.
à..3 d.chacun        ôter... 0 f. 3 d. enfant.
―――――――              ―――――――
81 d.                reste...1 f. 3 d. de plus.
ou 6 f. 9 d.                  4
―――――――              ―――――――
de.. 27 f.           ou..... 5/4. de fols.
ôter..6―9 d.         ―――――――
―――――――              de.. 81              81
reste.20 f. 3 d.     ôter  5          46. reste à foustr. du total.
     4               ―――――――          ―――――――
―――――――              reste 76         35 { 5
ou 81/4 de fols      ôter  5             { 7. femmes.
―――――――              reste 71         ―――――――
de..6 f. ch. ho.        5             2. hom. à 6 f. f. 12 f.
ôter 0 f. 3 d.        ―――――――         7. fem. à 1 f.6 d. f. 10-6 d.
―――――――              66               18 enfans à 0 3 d.  4-6
reste 5 f. 9 d. de pl.  5             ―――――――
     4               ―――――――          Preuve........ 27 f.
―――――――              61
ou 23/4 de fols.      5
                     6
                     55
                     51
                      5
                     ―――――――
                     46 {23
                        {2.hom.
```

QUATRIEME QUESTION.

Cinq hommes étant à parler de leur âge, comme il arrive très-souvent : le premier dit qu'il avoit 60 ans, le second dit que si ses années étoient doubles, il en auroit autant plus que le premier, de ce que le premier en a présentement plus que lui ; le troisieme dit la même chose des siennes, si elles étoient triplées ; le quatrieme aussi, si elles étoient quadruplées ; & enfin le cinquieme de même si elles étoient quintuplées : de sorte qu'ils auroient chacun un nombre d'années, surpassant celui du premier, de ce que celui du même premier surpasse celui de chacun d'eux ; on demande quel est l'âge des quatre derniers.

Pour résoudre cette question, prenez quatre nombres selon l'ordre naturel, qui soient de suite ; comme 2, 3, 4 & 5, à cause du doublement, triplement, &c.

Remarquez qu'il faut former des fractions pour chacun des quatre, en cette sorte. Pour 2, vous mettrez 1/3, parce qu'il y a même propofition de 1 à 2, comme de 2 à 3, ainsi pour 3, vous mettrez 2/4, pour 4, 3/5, & pour 5, 4/6 : cela fait, j'ôte 1/3 des 60, le reste est 40 pour le nombre des années du second ; je souftrais 2/4 ou la 1/2 des mêmes 60, le reste est 30 ans pour l'âge du troisie-me ; pour avoir l'âge du quatrieme, ôtez

3/5 de 60, le reste est 24 pour le nombre de ses années; enfin vous soustrairez 4/6 des mêmes 60, vous trouverez de reste 20 ans pour l'âge du cinquieme; voyez ci-dessous, l'opération y est faite.

Opération de la Question ci-devant.

60 ans	60	60	60
1/3 ... est 20	1/2 .. est 30	3/5 ... 36	4/6 ... 40
reste 40	reste ... 30	reste .. 24	reste .. 20

	60. ans, âge du premier, ci.	60
Doublez..	40. du deuxieme, c'est ...	80
Triplez...	30. du troisieme	90
Quatruplez	24. du quatrieme	96
Quintupl.	20. du cinquieme	100

CINQUIEME QUESTION.

Il y a huit poires qui coûtent moins de 19 sols, de ce que cinq autres coûtent plus de 7 sols : on demande combien coûte chaque poire.

Pour le savoir, ajoutez les 19 f. avec les 7 f. vous aurez 26 sols, que vous diviserez par le nombre des poires qui est 13, vous trouverez au quotient 2 sols pour le prix de chaque poire. Cependant si les 8 poires coûtoient plus de 19 f. de ce que les cinq coûtent plus de 7 f. il faudroit pour lors diviser la différence des sols qui seroit 12, par la différence des poires qui seroit 3 ; le quotient donneroit 4 fols pour la valeur de chaque poire, on feroit la même chofe, s'il y avoit moins de part & d'autre.

Pour preuve du premier exemple, je mets 5 poires à 2 f. la piece, elles font 10 f. qui furpaffent 7 de 3 f. de même que mettant 8 poires à 2 f. font 16 f. qui font au-deffous de 19 de 3 f. auffi.

Et pour preuve du dernier exemple je mets 8 poires à 4 fols, qui font 32 fols, je compte auffi les 5 poires à 4 fols qui font 20 fols, & je confidére que ce nombre 20 furpaffe 7 de 13, de même que celui de 32 furpaffe 19 de 13 auffi.

OPERATION.

19 f.		12	$\big\{$ 3	
7		0	4 f. chaque poire.	

26	$\big\{$	13	
00		2 f. chaq. poire.	

PREUVE.

5. poires à .. 2 f.	8. poires à . 2 f.	8. poires à 4	5. poires à 4 f.
furpaffe 10 f.	16 f.	32 f. furp.	20 f. furp.
7	19. furp.	19	7
de ... 3	de 3	de 13	de 13 f.

SIXIEME QUESTION.

Trois perfonnes vont fe mettre au jeu, ayant chacun un certain nombre d'écus, ceux

du

du premier avec ceux du second , font 93
écus, ceux du premier avec ceux du troisieme, font 88, & ceux du second avec ceux
du troisieme , font 85 ; on demande combien
ils avoient d'écus chacun en particulier.

Pour le savoir, ajoutez 93 , 88 & 85 ensemble, vous trouverez au total 266 , que
vous diviserez par le nombre des personnes
moins 1 , ce sera donc par 2 ; car le nombre
des écus de chacun a été répété deux fois ,
vous trouvrez au quotient 133 pour le nombre des écus des trois personnes ensemble.

Ensuite ôtez 93 , qui est le nombre d'écus
du premier & du second, le reste de la soustraction donnera 40 pour les écus du troisieme ;
ôtez encore 88 ; nombre d'écus du premier
& du troisieme des mêmes 133 , vous trouverez de reste 45 pour le nombre des écus
du second, & enfin soustrayez de 133 les
écus du deuxime & du troisieme , qui font
85 , le reste donnera 48 pour les écus du
premier.

Pour preuve, additionnez 48 , 45 & 40 ,
font les trois nombres d'écus de chacun en
particulier ; le total est 133, comme il est
dit ci-dessus.

OPERATION.

93		266	2	133		133	133
88		06	233	93		88	85
85		06		40. éc.		45	48
266. à diviser.							

Dddd

PREUVE.

48. écus pour le premier.
45. id. pour le fecond.
40. id. pour le troifieme.

———————
133. écus. Preuve.
———————

SEPTIEME QUESTION.

Un Marchand a laiffé par teftament un certain nombre d'écus à fes parens, à condition qu'après fon décès, le premier en aura 1/9 & 200 de plus, le fecond 1/9 & 400 davantage; le troifieme 1/9 du refte & 600 de plus, & ainfi des autres confécutivement jufqu'au dernier, & il s'eft trouvé qu'ils ont eu autant les uns que les autres; on demande combien il avoit de parens & d'écus.

Pour réfoudre cette queftion, je fouftrais 1 du dénominateur 9, le refte eft 8 pour le nombre des parens de ce Marchand. Et pour trouver ce qu'il avoit d'écus, je multiplie le dénominateur 9 par le nombre des parens, qui eft 8, le produit donne 72 que je multiplie encore par 200, qui eft l'augmentation, je trouve au produit 14400 écus qu'il a laiffés. Cette queftion eft, comme fi on difoit, que le premier en auroit 1/8, le fecond 1/7 du refte, le troifieme 1/6, & ainfi des autres. La preuve fe fera en tirant les fractions.

OPERATION.

7/9. fract. propofée.		14000		7200	
	1/8 eft	1800	1/4 eft	1800	
1. à fouftraire.	refte	12600	refte	5400	
8. nomb. des parens.	1/7 eft	1800	1/3 eft	1800	
9. dénominateur.					
	refte	10800	refte	3600	
72. produit.	1/6 eft	1800	1/2 eft	1800	
200. augmentation.					
	refte	9000	refte	1800	
14400. écus du Marchand.	1/5 . . .	1800			

refte 7200 *Preuve.*

1800. écus.

par..... 8. parens.

14400. écus.

Autre PREUVE.

1800
1800
1800
1800
1800
1800
1800
1800. dernier refte.

14400. écus.

HUITIEME QUESTION.

Un homme difoit un jour qu'il y avoit 24 ans qu'il avoit époufé fa femme, qui étoit fort jeune à l'égard de lui, puifque mes années, difoit-il, étoient en proportion des fiennes comme 2 à 1, & cependant elle paroît préfentement prefque auffi âgée que moi;

Dddd ij

quoique mon âge, à l'égard du sien, soit encore en proportion comme de 5 à 7; on demande quel âge ils avoient lorsqu'ils s'épouserent, & encore lorsqu'il fit ce discours.

Pour la résolution de cette question, je multiplie les deux propositions en croix, savoir, 5 par 2 & 7 par 1, & des deux produits qui font 10 & 7, je prends la différence qui est 3, que je garde pour diviseur. Cela étant fait, je multiplie ces deux nombres, qui font la derniere proportion, savoir, 7 & 5 chacun en particulier par 24, les produits font 1 8 & 120; dont la différence est 48, que je multiplie par les deux nombres qui composent la premiere proportion, savoir, 2 & 1, je trouve aux deux produits 96 & 48, que je divise chacun en particulier par la premiere différence qui est 3, les deux quotiens donnent 32, & 16 pour le nombre des années qu'ils avoient quand ils s'épouserent, savoir, 32 ans pour le mari, & 16 ans pour la femme; ainsi on voit que ces nombres font en proportion double.

Et si j'ajoute 24 ans à 32 & à 16, j'aurai 56 & 40 pour l'âge qu'ils avoient, lorsque le discours fut fait, ces deux derniers nombres font en proportion comme de 7 à 5; car le huitieme de 56 est 7, de même que le huitieme de 40 est 5; voyez l'opération.

OPERATION de la Question ci-contre.

$$\begin{matrix} 2 & & & 1 \\ & X & & \\ 7 & & & 5 \end{matrix}$$

	10	7. proportion	5
	7	24.	24
diviseur 3	168.	120
	120.	

différence 48.   48

2.   1

```
          96  }3         48  }3
          06  }32. ans   18  {16. ans de la fem.
          0           0
```

32. ans, âge de l'hom.   16. ans, âge de la femme,
24   24

56. ans pour l'hom.   40 ans pour la femme,
Le 1/8. est 7. proport. Le 1/8. est 5.

NEUVIEME QUESTION.

Supposé qu'un Capitaine de Navire soit
mécontent de son équipage, qui est au nombre de 48 Matelots, lesquels s'étant révol-
tés contre lui, il en fait rapport au Gouverneur de l'Isle où il est arrivé ; mais comme
il y en a douze qui ont été cause de la ré-
volte, & par conséquent plus coupables que
tous les autres, il les fait septimer, c'est-à-
dire, que les ayant rangés de 12 en 12, il fait
punir le septieme, le faisant mettre à part,
& recommençant le rang jusqu'au nombre
desdits douze qu'il doit faire punir.

Pour faire tomber le sort sur les coupables,
on demande comment il faut s'y prendre.

Voyez l'opération & l'explication qui est
ci-après.

OPERATION *du probléme de l'autre part.*

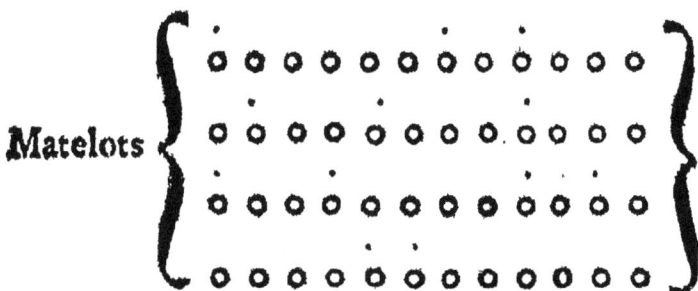

Matelots
$$\begin{cases} \circ\circ\circ\circ\circ\circ\circ\circ\circ\circ\circ\circ \\ \circ\circ\circ\circ\circ\circ\circ\circ\circ\circ\circ\circ \\ \circ\circ\circ\circ\circ\circ\circ\circ\circ\circ\circ\circ \\ \circ\circ\circ\circ\circ\circ\circ\circ\circ\circ\circ\circ \end{cases}$$

Pour réfoudre cette queftion, il faut écrire autant de zeros qu'il y a de Matelots coupables, lefquels zeros repréfentent les Matelots ; il faut commencer à compter par le premier zero, & faire un point fur celui qu'on veut faire punir, qui eft le feptieme, comme on voit ci-deffus; faifant la même chofe en recommençant le rang, & paffant les zeros marqués d'un point, jufqu'à ce qu'on ait pointé le nombre douze qu'on veut faire punir; il faut ranger les Matelots de la même maniere qu'on a rangé les zeros, & mettre le plus coupable au lieu où fe trouveront les zeros pointés ou marqués d'un point. Voyez ci-deffus.

On peut appliquer cette queftion ou problême à quelque nombre que ce foit, & à quelque quantiéme, qu'on veuille rejetter d'un nombre déterminé.

DIXIÈME QUESTION.

Supposé que dans un tems de guerre, entre la France & l'Angleterre, un Capitaine françois commandant un navire Marchand de cette Ville, ait été attaqué par un navire anglois, & qu'après un long combat, il se soit trouvé beaucoup d'hommes morts tant de part que d'autre ; le Capitaine du navire françois ne pouvant faire amener le navire anglois, le coule à fond, il se sauve à son bord, quinze anglois lui demandant grace, il les reçoit ; le Capitaine françois n'avoit plus que 15 hommes françois de reste, le combat étant fini ; & 15 anglois entrant à son bord, cela faisoit 30 ; quelques jours se passent tranquillement, mais ledit Capitaine françois ayant examiné le tems qu'il lui falloit, pour se rendre au premier port, vit qu'il lui falloit encore 50 jours, en même-tems examina ce qu'il avoit de vivres, il vit qu'il n'en n'avoit plus que pour 25 jours, à être réduit à 1/2 once de pain par jour ; voyant cela, appelle ses quinze hommes & les 15 anglois, & leur tint ce discours: mes enfans, afin que la moitié de nous vive quelque tems, après avoir consulté Dieu & la Sainte Vierge, j'ai jugé à propos que l'autre moitié soit jetté à la mer ; il n'y a pas, ce me semble, d'autre parti à prendre, & celui sur qui le sort tombera sera jetté à la

mer, c'eſt-à-dire, des trente que vous êtes,
il faut qu'il y en ait quinze jettés à la mer,
& ce de neuf en neuf, un, c'eſt-à-dire, le
neuvieme, & vous ſerez entremêlés, tant
françois qu'anglois; ils ſe réſolurent tous à
la mort, ou plutôt à être jettés à la mer à
qui le ſort tomberoit; on demande de quelle
maniere le Capitaine a diſpoſé ces treme
perſonnes, afin qu'il n'y eût que les anglois
qui ſe trouvaſſent condamnés à être jettes en
mer, ou plutôt quel ſecours il a imploré pour
ſauver les 15 françois. Cela étant ſuppoſé,
pour ſauver les 15 françois, il tira la diſpo-
ſition de ces 30 perſonnes de ce vers latin,
implorant le ſecours de la Sainte Vierge:

Populeam virgam Mater Regina ferebas.

OPERATION.

O O O O ⊛⊛⊛⊛⊛ OO ⬤ OⵔO ⊛
4 françois, 5 anglois, 2 françois, 1 angl 3 franç 1 angl.
po— pu— le— am—vir—gam

O ⊛⊛ OO ⊛⊛⊛ O ⊛⊛ OO ⊛
1 franç. 2 angl. 2 franç. 3 angl. 1 franç 2 angl. 2 franç 1 ang.
ma—ter—re—gi—na—fe—re—bas.

Pour réſoudre cette queſtion, il faut faire
attention aux voyelles *a*, *e*, *i*, *o*, *u*, qu'il y
a dans les ſyllabes des mots qui compoſent
ce vers. Il faut ſuppoſer que *a* vaut 1, *e* vaut
2, *i* vaut 3, *o* vaut 4, & *u* vaut 5; on com-
mencera

mencera à ranger des françois, puis des anglois, & ainsi de suite jusqu'à ce que les 30
personnes soient rangées. Cela étant supposé, l'*o* qui est dans la premiere syllabe (*po*),
fait voir qu'on doit ranger, . , ...
ci . . . . [*po*]

Premierement, 4 françois. L'*u*, qui est dans la seconde syllabe (*pu*) fait
ci . . . . [*pu*]

connoître qu'on doit ranger ensuite 5 angl. L'*e* qui est dans la troisi.
syllabe [*le*] montre qu'on doit disposer 2 franç. L'*a* de la quatrieme
syllabe [*am*] montre aussi qu'on doit mettre 1 angl. L'*i* de la cinq.
syllabe [*vir*] fait connoître qu'on doit ranger 3 franç. L'*a* de la six.
syllabe [*gam*] fait voir qu'il faut mettre 1 angl. L'*a* de la septieme
syllabe [*ma*] montre qu'il faut ranger 1 franç. L'*e* de la huitieme
syllabe [*zer*] fait voir qu'il faut mettre 2 angl. L'*e* de la neuvieme
syllabe [*re*] fait voir qu'il faut mettre 2 franç. L'*i* de la dixieme
syllabe [*gi*] fait voir qu'il y a 3 angl. à mettre. L'*a* de la onzieme
syllabe [*na*] montre qu'un franç. doit y être mis. L'*e* de la douzieme
syllabe [*se*] fait voir qu'il y a 2 angl. à mettre. L'*e* de la treizieme
syllabe [*re*] dit qu'il doit y avoir 2 françois. L'*a* de la quatorzieme
syllabe [*bas*] fait connoître, pour achever le nombre des 30 en total,
qu'il doit y avoir un anglois.

Les trente zeros ci-contre font voir la maniere que les trente personnes doivent être
rangées, les zeros sont les françois, & les
petits ronds noirs sont les anglois, lesquels
ronds noirs sont ceux qui doivent être jettés
à la mer, en les comptant de neuf en neuf,
recommençant par le premier zero, & pas-
sant ceux que l'on aura marqués d'une croix
ou double croix, pour se ressouvenir de ceux
qui ont passé ; c'est-à-dire, qui ont été jettés à la mer, & on verra par l'arrangement
qui a été fait, qu'il n'y a que les anglois qui

ont fubi le fort; c'eft le même problême de la queftion précédente, page 581.

Si vous voulez deviner le nombre que quelqu'un a penfé, dites-lui, qu'il le triple, & de ce triple qu'il en prenne la moitié, s'il eft pair, ou la plus grande moitié s'il eft impair, & qu'il triple encore la moitié qui lui refte; enfuite faites-lui fouftraire, fans qu'il puiffe faire attention au nombre, autant de fois 9 qu'il s'en trouve audit nombre, & retenez fecrettement le nombre des 9, qu'il aura fouftrait un à un, & quand il n'en pourra plus ôter, dites-lui qu'il ôte ce qui lui refte, 1, 2 ou 3, &c. afin de découvrir combien il lui en refte. Cela étant fait, vous retiendrez autant de fois 2, que vous lui aurez fait fouftraire de fois 9, & fi vous avez découvert qu'il lui reftât quelque chofe outre les neuviemes, cela vous fera connoître que ce fera 1.

Suppofé qu'il eût penfé 6, fon triple eft 18, dont la moitié eft 9, le triple duquel 9 eft 27.

Maintenant faites-lui fouftraire autant de fois 9 que faire fe pourra, c'eft-à-dire, jufqu'à ce qu'il vous dife qu'il ne peut plus,

comme dans cet exemple, il pourra souftraire jufqu'à trois fois 9, dites-lui pour la
quatrieme fois qu'il fouftraie encore 9, pour
lors il vous dira qu'il ne peut; cependant
dites-lui qu'il en ôte 1 ou 2, il vous dira encore qu'il ne peut; c'eft pourquoi en confidérant
que vous lui avez fait ôter trois fois 9 juftement, vous lui direz qu'il avoit penfé 6,
parce que trois fois 2 font 6.

Autre Exemple.

Je fuppofe que quelqu'un eût penfé 5, fon
triple auroit été 15; dont la plus grande
moitié eft 8, qui étant triplé produit 24,
dans lefquels il y a deux fois 9; j'aurois donc
retenu fecrettement 4 pour ces deux 9, &
aurois ajouté le refte qui eft 1, le produit
auroit donné 5 qu'il auroit penfé.

Douzieme Question.

Si vous voulez découvrir ce qu'une perfonne a dans fa bourfe, dites-lui, qu'elle triple le nombre qu'elle a, foit de livres, d'é-
cus, ou de louis, & qu'elle tire du total autant de points, qu'il y a de fois 9; enfuite
vous lui demanderez quel eft le nombre de
points qu'elle a retenu, & fi le refte eft pair
ou impair, que s'il eft pair, vous compterez 2; mais s'il eft impair, vous ne compterez que 1, & pour chaque neuf ou point,
vous compterez 3.

Exemple d'un nombre pair.

Je suppose qu'une personne ait 8 écus, si elle les triple, le nombre sera 24, desquels ayant ôté 2, pour les 2 fois 9 qu'ils contiennent, le reste est 22, nombre pair; de sorte que je compte 6, (pour les deux fois 9, mettant 3 pour chaque 9,) & 2 pour le nombre pair qui est 22, c'est donc 8; ainsi on peut répondre que cette personne a 8 écus.

Exemple d'un nombre impair.

Si quelqu'un disoit j'ai pensé un nombre qui étant triplé, en fait un autre, duquel ayant tiré 3 points pour trois fois 9 qui s'y trouvent, le reste est un nombre impair; devinez quel nombre j'ai pensé. Je compte pour cet effet 9 pour les 3 points, & 1 pour le nombre impair font 10; ainsi je pourrois répondre qu'il avoit pensé 10.

Mais remarquez que cette méthode n'est bonne qu'autant que les nombres suivans, ne se rencontrent point dans la bourse, ou dans la pensée de celui qui veut faire deviner, savoir, 1, 2, 3, 6, 9, 12, 15, & ainsi des autres qui ont cette proportion.

Exemple.

Je suppose que quelqu'un ait pensé le nombre 27, s'il le triple, il y aura 81, nombre qui contient 9 fois 9 ; il ôtera donc 9 points qu'il me déclarera, le reste est 72 qui est un nombre pair, pour lequel je compte 2, que j'ajoute avec 27 que je compte pour les 9 points, mettant 3 pour chacun, le tout fait 29, qui est le nombre qu'il devroit avoir pensé ; cependant il n'a pensé que 27, ce qui fait connoître que cette méthode est fort incertaine, c'est pourquoi on se servira de la méthode ci-devant enseignée, étant plus certaine.

TREIZIEME QUESTION.

Si vous voulez savoir le nombre des pieces que quelqu'un aura dans sa main, dites-lui qu'il en mette autant dans l'une que dans l'autre, ensuite faites-lui mettre quel nombre il vous plaira de la main gauche en la droite, & retirer de ladite main droite pour mettre dans la gauche, autant qu'il en avoit laissé, après en avoir ôté un nombre ; cela étant fait, vous devez être assuré qu'il aura dans la main droite le double du nombre des pieces, que vous lui avez fait mettre de la gauche en la droite.

EXEMPLE.

Je suppose qu'une personne ait sept pieces en chaque main, & que je lui dise d'en mettre 6 de la gauche dans la droite, il ne re-

ftera dans ladite main gauche qu'une piece,
& il y en aura 13 dans la droite ; & fi je
lui dis d'en ôter une de 13 droite pour mettre dans la gauche, qui eft autant qu'il en
reftoit, les 6 étant ôtées, le refte qui eft dans
la droite eft 12, nombre double de 6 : ainfi
je peux dire hardiment que cette perfonne
a 12 pieces dans fa main droite.

QUATORZIEME QUESTION.

Je fuppofe que je me trouvaffe dans une
compagnie de plufieurs perfonnes , & qu'on
me propofât de deviner qui feroit celle à qui
on auroit donné une bague, à quelle main
& à quel doigt on l'auroit mife.

Pour cet effet, je ferois ranger toutes les
perfonnes par ordre, je me retirerois enfuite
dans un lieu féparé de la compagnie, &
dirois à l'un des fpectateurs qui feroit de-
bout, qu'il donnât l'anneau ou bague à la
perfonne qu'il lui plairoit.

Ce qui étant fait, je lui dirois qu'il dou-
blât le nombre des perfonnes, en comptant
par l'un des deux bouts de la rangée, jufqu'à celle qui auroit la bague, qu'à ce nombre doublé il ajoutât 5 ; qu'il multipliât le
nombre qui en viendroit par 5 , & qu'il
ajoutât au produit total le nombre des doigts
de la perfonne feulement qui a la bague.

Enfuite je demanderois quel nombre il

auroit, ce que m'ayant déclaré j'en fouftrai-
rois 25, le refte me donneroit un certain
nombre, dont la premiere figure me mar-
queroit le nombre des doigts, c'eft-à-dire,
la figure qui feroit à droite, & le refte qui
feroit à gauche, dénoteroit le nombre des
perfonnes qui auroit la bague, c'eft la feptieme ou huitieme, comme on voit dans l'e-
xemple & dans l'opération ci-après que
c'eft la huitieme perfonne qui a ladite bague
au neuvieme doigt.

EXEMPLE de la Queftion ci-contre.

Je fuppofe que la huitieme perfonne ait la
bague au neuvieme doigt, en comptant depuis la premiere perfonne proche la porte de
la chambre, jufqu'à celle qui a la bague.

Je dis à une de la compagnie de doubler
le nombre des perfonnes, il fe trouve 16,
auxquels je fais ajouter 5, & multiplier le
produit par 5; le produit eft 105, à quoi je
lui dis de joindre le nombre des doigts, qui
eft 9; le total donne 114 qu'il me déclare, &
dont je fouftrais fecrettement 25, le refte eft
89, dont la premiere figure à droite qui eft
9, marque le nombre des doigts, & l'autre
devant 9 qui eft 8, marque le nombre des
perfonnes, c'eft-à-dire, que c'eft la huitieme
perfonne qui a la bague au neuvieme doigt.

OPERATION.

8.me perſonne au 9.me doigt.

2

16. produit de 8. doublé.
5. ajoutés.

21. total.
5. multiplicateur.

105. produit.
9. nombre des doigts ajoutés.

114. produit total.
25. à ſouſtraire.

perſonnes 8/9. nombre des doigts pour réponſe.

Remarquez que ſi les perſonnes étoient rangées ſur la droite en entrant dans la chambre, la bague ſe feroit trouvée au doigt annulaire de la main droite de la huitieme perſonne, parce qu'en comptant par la perſonne la plus proche de la porte, juſqu'à celle qui a la bague; on compte premierement par le petit doigt de la main gauche de cette perſonne qui a la bague juſqu'au neuvieme, qui eſt le doigt annulaire de la main droite. Et au contraire ſi les perſonnes étoient rangées ſur la gauche, en entrant dans la chambre, la bague ſe trouveroit au doigt annulaire de la main gauche de la même perſonne, attendu qu'en comptant par le bout de

la

la rangée, qui eſt du côté de la porte ; on
commence à compter auſſi par le petit doigt
de la main droite de la perſonne qui a la bague, & on arrive aſſez ſouvent au doigt
annulaire de la main gauche, qui eſt le neuvieme doigt.

QUINZIEME QUESTION.

Dans le premier exemple j'ai fait connoître la perſonne qui avoit la bague, à quelle
main & à quel doigt elle étoit, c'eſt-à-dire,
dans la queſtion précédente ; mais dans cette
queſtion-ci, je vais enſeigner à découvrir à
quelle jointure ladite bague ſera miſe.

Je ſuppoſe qu'on eût mis la bague à la
ſeconde jointure du quatrieme doigt de la
douzieme perſonne, dont la rangée ſeroit
ſur la droite en entrant dans la ſalle.

Pour deviner tout ce que deſſus, je fais
doubler le nombre des perſonnes qui eſt 12,
le double eſt 24, auxquels on ajoute 5 ; on
a 29, que l'on multiplie par 5, le produit
donne 145 ; enſuite je fais ajouter le nombre des jointures, qui eſt 2 au-devant de
145, c'eſt-à-dire, proche le 5, en cette ſorte
1452, & fais encore mettre ſous le même 5
le nombre des doigts qui eſt 4, l'addition
qu'on en fait donne 1492 que l'on me déclare ; de ſorte que par le moyen de ce dernier
nombre ſeulement, je dois découvrir la per-

F fff

fonne qui a la bague, à quelle main, à quel doigt & à quelle jointure elle eft mife; auffi-tôt que l'on me déclare que le dernier nombre eft 1492, je rentre dans la chambre d'où j'étois forti, après avoir fouftrait 250 de 1492, le refte, qui eft 1242, me marque la perfonne, la main, le doigt & la jointure en cette forte.

Premierement le 2 qui eft à droite, me marque que c'eft à la deuxieme jointure qu'eft la bague, le 4 qui précéde le 2, marque que c'eft au quatrieme doigt de la main gauche, & les deux autres figures qui précédent le 4, qui font 12, marquent que c'eft la douzieme perfonne. C'eft pourquoi je peux dire hardiment à la douzieme perfonne qu'elle a la bague à la deuxieme jointure du quatrieme doigt de la main gauche.

OPERATION.

12.me perf. 4.me doigt, 2.me jointure.

            2
    ──────────────
        24. double.
         5. à ajouter.
    ──────────────
        29. à multiplier.
par..... 5
    ──────────────
      145/2. jointures.
         4.   doigts.
    ──────────────
      1492
       250. à fouftraire.
    ──────────────
perf. 12/ 4 /2. jointure.
        doigts

AVERTISSEMENT.

Dans les deux précédentes queſtions, je vous ai fait voir la maniere qu'il falloit s'y prendre pour les opérer ; dans la premiere on ſouſtrait 25 du dernier produit, & dans la ſeconde 250, la raiſon de ceci eſt que dans la premiere queſtion, on ne demande pas à découvrir à quelle jointure du doigt peut être la bague ; mais dans la ſeconde on cherche à la connoître ; c'eſt pourquoi vous obſerverez très-exactement ces deux exemples.

Voici une autre remarque qui n'eſt pas moins à obſerver que la précédente : quand vous aurez fait votre ſouſtraction , s'il ſe trouve un zero , au lieu de la figure qui doit marquer le nombre des doigts, vous devez être aſſuré que la bague eſt au dixieme doigt ; mais ſouvenez-vous auſſi d'avertir celui ou celle que vous avez prépoſé pour doubler , ajouter & multiplier , de ne point ajouter le nombre des doigts au nombre multiplié par 5, lorſqu'il ſaura que la bague ſera au dixieme doigt, quoique vous lui diſiez de le faire , la queſtion qui ſuit, ſuffit pour vous donner l'intelligence de tout ce qui vient d'être dit.

SEIZIEME QUESTION.

Suppoſé qu'on eût mis la bague à la troiſieme jointure du dixieme doigt de la cinquan-

F f f f ij

tieme perſonne, dont la rangée ſeroit ſur la gauche en entrant dans la chambre.

Pour deviner où eſt ladite bague, je ſors de la chambre, en diſant que quelqu'un de la compagnie qui n'eſt point compris dans la rangée, double le nombre des perſonnes, qu'il y ajoute 5, qu'il multiplie le tout par 5, qu'il ajoute les jointures au produit & le nombre des doigts, (comme il eſt enſeigné aux précédentes queſtions); le tout fait 5253 qu'il me vient déclarer : ce qu'ayant appris, j'en ſouſtrais 250, le reſte eſt 5003, dont je retranche le 3 qui marque les jointures; le zero marque le dixieme doigt, & le reſte la cinquantieme perſonne ; de ſorte qu'en entrant dans la chambre, je demande à la cinquantieme perſonne la bague qu'elle a à la troiſieme jointure du petit doigt de la main gauche.

Remarquez que quoique j'aie dit d'ajouter le nombre des doigts, on ne l'a cependant pas ajouté, parce que j'ai averti ci-devant de ne le pas faire, lorſqu'on mettroit la bague au dixieme doigt.

OPERATION.

'50e. perſonne 10e. doigt 3.e jointure.

2

────────

100. doublé.

5. à ajouter.

────────

105. à multiplier.

par. . . . 5

────────

5253. dernier produit.

250

────────

perſ. 50/ o /3. jointure.
doigt

DIX-SEPTIEME QUESTION.

Si vous voulez ſavoir combien quelqu'un aura dans ſa poche, dites-lui qu'il double le nombre d'écus, de livres ou de ſols qu'il pourra avoir, & qu'il multiplie ce nombre doublé par 5; le produit donnera un certain nombre (qu'il vous déclarera, & dont vous tirerez la dixieme partie en vous-même; cette dixieme vous donnera à connoître le nombre de ce qu'il aura dans ſa poche : comme ſi on avoit 12 écus, le double eſt 24, qui étant multiplié par 5, le produit donne 120, dont la dixieme partie eſt 12 pour réponſe.

DIX-HUITIEME QUESTION

pour découvrir une personne qui auroit caché quelque chose.

S'il arrivoit que dans une compagnie quelqu'un eût caché une tabatiere ou autre chose, & qu'il n'y eût qu'une personne qui l'eût vu, laquelle ne le voula t pas dire directement, promet seulement le doubler le rang que tient la personne, qui a pris la chose, d'ajouter 5 au nombre doublé, de multiplier le tout par 5, & de dire le produit de cette multiplication : il sera très-facile de connoître la personne, en retranchant la derniere figure du montant de cette multiplication, & soustrayant 2 de la premiere ou des premieres s'il y en a deux.

C'est la même chose que si on en ôtoit 25, & qu'en retranchant le zéro qui se trouveroit à la fin, c'est-à-dire, sur la droite ; je suppose que la septieme personne ait caché la chose.

OPERATION.

7.me personne.	Supposé qu'un quelqu'un eût pensé 25.
2	25. nombre pensé.
	2
14	
5. à ajouter.	50. nombre doublé.
19	5. à ajouter.
5. multiplie.	55. nombre à multiplier.
9/5	5. multiplicateur.
2. à soustraire.	275
7.me personne.	25. à soustraire.
	25/0. nombre pensé.

DIX-NEUVIEME QUESTION.

Nous fommes tant, une fois autant, la
1/2 de tant, le 1/4 d'autant & 1, cela fait
cent, favoir, combien nous fommes, réponfe, 36.

Pour répondre à cette queftion, il faut
penfer quel nombre il peut entrer pour faire
cent, prenant tant, c'eft-à-dire, tel nombre
qu'on voudra, encore autant, la moitié d'autant, le quart de tant, & 1 qu'il faut ajouter
au produit, de forte que pour cette queftion,
c'eft 36. On peut en fuppofer d'autres fur
le même fyftême.

OPERATION.

36. nombre que l'on eft.
36. une fois autant.
18. la 1/2 de tant.
9. le 1/4 d'autant.
1. à ajouter.

100. Preuve.

Autre fuppofition.

Nous fommes tant, une fois autant, le tiers
de tant, le cinquieme d'autant, & un tiers
du cinquieme d'autant, le tout fait trente-
neuf, favoir, combien nous fommes.

OPERATION.

15. nombre que l'on eft.
15. une fois autant.
5. le 1/3 de tant.
3. le 1/5 d'autant.
1. le 1/3 du 1/5.me d'autant.

39. preuve.

Pour répondre à cette queftion, il n'y a qu'à multiplier les deux dénominateurs des deux dernieres fractions l'un par l'autre, le produit donnera le nombre que l'on eft, comme 1/5 multiplié par 1/3 donne 15. pour le nombre que l'on eft.

EXEMPLE.

$$\begin{array}{r} 1/5 \\ 1/3 \\ \hline 11/15. \end{array}$$

VINGTIEME QUESTION.

On propofe de prendre le tiers & demi d'un entier, je dis que c'eft la moitié, puifqu'il faut trois tiers pour faire un entier, comme par exemple le 1/3 & 1/2 de 8. eft 4, par conféquent c'eft la 1/2.

Opération pour la démonftration.

Nombre propofé. . . 8
Le 1/3 eft. . . . . . . 2. . 2/3
Le 1/2 du 1/3 eft. . 1. . 1/3

ainfi le 1/3 & 1/2 de 8 eft . . . 4.

Je

Je n'ai mis cette queſtion que parce qu'un de mes éleves l'a propoſée à un fameux Arithméticien, qui ne put y répondre, quoique dans le principe de cette queſtion, il n'y a rien de difficile; mais par le peu d'attention, & ne voulant peut-être pas répondre à une choſe de ſi peu de conſéquence, ne voulut pas le contenter.

VINGT-UNIEME ·QUESTION.

Un homme a 7 enfans, chaque enfant a 7 habits; dans chaque habit il y a 7 poches, & dans chaque poche il y a 7 deniers, ils ont dépenſé 10 liv. on demande combien il leur reſte. Réponſe, 1 denier.

Pour operer cette régle, il faut multiplier les 7 enfans par les 7 habits, ce qui fait 49; enſuite il faut multiplier les 49 habits par 7 poches, ce qui fera 343 poches; de plus, il faut multiplier les 343 poches par 7 deniers, il viendra au produit de cette multiplication 2401 deniers, qui étant diviſés par 240 deniers, valeur de la livre, il viendra au quotient dix livres un denier, ci 10 l. o ſ. 1 den. Ce qui fait voir qu'il ne leur reſtera qu'un denier, après qu'ils auront payé leur dépenſe.

Gggg

OPERATION.

Multiplier	7. enfans.		240
par....	7. habits.	2401	10 l. o f. 1 d.
produit	49. habits.	0001	
par....	7. poches.		*Réponse.*
produit	343. poches.		
par....	7. deniers.		
	2401. deniers.		

VINGT-DEUXIEME QUESTION.

On demande fi on pourroit exprimer le nombre 4. par trois nombres impairs ; cette queftion embarrafferoit celui qui ne fauroit point les fractions. Pour y répondre, je mets 3 entiers avec 3/3 , & je trouve 4 , parce que 3 entiers valent 3 , & 3/3 valent 1 entier qui font 4 ; ainfi l'on voit qu'on peut exprimer 4 par trois chiffres impairs.

Pour exprimer 12. par 4 chiffres impairs, cela eft facile, il faut quatre 3 , ci 3 , 3 , 3 , 3 , lefquels font 12 , ou bien on peut encore fe fervir de 11, 1/1, qui font auffi quatre nombres impairs, & qui font 12.

Pour exprimer 100 par quatre chiffres impairs, c'eft 99. 9/9 , ce font quatre 9 , qui font 100. On peut former beaucoup d'autres petites queftions dans le même genre, & différemment.

QUESTION *fur l'addition.*

Un Particulier me propofa un jour une addition affez curieufe, que je n'ai pas voulu oublier de mettre ici dans mes queftions récréatives. Et malgré que j'aie donné de toutes fortes de régles, j'ai voulu encore joindre les quatre principales régles, qui font l'addition, la fouftraction, la multiplication & la divifion; & encore la racine quarrée en matiere de récréation : tel j'ai commencé, tel je finis; car il me femble me divertir quand je fuis occupé à l'Arithmétique.

Ce Particulier commença par me dire, qu'il auroit fait le montant ou produit d'une addition, fans qu'il fçût le nombre que je lui aurois propofé; il me fit mettre la première rangée de chiffres ci-après, & lui fit le montant qui eft au-deffous, fans favoir les chiffres que je mettrois.

EXEMPLE.

Enfuite de quoi il me dit de mettre 3. rangées de chiffres, tels que je voudrois fous la première que j'ai faite ci-contre; je lui mis les fuivantes,

1478.
2784.
1721.

2378

32375

& lui y mit deffous les miens derniers, les trois nombres ci-après. 8521.
7215.
8278.

L'addition de tous ces nombres fe trouva jufte au produit, qu'il avoit donné, comme on le voit ci à côté.

Ggggij

On demande comment il s'y prit pour
réuffir à cette opéiation : j'avois dit que je
n'aurois point donné d'éclairciffement· à la
fin de mes queftions, ayant envie de faire
un peu penfer le Lecteur. Mais cependant
je ferai l'explication le plus clairement qu'il
me fera poffible de celle-ci, l'ayant opéré
apiès celui qui me l'a propofée.

OPERATION.

Ma I.ʳᵉ pofition. ⎧2278.⎫ nombre propofé.
⎧1478 ⎫ nombres que je mis
Ma II.ᵉ pofition. ⎬2784 ⎨ après qu'il eut fait le
1721. montant.

Sa II.ᵉ pofition. ⎧8521.⎫
⎬7215.⎨ nombres qu'il mit après
8278.

Sa I.ʳᵉ pofition. 32375. montant qu'il mit auffi-
tôt après ma premiere
pofition ci-deffus.

Pour opérer cette queftion, il faut avoir
un nombre dans l'idée tel que celui-ci, qui
eft 9 & 3, lequel 9 il faut multiplier par 3
en fon idée, & fans le déclarer pour donner
plus de difficulté à deviner comment on
s'y eft pris pour l'opération. Je dis donc en
moi-même 3 fois 9 font 27, & 8 qu'il y a à
droite du nombre propofé font 35, je pofe
5 tout au bas, à une certaine diftance (&
vis-à-vis du 8) pour montant de l'addition

& retiens 3 : je continue, difant en mon idée, 3 fois 9 font 27, & 3 que j'ai retenu font 30, & 7, qui eſt devant 8, font 37, je poſe 7 audit montant ; je dis encore 3 fois 9 font 27, & 3 de retenu font 30, & 3 qui eſt devant 7, font 33, je poſe 3 & retiens 3. Enfin je dis 3 fois 9 font 27, & 3 de retenu font 30, & 2, qui eſt devant 3, font 32, je poſe 2 & avance 3, de forte que le produit ou montant de l'addition eſt 32375.

Si on propoſoit d'ajouter quatre nombres, il faudroit dire 4 fois 9 font 36, &c. de même ſi on propoſoit d'ajouter cinq nombres, il faudroit dire 5 fois 9 font 45, & continuer de prendre le nombre propoſé, comme on a fait ci-deſſus.

Enſuite après que j'ai eu poſé les trois nombres, tels que je voulus ſous le premier nombre, ſans penſer au nombre qu'il me falloit, (pour en poſer trois autres nombres à la ſuite) j'ai fait une eſpece de ſouſtraction, commençant par le premier chiffre à gauche de mon premier nombre, qui eſt ſous la petite raie, & diſant 1 à aller à 9 il y a 8, (que je poſe ſous ledit 1) pour quatrieme nombre. Je continue allant toujours de gauche à droite, & je dis 4 à aller à 9 eſt 5, que je poſe après 8. Je dis encore 7 à aller à 9, il y a 2 que je pofe après 5. Enfin je dis 8 à aller à 9 eft 1, que je pofe après 2, comme on voit ci-contre au nombre qu'il a mis. On s'y prend de la même maniere pour les deux autres nombres qui fuivent en recommençant, & difant toujours de tant à aller à 9 eft tant. Il en fera de même pour quelque nombre qu'il y ait, felon la propofition qui auroit été faite à y ajouter 4 ou 5 nombres. L'opération pour 3 nombres ci-contre, peut fervir d'inftruction pour tout autre nombre propofé, en fuivant ce qui eft dit à l'avertiffement ci-devant.

QUESTION *fur la Souftraction.*

On propofe de fouftraire la fomme de 4769 l. 17 f. 7 d. fur celle de 7983 l. 16 f. 6 d. lefdites deux fommes étant difpofées comme fuit, & fans mettre les termes de dette, ni de paie, pour ne point donner à connoître ce que l'on fait. Réponfe, il refte 3213 l. 18 f. 11 d.

EXEMPLE ET OPERATION.

```
   4769 l. 17 f.  7 d.
   7983 l. 16 f.  6 d.
───────────────────────
   3213 l. 18 f. 11 d.
───────────────────────
   4769 l. 17 f.  7 d.
───────────────────────
   7983 l. 16 f.  6 d.
```

Pour réfoudre cette queſtion, il faut fouſtraire du bas au haut, diſant, qui de 6 d.
paie 7 d. ne peut, il faut emprunter 1 ſ. &
dire, qui de 18 paie 7, reſte 11, ainſi de
ſuite juſqu'à la fin ; je n'ai que faire de l'expliquer, j'ai aſſez donné d'exemples de fou-
ſtractions ci-devant : la premiere preuve de
celle-ci ſe fait en faiſant une autre fouſtra-
ction de la ſomme due avec celle qui reſte à
payer pour trouver celle que l'on a payée ;
la ſeconde preuve ſe fait en additionnant
la ſomme qui reſte à payer avec celle que
l'on a payée, pour trouver la ſomme principalement due. Voyez l'exemple & l'opération ci-contre.

QUESTION ſur la multiplication.

On propoſe de multiplier tout d'un coup,
ou de faire un ſeul produit de 99999, multipliés par 9999. Réponſe, c'eſt 999890001.

OPERATION.

Multiplier. . . . 99999. multiplicande.
Par . . . . 9999. multiplicateur.

999890001. produit.

Pour réfoudre cette queſtion à multiplier
tout d'un coup, & ne faire qu'un produit
général, il faut multiplier le premier 9 du
multiplicande, de droite à gauche par le

premier 9 du multiplicateur, auſſi de droite
à gauche, diſant 9 fois 9 font 81. Il faut
poſer 1 & retenir 8 dans ſon idée, fouſtraire
tous les 9 du multiplicande au multiplicateur autant qu'il y en a à la propoſition ; &
quand on a fini ou qu'il n'y en a plus à fouſtraire, il faut mettre à la ſuite le 8 que l'on
a retenu dans ſon idée, & poſer tous les 9
qui ſe trouvent après le premier 9 de droite
à gauche qui eſt au multiplicateur : le produit donne 999890001. Voyez l'opération
de l'autre part, on peut en propoſer d'autres par tels nombres de 9, que l'on jugera
à propos, tant au multiplicande qu'au multiplicateur, exécutant le même ordre qu'il
eſt ci-deſſus expliqué.

QUESTION ſur la diviſion.

On demande ſi lorſqu'on diviſe un nombre pour un autre, le quotient peut être plus
grand que la ſomme qu'on a diviſée. Réponſe, cela ſe peut ; comme par exemple, ſi on
diviſe 15 par 2/3, on aura au quotient 22.
1/2, lequel nombre eſt plus grand que le
nombre propoſé 15 ; de même auſſi diviſez
5/7 par 3/8, il y aura au quotient 1. entier,
& 19/21 qui eſt plus grand que 5/7 & 3/8 ;
car un entier contient 7/7 ou 8/8.

OPERATION.

OPERATION.

Diviſer 15. par 2/3   Diviſer 5/7 par 3/8.

$$\frac{3}{45} \left\{ \begin{array}{l} \frac{2}{22.\ 1/2} \\ \text{Réponſe.} \end{array} \right.$$

$$\frac{8/3}{40} \left\{ \begin{array}{l} 21. \\ 1.\ \text{ent.}\ 19/21 \\ \text{Réponſe.} \end{array} \right.$$

QUESTION ſur la racine quarrée.

Il a été dépenſé trente ſols un denier : on demande combien ils ont été de perſonnes à dépenſer leſdits 30 ſols 1 denier, à ne pas mettre les uns plus que les autres. Réponſe, 19. perſonnes.

OPERATION.

1 l. 10 ſ. 1 d.   2 00   } 19. perſonnes
20   3,61   } & 19. deniers.

30
12

1,29

361. deniers.

PREUVE.

19. perſonnes.
A. . . . . . 1 ſ. 7 d.

0 — 19 ſ.
9 — 6
1 — 7

1 l. 10 ſ. 1 d.

Hhhh

Pour opérer cette queſtion, il faut réduire 1 l. 10 ſ. 1 d. en ſols & en deniers,
comme on voit ci-devant, ce qui fera 361
deniers, deſquels il faut en prendre la racine, qui eſt 19 juſte & ſans reſte, & 361 eſt
un nombre quarré, dont la racine eſt 19;
car 19 fois 19 font 361, d'où je conclus qu'ils
ont été 19 perſonnes à dépenſer 1 l. 10 ſ. 1 d.
& qu'ils ont mis & contribué chacun pour
leur part 19 deniers ou 1 ſol 7 deniers.

FIN.

TABLE

De ce qui eſt contenu dans le préſent Traité.

PREMIERE PARTIE.

Différentes Additions.

QUESTIONNAIRE fur les précédentes Régles.

SECONDE PARTIE.

Fin de la Table.

De l'Imprimerie de GRANGÉ, rue de la Parcheminerie.

Reliure serrée